JN000684

Software Design plus

エキスパートたちの
Go言語
一流のコードから応用力を学ぶ

［著者］

上田 拓也
青木 太郎
石山 将来
伊藤 雄貴
生沼 一公
鎌田 健史
上川 慶
狩野 達也
五嶋 壮晃
杉田 寿憲
田村 弘
十枝内 直樹
主森 理
福岡 秀一郎
三木 英斗
森 健太
森國 泰平
森本 望
山下 慶将
渡辺 雄也

技術評論社

● Go のマスコットキャラクター gopher について
gopher は、Go のマスコットキャラクターです。gopher の原著作者は Renée French 氏です。
https://reneefrench.blogspot.com/
gopher のイラストは、Creative Commons Attribution 3.0 ライセンスの下で提供されています。
https://go.dev/blog/gopher
本書のカバー、表紙、大扉に描かれている gopher は、上記を参考にして本書のために制作しました。

● 本書をお読みになる前に
・本書は、技術評論社発行の雑誌『Software Design』の 2021 年 1 月号の第 1 特集「Go プログラミングスキルをレベルアップ」と、2019 年 2 月号〜 2020 年 12 月号に掲載された連載記事「作品で魅せる Go プログラミング」を再編集した書籍です。
・本書に記載された内容は、情報の提供のみを目的としています。したがって、本書を用いた運用は、必ずお客様自身の責任と判断によって行ってください。これらの情報の運用の結果について、技術評論社および著者はいかなる責任も負いません。
・本書記載の情報は、2021 年 5 月現在のものを掲載していますので、ご利用時には、変更されている場合もあります。
・また、ソフトウェアに関する記述は、特に断わりのないかぎり、2021 年 5 月現在での最新バージョンをもとにしています。ソフトウェアはバージョンアップされる場合があり、本書での説明とは機能内容や画面図などが異なってしまうこともあり得ます。本書ご購入の前に、必ずバージョン番号をご確認ください。
　以上の注意事項をご承諾いただいたうえで、本書をご利用願います。これらの注意事項をお読みいただかずに、お問い合わせいただいても、技術評論社および著者は対処しかねます。あらかじめ、ご承知おきください。

● 商標、登録商標について
　本書に登場する製品名などは、一般に各社の商標または登録商標です。なお、本文中に ™、® などのマークは記載しておりません。

はじめに

　2021年現在、Goは日本国内においてもスタートアップから大規模開発まで幅広い規模や
フェーズの開発現場で利用されています。また、Cloud Native Computing Foundation
（CNCF）の多くのプロジェクトでGoが使われており、クラウド技術の発展を支えています。
す。そして、国内最大規模のGoに関する技術カンファレンスであるGo Conferenceの参
加者も1,000名を超えており、その注目度も年々上がっています。

　Goの需要が増えるに従い、Goを学びたい人の数も増えており、本書の著者の1人であ
る上田（@tenntenn）が運営するGopher道場の参加者も2,000名を超えています。Goが
学べる日本語で書かれた教材は、書籍、Webサイトや記事、勉強会や技術カンファレンス
の登壇資料など増えてはいますが、十分とは言えません。本書によって少しでもGoを学び
たい人たちの助けになればと考えています。

　Goは言語機能が少なく学びやすい言語です。そのため、文法などの基礎知識は公式ドキュ
メントや入門書で比較的早く身につくでしょう。そこからさらに一歩踏み出すためには、標
準パッケージやオープンソースソフトウェア（OSS）のコードをよく読み、そこに詰め込
まれた活きたノウハウやテクニックを身につける必要があります。しかし、独力でこれらの
コードを読み込むのは非常に大変です。本書は具体的なコードとともにさまざまなノウハウ
やテクニックを紹介しています。本書は初学者から一歩踏み出し、Goのエキスパートにな
る手助けになるでしょう。

　本書は月刊誌『Software Design』の2019年2月号から2020年12月号まで連載してい
た「作品で魅せるGoプログラミング」と2021年1月号の特集「Goプログラミングス
キルをレベルアップ」を再編集したもので、著者陣は株式会社メルカリおよび株式会社メル
ペイに所属または元所属していたソフトウェアエンジニアです。これまで書籍や記事で見か
けたことのない新しい知見を提供すべく、上田（@tenntenn）が執筆経験は少ないけれど、
技術力や開発経験は十分にあるメンバーに執筆を依頼して実現しました。

　著者陣のバックグラウンドはさまざまで、執筆時には学生インターンシップとしてメルカ
リで働いていたメンバーや新卒入社1年目のメンバーにも執筆にチャレンジしてもらいま
した。また、現場でバリバリにコードを書いているソフトウェアエンジニアやテックリード
を務めるメンバーだけではなく、普段はコードを書くことから少し離れているけれど開発経
験豊かなエンジニアリングマネージャーも執筆しています。

　それぞれの章は独立した内容の節によって構成されており、IoTからKubernetes Custom Controllerまで著者陣の個性が出た新鮮でバラエティ豊かな内容になっています。著者陣が業務や趣味の開発を通して得た知見を惜しむことなく提供しています。

　具体的なコードや利用しているライブラリも併せて紹介しているので、ぜひ手元で動かしてみて経験豊かなGopher（Goエンジニア）たちのテクニックやノウハウに触れてみてください。きっと入門書では学びきれない活きた知識を学べるでしょう。

　本書はこれからGoを学ぶ方でも手に取っていただきやすい構成になっています。最初の章では本書を読むうえで押さえておきたいGoの基礎的な知識を著者陣ならではの視点で書いています。すでに基礎を学んでいる方でも公式ドキュメントやこれまでの入門書では得られない新しい発見があるでしょう。

　本書が多くのGopherやこれからGopherになる方たちに手に取ってもらい、読者のみなさまの学習の手助けになることでGoコミュニティの発展につながっていければ幸いです。

上田 拓也

目 次

第4章 Go エキスパートたちの実装例4 Go の活用の幅を広げる技術 303

序章

プロダクト開発の前に
習得しておきたい 6 機能

0.1 基本の型とインタフェース

Author　主森 理
Keywords　型、インタフェース、配列、スライス、マップ、構造体、メソッド、埋め込み

0.1.1 Goにおける型

型（type）は、対象の値がどのような性質を持っているのかを表します。Goでは、値を格納する変数に型の指定を与え、その変数に対してどういった値が適切かを明示します。たとえば100という値が存在しているとすると、この100という値は整数なのか文字列なのか、その性質を型として表現します。

このようにGoは静的型付け言語として設計されているため、コンパイルが実行されたときに型の整合性が取れているか検証を行います。変数の宣言時と異なる型の値、つまり開発者が意図していないであろう値を代入しようとすると、コンパイルの段階でエラーとなるため、実行時に型の不整合によるバグを気にする必要がなくなります。暗黙の型変換が行われないため、意図しない型変換によるトラブルにも遭遇しにくいです。

また、値から型が明白である場合は、明示的な型の記述を省くこともできます。カッチリしたコードが書けるからといって手間がかかり過ぎるということもありません。

Goの組み込み型

Goもほかの言語と同じく組み込み型として、明示的な定義やほかのパッケージのimportを行わなくても使える型がいくつか存在しています（**表0.1.1**）。

▼表 0.1.1 組み込み型の一覧

種類	型名
整数	int、int8、int16、int32、int64、uint、uint8、uint16、uint32、uint64、uintptr、byte、rune
浮動小数点数	float32、float64
複素数	complex64、complex128
文字列	string
真偽値	bool
エラー	error

　組み込み型の型名は予約語としては扱われないため、変数名として利用できます。ただし、混乱を招くので次のようなコードは一般的に書くべきではありません。

```
int, bool := "Go Expert", 3.14
fmt.Println(int, bool)
// Output: Go Expert, 3.14
```

コンポジット型

　コンポジット型は、複数のデータを1つの集合として表す型です。コンポジット型の種類としては、構造体 (struct)、配列 (array)、スライス (slice)、マップ (map)、チャネル (channel、chan) があります。チャネルに関しては、0.3 節で詳しく解説します。

　それぞれのコンポジット型について解説します。構造体は、0個以上の変数を集合させたデータ構造を持ちます。構造体内で宣言された変数はフィールドと呼ばれ、それぞれのフィールドは異なるデータを持つことができます (リスト 0.1.1)。また、フィールドの型には組み込み型以外も適用できます。

▼リスト 0.1.1　構造体の定義[注1]

```
// フィールドを持たない構造体
var empty struct{}

// フィールドを3つ持つ構造体
var point struct {
  ID   string
  x, y int
}
```

　配列は、同じ型のデータを集めて並べたデータ構造を持ちます (リスト 0.1.2)。

▼リスト 0.1.2　配列の定義

```
// ゼロ値注2で初期化
var array [5]int

// 5つの要素を持つ配列を定義
arrayLiteral := [5]int{1, 2, 3, 4, 5}

// 要素数から配列数を推論、この場合は5
arrayInference := [...]int{1, 2, 3, 4, 5}

// 配列のインデックスと値を指定
// インデックスの指定がない箇所はゼロ値
arrayIndex := [...]int{2: 1, 5: 5, 7: 13}
```

　配列の型とデータの数は、一度決めたら固定されます。
　スライスは、配列と同様に同じ型のデータを集めて並べたデータ構造を持ちます（**リスト 0.1.3**）。

▼リスト 0.1.3　スライスの定義

```
// ゼロ値で初期化
var slice []int

// 5つの要素を持つスライスを定義
sliceLiteral := []int{1, 2, 3, 4, 5}
```

　ただし、スライスではデータの数は型情報に含まれません。そのため配列とは異なり、データの数を増やしたり減らしたりできます。スライスの応用的な使い方については、次項で詳しく紹介します。
　マップは、キーと値を組み合わせた構造になっています（**リスト 0.1.4**）。

▼リスト 0.1.4　マップの定義

```
// ゼロ値で初期化
var m map[string]int

// 2つの要素を持つマップを定義
mapLiteral := map[string]int {
  "John":    42,
  "Richard": 33,
}
```

　キーと値には別々の型を指定できます。キーの型には、比較演算子による比較ができるものを指定

注2　ゼロ値とは、変数に初期値を与えずに宣言したときに与えられる値のことです。

する必要があります。

ユーザー定義型

　ユーザー定義型（type definitions）を使うと、組み込み型やコンポジット型を基底として新しい型を定義できます。予約語[注3]であるtypeを用い、型名と基底型（underlying type）を定義することで利用します（**リスト0.1.5**）。

▼リスト0.1.5　ユーザー定義型のキャスト

```
package main

import (
  "fmt"
  "time"
)

func main() {
  // 新しい型MyDurationをtime.Durationを基底として定義
  type MyDuration time.Duration
  d := MyDuration(100)

  // %Tを使うことで、変数に代入されている値の型情報を出力する
  fmt.Printf("%T", d)
  // Output: main.MyDuration

  // MyDuration型で基底型として定義しているtime.Durationへのキャスト
  td := time.Duration(d)

  // 型の定義がされていない定数(100)に対して明示的なキャストなしでの演算
  md := 100 * d

  fmt.Printf("td: %T, md: %T", td, md)
  // Output: td: time.Duration, md: main.MyDuration
}
```

　基底型には型リテラルを使うことも、ユーザー定義型自体を使うことも可能です。また、ほかのパッケージで定義されたユーザー定義型を利用することもできます。

　ユーザー定義型は、キャストに関していくつか特徴を持っています。基底型とユーザー定義型は相互変換が可能であり、型が明示されていない定数を計算に使う際は、明示的なキャストといった処理を必要としません。

注3　https://go.dev/ref/spec#Keywords

0.1.2 スライスの操作

　スライスは、コンポジット型の中でもとくに頻繁に利用する型であり、複数要素からなるリストを便利に扱えるしくみです。スライスの定義は前項の**リスト0.1.3**に示したとおりです。

　スライスは、それ自体が内部でリストの長さや容量を管理しています。対象のスライスに組み込み関数であるlenとcapを用いることで、長さや容量を取得できます（**リスト0.1.6**）。

　また、組み込み関数であるappendを利用することで、変数への代入後もデータの追加ができます。

▼リスト0.1.6　lenとcapでスライスの長さ、容量を取得する

```
src := []int{1, 2, 3, 4}
fmt.Println(src, len(src), cap(src))
// Output: [1 2 3 4] 4 4

src = append(src, 5)
fmt.Println(src, len(src), cap(src))
// Output: [1 2 3 4 5] 5 8
```

　スライスの要素に構造体を指定する際に、構造体の型を指定するか構造体の型のポインタを指定するかで悩むことがあるかもしれません。それぞれ長所と短所があります[注4]が、頻繁にfor-range文と組み合わせて用いられることや、メソッドを利用することをふまえると、悩んだときは型のポインタを指定しておくと良いでしょう。

値の初期化

　スライスの初期化には**リスト0.1.7**に示すようにいくつかの方法があり、さまざまな用途に適した宣言ができます。また、スライスのゼロ値はnilになります。

▼リスト0.1.7　スライスを初期化する

```
// 組み込み関数のmakeを用い長さと容量を指定
sliceMake := make([]int, 2, 3)  // [0, 0]

// インデックスと値を指定する。同時に指定されなかった要素はゼロ値で初期化される
sliceIndex := []int{2: 1, 5: 5, 7: 13}
// [0 0 1 0 0 5 0 13]
```

[注4] https://www.reddit.com/r/golang/comments/5lheyg/returning_t_vs_t/

Slice Tricks

スライスをうまく扱うための用例集が、Slice Tricks[注5] として公式 Wiki にまとめられています。スライス式[注6] と組み込み関数である append と copy を利用することで、スライスを柔軟に操作し、扱うことができます。Slice Tricks は紹介例が多いため、ここでは利用頻度が高い項目に絞って紹介します。

まず、組み込み関数である copy を用いることで、スライスの複製を行うことができます（**リスト0.1.8**）。

▼リスト 0.1.8　copy でスライスの複製を行う

```
src := []int{1, 2, 3, 4, 5}

dst := make([]int, len(src))
copy(dst, src)

fmt.Println(dst, len(dst), cap(dst))
// Output: [1 2 3 4 5] 5 5
```

スライス同士の連結を行うには、組み込み関数である append を用いることで1つのスライスにまとめることができます（**リスト0.1.9**）。

▼リスト 0.1.9　append でスライス同士を連結する

```
src1, src2 := []int{1, 2}, []int{3, 4, 5}

// appendでスライスを連結する
dst := append(src1, src2...)
// [1 2 3 4 5]
```

スライスの任意の要素を削除する場合は、スライス式と append もしくは copy を組み合わせることで実現が可能です（**リスト0.1.10**）。

▼リスト 0.1.10　append、copy でスライス内の要素を削除する

```
src := []int{1, 2, 3, 4, 5}

// 3番めの要素（3）を削除する
i := 2
dst := append(src[:i], src[i+1:]...)
// [1 2 4 5]
```

 注5 https://github.com/golang/go/wiki/SliceTricks
注6 https://go.dev/ref/spec#Slice_expressions

```
// appendの代わりにcopyを利用する場合
src = []int{1, 2, 3, 4, 5}
dst = src[:i+copy(src[i:], src[i+1:])]
// [1 2 4 5]
```

スライスを逆順に並べ替えたい場合は、繰り返し文とインデックスを利用します（**リスト0.1.11**）。

▼リスト0.1.11　スライスを逆順に並べ替える

```
src := []int{1, 2, 3, 4, 5}

// 方法1
for i := len(src)/2 - 1; i >= 0; i-- {
  opp := len(src) - 1 - i
  src[i], src[opp] = src[opp], src[i]
}
fmt.Println(src)  // Output: [5 4 3 2 1]

// 方法2
for left, right := 0, len(src)-1; left < right; left, right = left+1, right-1 {
  src[left], src[right] = src[right], src[left]
}
fmt.Println(src)  // Output: [1 2 3 4 5]
// 方法1で逆順になっているので元に戻った
```

スライスを特定の条件でフィルタリングしたい場合（**リスト0.1.12**）や、バッチ処理を行う前処理として任意の要素数ごとに分割したい場合（**リスト0.1.13**）は、うまくスライス式を使うことでメモリのアロケーション効率の良い実装ができます。

▼リスト0.1.12　スライスの要素を、偶数のみでフィルタリングする

```
package main

import "fmt"

func main() {
  src := []int{1, 2, 3, 4, 5}

  // dstの要素は空だが、srcと同じポインタを指している
  dst := src[:0]
  for _, v := range src {
    if even(v) {
      dst = append(dst, v)
    }
```

```
  }
  fmt.Println(dst)
  // Output: [2 4]

  // 次のコードによりsrcをガベージコレクションに回収させることができる
  for i := len(dst); i < len(src); i++ {
    // 要素の型のゼロ値を代入する (nilなど)
    src[i] = 0
  }
}

// 引数が偶数かどうかを判定する関数
func even(n int) bool {
  return n%2 == 0
}
```

▼リスト 0.1.13　スライスを任意の要素数に分割する

```
package main

import "fmt"

func main() {
  src := []int{1, 2, 3, 4, 5}

  size := 2
  dst := make([][]int, 0, (len(src)+size-1)/size)

  for size < len(src) {
    src, dst = src[size:], append(dst, src[0:size:size])
  }
  dst = append(dst, src)

  fmt.Println(dst)
  // Output: [[1 2] [3 4] [5]]
}
```

0.1.3　マップの操作

　マップもスライスと同じく頻繁に利用されるコンポジット型の1つです。一般的なディクショナリ構造ではありますが、いくつか特徴があります。キーはユニークなものであり、値とひもづけられま

すが、キーの順序は意図的にランダムにされます。追加や削除を行った順番も関係ないため、繰り返し処理を実行する場合も、実行ごとに順序付けがされる保証はありません。

　キーと値は、同じ型でも別々の型でもかまいません。ただし、キーは比較演算子で等しく比較できる型にする必要があります。たとえば、スライス、マップ、関数などはキーとして指定ができません。インタフェースは指定ができますが、動的に比較が行われるため実行時にパニックが発生する可能性があります。

値の初期化

　マップの初期化にはいくつかの方法があり、用途ごとに適切な方法が異なります（**リスト0.1.14**）。ゼロ値はnilをとりますが、値への参照や削除を行う場合は要素が0個のマップとなります。要素を追加するコードは記述できますが、実行時にパニックが発生するため、注意が必要です。

▼リスト0.1.14　マップの初期化

```
// 空で初期化
mapEmpty := map[string]int{}

// make関数を使って初期化
mapMake := make(map[string]int)

// あらかじめ容量を確保した状態で初期化
mapCap := make(map[string]int, 10)
```

値およびキーの存在有無の取得

　キーを指定してマップから値を取得する場合、2つの方法があります。1つめは、値のみを受け取る方法です。2つめは、値と、キーの存在の有無も含めて受け取る方法です。キーに対してゼロ値がひもづけられていた場合と、キーが存在しなかった場合に返ってくるゼロ値を区別したい場合、後者を使う必要があります。もちろん、キーの有無だけを確認する手段にもなっているため、条件判定としても利用できます（**リスト0.1.15**）。

▼リスト0.1.15　値のみを取得する／値、キーの存在有無を取得する

```
m := map[string]int{
    "John":    42,
    "Richard": 33,
}

// 返却値を1つにすると値のみを受け取る
```

```go
age := m["John"]
fmt.Println(age)    // Output: 42

// 返却値を2つにすると値だけでなく、キーの存在有無も受け取る
age, ok := m["Jane"]
fmt.Println(age, ok)   // Output: 0 false

// キーの存在有無のみを受け取ることができる
_, ok = m["Richard"]
fmt.Println(ok)    // Output: true

// マップへの追加
m["Jane"] = 61
fmt.Println(m["Jane"])    // Output: 61

// 任意のキーにひもづく値の更新
m["Jane"] = 27
fmt.Println(m["Jane"])    // Output: 27

// 任意のキーと値の削除
delete(m, "John")

_, ok = m["John"]
fmt.Println(ok)    // Output: false
```

　これらのマップへの操作を、ゼロ値を持つマップに対して行った場合は、**リスト 0.1.16** のように
なります。

▼リスト 0.1.16　ゼロ値のマップから値と、キーの存在有無を取得する

```go
// マップのゼロ値はnilをとる
var m map[string]int
fmt.Println(m == nil)    // Output: true

// 要素数を取得することは可能
fmt.Println(len(m))    // Output: 0

// 任意のキーから、値と、キーの存在有無を取得することも可能
v, ok := m["John"]
fmt.Println(v, ok)    // Output: 0 false

// 任意のキーから削除を実行することも可能
delete(m, "Richard")

// キーと値の追加は実行時にパニックが発生
m["John"] = 42
// panic: assignment to entry in nil map
```

マップは、キーをセットとして保持する特性から重複チェックをする判定として利用されることもあります（**リスト 0.1.17**）。さまざまな場面で利用できるテクニックですので、知っておくと便利です。

▼リスト 0.1.17　マップを利用して重複排除処理を実装する

```go
package main

import "fmt"

func main() {
  followers := []string{"John", "Richard", "John", "Jane", "Jane", "Alan"}

  // 全てユニークであることを考慮して、対象のスライスの長さ分の容量を確保する
  // 繰り返し処理が実行される中で、スライスの容量拡張を抑えることができる
  unique := make([]string, 0, len(followers))

  // 存在有無チェック機構としてマップを利用
  // 値を空の構造体にすることで、メモリのアロケーションをゼロにできる
  m := make(map[string]struct{})
  for _, v := range followers {
    if _, ok := m[v]; ok {
      continue
    }
    unique = append(unique, v)
    m[v] = struct{}{}
  }

  fmt.Println(unique)
  // Output: [John Richard Jane Alan]
}
```

0.1.4 構造体の設計

型の設計の中でも、構造体の設計は Go を使って開発していくうえで何度も行う作業になります。Go の標準パッケージではさまざまな構造体が定義されており、Go を使いこなすうえで大切な作業の1つであることがわかります。ユーザー定義型として定義する場所は、パッケージレベルが多用されます。それ以外にも関数内や、ブロックレベルでも定義できます。

エクスポート

Goは、アクセス修飾子を言語として持っていません。パッケージ外からもアクセスできるか、できないかの二択のみです。この判定は、ユーザー定義型の型名や、フィールド名の最初の文字が大文字か小文字かどうかで判定されます（**リスト 0.1.18**）。

▼ リスト 0.1.18　型名の先頭が大文字か小文字かで、参照できる範囲が異なる

```go
// パッケージ外からも参照できる
type Export struct {
    // パッケージ外からも参照できる
    Name string
    // パッケージ外からは参照できない
    age int
}

// パッケージ外から参照できない
type unexport struct {
    // パッケージ外からも参照できる
    Name string
    // パッケージ外からは参照できない
    age int
}
```

　標準パッケージをimportして使うとき、大文字で始まる識別子になるのはこのためです。標準パッケージのコードを読むと、小文字で始まる構造体も存在することが確認できます。

　構造体の型をエクスポートして、フィールドをエクスポートしない用途の一例として、カウンターがあります（**リスト 0.1.19**）。

▼ リスト 0.1.19　カウンターの実装例

```go
package syncutil

import "sync"

type Counter struct {
    Name string

    // エクスポートされないフィールドがある場合は、空行を入れることが多い
    // ミューテックスを利用する際は対象となるフィールドらの先頭で定義することが多い
    m     sync.RWMutex
    count int
}

func (c *Counter) Increment() int {
    c.m.Lock()
```

```
    defer c.m.Unlock()
    c.count++
    return c.count
}

func (c *Counter) View() int {
    c.m.RLock()
    defer c.m.RUnlock()
    return c.count
}

c := &syncutil.Counter{
    Name: "Access",
}

fmt.Println(c.Increment())  // Output: 1
fmt.Println(c.View())  // Output: 1
```

　カウンターは、不用意にカウント数を変更されることを防ぐのはもちろんですが、排他的にカウントアップを行わなければならないためです。

　また、構造体の型をエクスポートせずに、フィールドをエクスポートする場合の例として、encoding/jsonパッケージの利用があります。encoding/jsonパッケージは、内部でリフレクションを利用し、フィールドのデータをJSONに変換します。フィールドへのアクセス可否は、リフレクション時も適応されます。たとえsecretという構造体を外部にエクスポートしていなくても、そのフィールドへのアクセスは、一般的なルールに則って行われるのです。

　つまり、公開されているフィールドはJSONに変換し、公開されていないフィールドは変換しないというような制御が可能です（**リスト0.1.20**）。

▼リスト0.1.20　公開されているフィールドのみをJSONへ変換する

```
package vault

import (
    "bytes"
    "io"
    "time"
)

type secret struct {
    ID         string
    CreateTime time.Time

    token string
}
```

```
func (s *secret) Read(p []byte) (int, error) {
  return bytes.NewBuffer(p).WriteString(s.token)
}

func NewSecret() io.Reader {
  return &secret{
    ID:         "dummy_id",
    CreateTime: time.Now(),
    token:      "dummy_token",
  }
}

s := vault.NewSecret()

err := json.NewEncoder(os.Stdout).Encode(s)
if err != nil {
  fmt.Println("failed to json encode, error =", err)
}
// tokenフィールドは、JSONに含まれていないことに注目
// Output: {"ID":"dummy_id","CreateTime":"2009-11-10T23:00:00Z"}
```

「型自体はパッケージ外で再利用を制限したいが、JSONへの変換やログへの出力を行いたい」という場合には、フィールドを公開するかどうかをしっかり検討する必要があります。

匿名フィールドの埋め込み

構造体に匿名フィールドを埋め込むことができます。組み込み型やユーザー定義型を埋め込むことができます。ただし、型リテラルなど名前の付いていない型は、埋め込むことができません。

Goの埋め込みは、継承（inheritance）ではありません。継承ではなく値の委譲（delegation）として埋め込みが提供されています（**リスト 0.1.21**）。

▼リスト 0.1.21　フィールドの埋め込みは継承ではなく、値が委譲される

```
package main

import "fmt"

type Chip struct {
  Number int
}

type Card struct {
  string
  Chip
```

```
  Number int
}

func (c *Chip) Scan() {
  fmt.Println(c.Number)
}

func main() {
  c := Card{
    string: "Credit",
    Chip: Chip{
      Number: 4242424242424242,
    },

    Number: 5454545454545454,
  }
  // CardにはScanメソッドがないため、c.Chip.Scan()が実行される
  c.Scan()
  // Scanメソッドのレシーバは、CardではなくChipであることがわかる
  // Output: 4242424242424242
}
```

0.1.5　メソッドの呼び出し

　レシーバとひもづけられた関数のことをメソッドと呼び、データと処理を強く結び付けたいときに多用されます。レシーバは、メソッドにひもづけられている変数ですが、メソッド実行時には関数の引数のように扱われます。

　レシーバに定義できるのは、typeで定義されたユーザー定義型、型のポインタ、内部にポインタを持っているコンポジット型があります。レシーバに型のポインタを用いることで、呼び出し元の値と同じ値を操作できます（**リスト 0.1.22**）。

▼リスト 0.1.22　レシーバの型のポインタを用い、呼び出し元と同一の値を操作する

```
type User struct {
  Name string
  Age  int
}

func (u *User) Aging() {
  u.Age++
```

```
}
func (u User) AgingButNothingHappen() {
  u.Age++
}

u := &User{
  Name: "Richard",
  Age:  33,
}

// レシーバがUserのポインタなので、呼び出し元のuと同一のuを操作できる
u.Aging()
fmt.Println(u.Age)  // Output: 34

// ポインタ型であっても、型がレシーバのメソッドは呼び出すことができる
u.AgingButNothingHappen()
// レシーバがUserなので、呼び出し元には変更が波及しない
fmt.Println(u.Age)  // Output: 34
```

　レシーバを型にするか型のポインタにするかは、とても悩むところです。コーディングの指針でもあるGo Code Review Comments[注7] や、Effective Go[注8] で判断軸が示されているので、まずはこちらを一読してみてください。

　標準パッケージのencoding/jsonパッケージに定義されているjson.RawMessage[注9] は、レシーバを型にした場合と、型のポインタにした場合が別々に実装されているので読むとユースケースがつかめるかと思います。

┃ メソッド値とメソッド式

　メソッドは、レシーバにひもづけられた関数ですので値としても式としても扱うことができます。そのため、変数に代入しスコープ内で再利用することができます（リスト0.1.23）。

▼リスト0.1.23　メソッドを変数に代入して値や式として扱う

```
type Hex int

func (h Hex) String() string {
  return fmt.Sprintf("%x", int(h))
}

// メソッド（func() string）を値として扱う
fv := Hex(1024).String
```

注7　https://github.com/golang/go/wiki/CodeReviewComments#receiver-type
注8　https://go.dev/doc/effective_go#pointers_vs_values
注9　https://pkg.go.dev/encoding/json/#RawMessage

```
fmt.Println(fv())  // Output: 400

// メソッド(func(Hex) string)を式として扱う
fe := Hex.String
fmt.Println(fe(1024))  // Output: 400
```

0.1.6　インタフェースの基礎

　インタフェースを使うことで、値を抽象化して扱うことができます。抽象化とは、実装そのものを隠蔽し、振る舞いのみに注目する共通化を行う手法です。同じ用途に用いるが、別々の実装を同質なものとして扱うことができます。Goでは、インタフェースを使うことでしか抽象化を行えません。

　インタフェースは、0個以上のメソッドで定義されます。実装側では、インタフェースで定義されているメソッドが実装されているかどうかで、インタフェースの型で宣言された変数に代入できるかどうかが決定されます（**リスト0.1.24**）[注10]。インタフェースの初期値はnilです。

▼リスト0.1.24　インタフェースとメソッドの関係

```
type Crier interface {
  // Cryメソッドを満たしていれば、Crierインタフェースを満たしていると言える
  Cry() string
}

type Duck struct{}

func (d Duck) Cry() string {
  return "Quack"
}

// Duck型はCryメソッドを実装しているのでCrierインタフェースを満たしている
var c Crier = Duck{}

fmt.Println(c.Cry())  // Output: Quack
```

　Duck型を例にCrierインタフェースを満たしましたが、どのような型でもCryメソッドが実装されていれば、Crierインタフェースを満たしていると言えます。

　また、関数にメソッドを実装し、インタフェースを満たす場合もあります（**リスト0.1.25**）。

注10 Go 1.18から概念が変わる予定があるので、気になる人はリリース後に確認してみてください。

▼リスト 0.1.25 関数にメソッドを実装してインタフェースを満たす

```
type ParrotFunc func() string

func (p ParrotFunc) Cry() string {
  return p()
}

// 型リテラルで無名関数を定義し、ParrotFunc型にキャスト
var c Crier = ParrotFunc(func() string {
  return "Squawk"
})

fmt.Println(c.Cry())    // Output: Squawk
```

標準パッケージのnet/httpパッケージで定義されている、http.HandlerFunc[注11] もその一例です。

開発者が実装したユーザー定義型が対象のインタフェースを満たしているかどうかは、変数に代入することでコンパイル時に検査ができます。

次のコードは変数名をブランクとして、型はCrierインタフェースを指示しています。

```
var _ Crier = (*ParrotFunc)(nil)
```

ParrotFunc型のポインタがCryメソッドを実装しているかどうか、実際に初期値をnilとして代入することでCrierインタフェースを満たしているかを検査しています。

Goで開発をしていると、あらゆるタイミングでinterface{}に遭遇することがあります。interface{}は空インタフェース（Empty Interface）といい、満たすべきメソッドが存在しないインタフェースです。つまり、どんな型でも受け入れることができます[注12]。空インタフェースはどんな型でも受け入れられますが、スライスとして扱うときは、注意が必要です[注13]（**リスト 0.1.26**）。

▼リスト 0.1.26 空インタフェースをスライスに代入する際の実装例

```
ss := []string{"John", "Richard"}

var i interface{} = ss      // OK
var is []interface{} = ss   // NG

// スライスに代入するには繰り返しで行う
is := make([]interface{}, 0, len(ss))
for _, s := range ss {
```

注11 https://pkg.go.dev/net/http/#HandlerFunc
注12 Go 1.18 では、同様の扱いである any という新しい組み込み型の追加が検討されています。
　　 any は、既存の interface{} で書かれたコードと後方互換性が保たれる予定です。
注13 https://github.com/golang/go/wiki/InterfaceSlice

```
  is = append(is, s)
}
```

0.1.7　インタフェースの設計

　Goのインタフェースの設計指針として、極力メソッドリストは少なくすることが挙げられます（**リスト0.1.27**）。

▼リスト0.1.27　メソッドの個数を最小限にする実装例

```
// Bad
type DuckTester interface {
  Cry() string
  Footsteps() string
}

// Good
type Crier interface {
  Cry() string
}
type Footstepper interface {
  Footsteps() string
}
```

　Goの設計者の1人でもあるRob Pike氏の格言[注14]の中に「The bigger the interface, the weaker the abstraction.（大きなインタフェースは弱い抽象化である）」という言葉もあります。複数の実装の共通点を抜き出して抽象化するのではなくて、ある振る舞いをインタフェースとして定義をします。

　fmtパッケージのStringerインタフェース[注15]などのように、インタフェースの利用対象として開発者ではなく、システムからの利用を対象にしたインタフェースもあります。また、Goでは型階層を作ることはできません。型階層ではなくコンポジットで表現し、すべての抽象化はインタフェースを通して行われます。

注14　https://go-proverbs.github.io/
注15　https://pkg.go.dev/fmt/#Stringer

インタフェースの埋め込みと合成

　インタフェース自体に別のインタフェースを埋め込むことでインタフェースの合成ができます。複数のインタフェースを埋め込むことで、満たすべきメソッドリストが増え、より実装要件を増やす（組み合わせる）ことが可能です（**リスト 0.1.28**）。

▼リスト 0.1.28　複数のインタフェースが埋め込まれたインタフェースを新たに定義する

```
// CryメソッドとFootstepsメソッドを実装していないと、CryFootstepperインタフェースを満たせない
type CryFootstepper interface {
  Crier
  Footstepper
}
```

　また、構造体の埋め込みを利用することで、インタフェースを満たすメソッドの一部を動的に実装でき、振る舞いを変更できます（**リスト 0.1.29**）。

▼リスト 0.1.29　インタフェースの振る舞いを動的に変更する実装例

```
type Person struct{}

func (p *Person) Cry() string {
  return "Hi"
}
func (p *Person) Footsteps() string {
  return "Pitapat"
}

type PartyPeople struct {
  Person
}

// Cryメソッドの実装により動的に挙動を変更
func (p *PartyPeople) Cry() string {
  return "Sup?"
}

var cf CryFootstepper

cf = &Person{}
fmt.Println(cf.Cry(), cf.Footsteps())
// Output: Hi Pitapat

cf = &PartyPeople{}
fmt.Println(cf.Cry(), cf.Footsteps())
// Output: Sup? Pitapat
```

0.1.8 型情報を利用した処理

型情報を利用することで、さまざまな処理を容易に扱うことができます。型情報を利用した処理の中から、型キャスト、型アサーション、型スイッチを紹介します。型エイリアスを使った処理もありますが、段階的なリファクタリングに向けた機能でありプロダクション環境での積極的な利用は奨励されていないため省いていますが、気になる人は調べてみてください[注16]。

型キャスト

Goでは暗黙的なキャストは実装されていないため、明示的に型キャストを行う必要があります。これは数値（**リスト0.1.30**）だけでなく、文字列やバイトスライス（**リスト0.1.31**）でも行う必要があります。

▼リスト0.1.30　型が違う場合は、同じ数値でもキャストを明示的に行う

```go
var i int32 = 100
var j int64

// 暗黙的なキャストがないので、コンパイル時にエラーになる
j = i // compile error: cannot use i (type int32) as type int64 in assignment

// 明示的にキャストすることで代入できる
j = int64(i)
fmt.Println(j) // Output: 100
```

▼リスト0.1.31　文字列とバイトスライスの双方向キャスト

```go
msg := "Go Expert"

// 文字列からバイトスライスにキャストを行う
bs := []byte(msg)
fmt.Println(bs) // Output: [71 111 32 69 120 112 101 114 116]

// バイトスライスから文字列へキャストを行う
s := string(bs)
fmt.Println(s) // Output: Go Expert
```

[注16] https://go.dev/doc/go1.9#language

型アサーション

インタフェース型に対して型アサーションを用いることで、値の取り出しと型の判定ができます（リスト 0.1.32）。

▼リスト 0.1.32　インタフェース型に代入された値を型アサーションで取り出す

```
i := interface{}("Go Expert")

// 型アサーションを利用して、文字列として値を受け取る
s := i.(string)
fmt.Println(s) // Output: "Go Expert"

// 型アサーションを利用してバイトスライスとして値を取り出そうとするが、
// バイトスライスではないためパニックが起こってしまう
n := i.([]byte)
// panic: interface conversion: interface {} is string, not [] uint8

// 返却値を2つ受け取り、型の判定結果を受け取ることでパニックを防ぐことができる
n, ok := i.([]byte)
fmt.Println(n, ok) // Output: [] false
```

型スイッチ

型アサーションは特定の型に変換したいというモチベーションから利用されますが、それぞれの型によって分岐処理をしたい場合がでてきます。その場合は、型スイッチを利用することで簡潔に書くことができます（リスト 0.1.33）。

▼リスト 0.1.33　型スイッチを利用して、型情報を使い分岐処理を行う

```
i := interface{}("Go Expert")

// 型情報を取り出して、それぞれの型情報ごとに処理をわける
switch i.(type) {
case int, int8, int16, int32, int64:
  fmt.Println("This is integer,", i)
case string:
  fmt.Println("This is string,", i)
default:
  fmt.Printf("This is unknown type, %T\n", i)
}

// Output: This is string, Go Expert
```

型スイッチは、組み込み型だけではなくユーザー定義型も判定することができるため、処理を分岐したい場合にも便利です（**リスト 0.1.34**）。

▼リスト 0.1.34　ユーザー定義型を型スイッチで分岐処理を行う

```go
type ErrNoSuchEntity struct{ error }
type ErrConflictEntity struct{ error }

do := func() error {
  return &ErrConflictEntity{}
}


switch do().(type) {
case nil:
  // do nothing
case *ErrNoSuchEntity:
  fmt.Println("error no such entity")
case *ErrConflictEntity:
  fmt.Println("error conflict entitiy")
default:
  fmt.Print("unknown error")
}

// Output: error conflict entitiy
```

■ **本節で紹介したパッケージ、ライブラリ、ツール**

- encoding/json （https://pkg.go.dev/encoding/json/）
- fmt （https://pkg.go.dev/fmt/）
- net/http （https://pkg.go.dev/net/http/）

■ **ステップアップのための資料**

- The Go Programming Language Specification （https://go.dev/ref/spec）
- CodeReviewComments （https://github.com/golang/go/wiki/CodeReviewComments）
- Effective Go （https://go.dev/doc/effective_go）

0.2 入出力

Author　上田 拓也
Keywords　入出力、ioパッケージ、io/fsパッケージ

0.2.1 入出力とioパッケージ

入出力の抽象化

　Goでは入出力に関する機能をioパッケージとして標準で提供しています。入出力といってもファイルだけとは限らないため、ioパッケージでは、入出力に関するインタフェース型を提供することによって、特定の入出力方法に依存せず幅広く使えるようになっています。

　ioパッケージが提供するインタフェース型の代表として、io.Reader型とio.Writer型があります。**リスト 0.2.1** のように定義されており、io.Reader型は入力を、io.Writer型は出力を抽象化したインタフェースで、それぞれ読み込みと書き込みを表す1つのメソッドを持ちます。

▼リスト 0.2.1　io.Reader型とio.Writer型の定義

```
type Reader interface {
  Read(p []byte) (n int, err error)
}

type Writer interface {
  Write(p []byte) (n int, err error)
}
```

　これらは、単に1つのメソッドを用意すれば比較的簡単に実装できます。そのため、さまざまなパッケージで実装が提供されています。また、引数や戻り値として指定される場合も多く、インタフェースを介することで、どのような方法によってデータが読み込まれている（書き込まれている）のか意

識する必要がなくなります。io.Reader型やio.Writer型は非常によく抽象化されたインタフェースであり、うまく活用すると汎用性の高いコードを書くことができます。

ioパッケージで定義されたインタフェース

　ioパッケージでは、io.Reader型とio.Writer型のほかにも多くのインタフェースを提供しており、大きく分けると次のようになります。

- 独立型：独立したインタフェース型
- 埋め込み型：複数のインタフェースをまとめたもの
- 拡張型：特定のインタフェースを拡張したようなもの

　ここでは便宜上、それぞれ「独立型」「埋め込み型」「拡張型」と呼びますが、この名称は言語仕様によるものではないので注意してください。

　独立型は、io.Reader型やio.Writer型、io.Closer型を始めとするほかのインタフェース型に依存しないようなものを指します。

　埋め込み型は、io.ReadCloser型など埋め込みの機能を用いて複数のインタフェース型を1つにまとめたものです。io.ReadCloser型は**リスト0.2.2**のようにio.Reader型とio.Closer型を埋め込む形で定義されています。

▼リスト0.2.2　io.ReadCloser型の定義

```
type ReadCloser interface {
  Reader
  Closer
}
```

　インタフェースを引数や戻り値に指定する場合、できる限りメソッドの少ないインタフェースにすべきです。そうすることで無駄な依存が減り、シンプルになるうえ、実装が簡単になるため汎用性が高まります。

　たとえば、ファイルから読み込む関数を実装したい場合を考えます。関数の引数を*os.File型にしてしまえば良さそうですが、テストコードを書く際にもファイルを用意する必要が出てきます。*os.File型はio.ReadCloser型を実装しているため、io.ReadCloser型で受け取ることもできます。しかし、多くの場合、引数でもらったファイルを関数内で閉じることはあまりしません。そのため、引数はio.Reader型で受け取れば十分でしょう。

　ioパッケージのインタフェースは、メソッド数が少なくて実装しやすい独立したインタフェース型とそれを組み合わせた埋め込み型のインタフェース型を使い分けることで柔軟に型を表現することが

可能になっています。

　拡張型は、ほかのインタフェース型を拡張するような型で、たとえばio.StringWriter型はio.Writer型を拡張する形で存在します。io.StringWriter型を実装したい場合は、**リスト0.2.3**注1のようにio.WriteString関数を呼び出すことで簡単に実装できます。

▼リスト0.2.3　io.StringWriter型の実装例

```
type MyWriter struct { w io.Writer }
func (mw *MyWriter) WriteString (s string) (n int, err error) {
  return io.WriteString(mw.w, s)
}
```

　拡張するインタフェース型を埋め込む場合もありますが、io.StringWriter型はio.Writer型を埋め込んではいません。WriteStringメソッドを呼び出したい場合には、Writeメソッドを呼び出す必要がない場合が多いからです。このように、インタフェースは必要十分にシンプルなほど効果を発揮します。

読み込む量をコントロールする

　ioパッケージには、io.Reader型やio.Writer型を補助するような関数が提供されています。たとえば、io.ReadAtLeast関数は読み込むバイト数の下限を指定できます。指定したバイト数より少ない状態でEOFが返却されるとio.ReadAtLeast関数はエラーを返します。**リスト0.2.4**では、io.ReadAtLeast関数を用いてファイル先頭のマジックナンバーを読み取ることによりPNG画像かどうかの判定を行っています。

▼リスト0.2.4　io.ReadAtLeast関数を使った例

```
func IsPNG(r io.Reader) (bool, error) {
  // PNG形式のマジックナンバー
  magicnum := []byte{137, 80, 78, 71}
  buf := make([]byte, len(magicnum))
  _, err := io.ReadAtLeast(r, buf, len(buf))
  if err != nil {
    return false, err
  }
  return bytes.Equal(magicnum, buf), nil
}
```

　IsPNG関数は**リスト0.2.5**のようにio.ReadFull関数を用いても書けます。

注1　以降、本文中のプログラムコードのうち、実行可能なものは筆者のGitHubで公開しています。
https://github.com/tenntenn/expertgo0.2

▼リスト 0.2.5　io.ReadFull 関数を使った例（一部省略）

```go
func IsPNG(r io.Reader) (bool, error) {
  /* (略) */
  _, err := io.ReadFull(r, buf)
  if err != nil { return false, err }
  /* (略) */
}
```

　io.ReadFull 関数は、引数に読み込んだデータを入れるバッファを受け取り、そのバッファと同じ長さのデータを読み込みます。バッファがいっぱいになる前にデータの末尾に来た場合、io.ReadFull 関数はエラーを返します。

　読み込むデータサイズの上限を設けたい場合は、io.LimitReader 関数を用います。引数に io.Reader 型の値と上限バイト数を渡すと、読み込み上限に達した際に EOF を返すような io.LimitedReader 型の値を生成し、io.Reader 型として返します。

　io.LimitReader 関数は**リスト 0.2.6** のようにテストデータを生成したい場合に非常に便利です。

▼リスト 0.2.6　io.LimitReader 関数を使った例

```go
// EOFを返さないReader
type neverEnding byte
func (b neverEnding) Read(p []byte) (n int, err error) {
  // bで埋める
  for i := range p { p[i] = byte(b) }
  return len(p), nil
}

func TestIsPNG(t *testing.T) {
  n, want := int64(10), false
  r := io.LimitReader(neverEnding('x'), n)
  got, err := IsPNG(r)
  if err != nil { t.Fatal(err) }
  if want != got { t.Error(want, "!=", got) }
}
```

　neverEnding 型の Read メソッドは、EOF を返さず引数で渡されたバッファを同じデータで埋めます。neverEnding 型の値を io.Reader 型として引数などに渡すと、EOF を返さないためずっと読み込み続けてしまいます。しかし、io.LimitReader 関数に、neverEnding 型の値を渡すことで、任意の長さのデータを読み込むことができる io.Reader 型の値を取得できます。この手法は標準パッケージのテストでも使用されています。

シークして読み込む

リスト 0.2.5 の IsPNG 関数に渡された io.Reader 型の値は、マジックナンバー分だけ読み進められてしまいます。そのため、そのまま同じ値を image.Decode 関数に渡した場合、エラーになってしまいます。読み進められた分をシーク（適切な読み込み位置に移動）して先頭から読み込むように設定するには、io.Seeker 型を実装した値を用いる必要があります。**リスト 0.2.7** のように、IsPNG 関数の引数に、io.Reader 型と io.Seeker 型を埋め込んだ io.ReadSeeker 型を指定すれば Seek メソッドが利用できるようになります。

▼リスト 0.2.7　Seek メソッドを使った例

```go
func IsPNG(r io.ReadSeeker) (bool, error) {
  /* （略） */
  _, err = r.Seek(0, io.SeekStart)
  if err != nil {
    return false, err
  }
  return bytes.Equal(magicnum, buf), nil
}
```

io.ReadSeeker 型は、ファイルを扱うために用いる *os.File 型などで実装されています。

Seek メソッドの引数には、オフセット（offset）とシークを開始する場所（whence）を指定します。引数 whence には、始端を表す定数 io.SeekStart、現在の位置を表す定数 io.SeekCurrent と、終端を表す定数 io.SeekEnd のいずれかを用います。たとえば、定数 io.SeekEnd を用いるとファイルの末尾から読み進めることもでき、tail コマンドなどのような挙動をする処理を行いたい場合に便利です。

複数のデータをひと続きのデータとして読み込む

リスト 0.2.7 では、シークすることで先頭から読み込めるようにしました。しかし、IsPNG 関数の引数を、io.ReadSeeker 型にする必要があります。そこで、**リスト 0.2.8** のように、io.MultiReader 関数を用いて引数を io.Reader 型のまま処理できるようにします。

▼リスト 0.2.8　io.MultiReader 関数を使った例

```go
func NewPNG(r io.Reader) (io.Reader, error) {
  magicnum := []byte{137, 80, 78, 71}
  buf := make([]byte, len(magicnum))
  if _, err := io.ReadFull(r, buf); err != nil {
    return nil, err
  }
```

```
  if !bytes.Equal(magicnum, buf) {
    return nil, errors.New("PNG画像ではありません")
  }
  pngImg := io.MultiReader(bytes.NewReader(magicnum), r)
  return pngImg, nil
}
```

io.MultiReader関数は、複数のio.Reader型の値を連結して、1つのio.Reader型の値を生成し、あたかもひと続きのストリームかのように扱うことができます。すでに読み込んでしまったマジックナンバー分を、bytes.NewReader関数によって、io.Reader型を実装した *bytes.Reader型にして、前方に付加しています。

正しく読み込まれたことを確認する

UpperCount関数という大文字の数を数える関数を考えます。シグニチャはUpperCount(r io.Reader)(int, error)で、引数で指定したio.Reader型の値からデータを読み込み、含まれる大文字の数を返すとします。UpperCount関数のテストは、期待する値を返すかどうかだけでは不十分です。引数で指定したio.Reader型の値からEOFが返されるまで、すべてのデータを読み取ったかどうかも調べる必要があります。

io.TeeReader関数を用いると、読み込まれたデータを、指定したio.Writer型の値に書き込むようなio.Reader型の値を生成することができます。**リスト0.2.9** では、読み込んだデータを、io.Writer型を実装する *bytes.Buffer型の値に書き込むことで、テストデータとして与えたデータをUpperCount関数がすべて正しく読み込んだかどうかチェックしています。

▼リスト0.2.9　io.TeeReader 関数を使った例

```
// func UpperCount(r io.Reader) (int, error)のテスト
func TestUpperCount(t *testing.T) {
  str, want := "AbcD", 2
  var buf bytes.Buffer
  r := io.TeeReader(strings.NewReader(str), &buf)
  got, err := UpperCount(r)
  if err != nil { t.Fatal(err) }
  if got != want { t.Error(want, "!=", got) }
  if str != buf.String() { t.Error("読み込んだ文字列が一致しない") }
}
```

読み込んだデータをそのまま書き込む

io.Reader型の値から読み込んだデータをそのままio.Writer型の値へ書き込みたい場合がありま

す。たとえば、JSONにエンコードしたデータをそのままHTTPリクエストでサーバに送りたい場合
などです。JSONにエンコードしたデータを*bytes.Buffer型などを使って、一度メモリ上に載せて
からHTTPリクエストとして送ることもできますが、できれば無駄にメモリを消費せずに行えると良
いでしょう。

リスト0.2.10 は、io.Pipe関数を用いてJSONにエンコードしたデータをそのままHTTPリクエ
ストで送っています。

▼リスト0.2.10 io.Pipe 関数を使った例

```go
func Post(m *Message) (rerr error) {
  pr, pw := io.Pipe()
  go func() {
    defer pw.Close()
    enc := json.NewEncoder(pw)
    err := enc.Encode(m)
    if err != nil { rerr = err }
  }()
  const url = "http://example.com"
  const contentType = "application/json"
  _, err := http.Post(url, contentType, pr)
  if err != nil { return err }
  return nil
}
```

io.Pipe関数は、*io.PipeReader型と*io.PipeWriter型を返す関数です。それぞれ、io.ReadCloser
型とio.WriteCloser型を実装しており、UNIXやLinuxで用いられるパイプのようにつながっていま
す。そのため、*json.Encoder型のEncodeメソッドによってJSONにエンコードされたデータは、そ
のままhttp.Post関数によって読み込まれます。読み書きは単一のゴルーチンで同時には行えないた
め、JSONのエンコードを別のゴルーチンで行っています。なお、書き込み（または読み込み）が終
わったことを示すには、Closeメソッドを呼びます。

同時に書き込む

複数のio.Writer型の値にデータを書き込みたい場合があります。たとえば、ファイルへの保存と
ハッシュ値を計算したい場合です。sha256.New関数を用いると書き込まれたデータのSHA256ハッ
シュ値を求めるio.Writer型を実装したhash.Hash型の値を生成できます。

リスト0.2.11 のように、io.MultiWriter関数にファイルを扱うための*os.File型の値とhash.Hash
型の値を渡すと1つのio.Writer型の値を返します。そこにデータが書き込まれるとファイルへの書
き出しと同時にハッシュ値を求めることができます。

▼リスト 0.2.11　io.MultiWriter 関数を使った例

```
func main() {
  f, err := os.Create("sample.txt")
  if err != nil { /* エラー処理 */ }
  h := sha256.New()
  w := io.MultiWriter(f, h)
  // ファイル書き出しと同時にハッシュ値も求める
  _, err = io.WriteString(w, "hello")
  if err != nil { /* エラー処理 */ }
  err = f.Close()
  if err != nil { /* エラー処理 */ }
  fmt.Printf("%x\n", h.Sum(nil))
}
```

データのコピー

　io.Reader 型の値から読み込んだデータをそのまま io.Writer 型の値へ書き込みたい場合には、io.Copy 関数を用いると便利です。**リスト 0.2.12** では、既存のファイルのハッシュ値を計算しています。

▼リスト 0.2.12　io.Copy 関数を使った例

```
func main() {
  f, err := os.Open("sample.txt")
  if err != nil { /* エラー処理 */ }
  defer f.Close()
  h := sha256.New()
  _, err = io.Copy(h, f)
  if err != nil { /* エラー処理 */ }
  fmt.Printf("%x\n", h.Sum(nil))
}
```

　io.Copy 関数を用いることでファイルのデータを読み込むと同時にハッシュ値の計算が行えます。io.Pipe 関数を使った場合と比べると、io.Writer 型の値に書き込んだデータを io.Reader 型の値から読み込むことなどはできない代わりに、ゴルーチンを必要とせず簡単にデータのコピーを行えるようになっています。

　io.Copy 関数を用いると、すべてのデータをメモリ上に展開せずにコピーが行えるため便利です。しかし、外部から渡されたデータを io.Copy 関数を使ってコピーする場合には注意が必要です。たとえば、**リスト 0.2.13** のようにユーザーによってアップロードされた ZIP ファイルを展開する際に、io.Copy 関数を用いると危険です。

▼リスト 0.2.13　io.Copy 関数を用いた危険なコードの例

```go
func handler(w http.ResponseWriter, r *http.Request) {
  defer r.Body.Close()
  zr, err := zlib.NewReader(r.Body)
  if err != nil { /* エラー処理 */ }
  defer zr.Close()
  _, err = io.Copy(w, zr)
  if err != nil { /* エラー処理 */ }
}
```

　ZIP 爆弾という攻撃手法の標的になり得ます。ZIP 爆弾は、展開前は非常に小さな ZIP ファイルですが、展開すると極めて大きなデータになるという攻撃です。

　外部から渡されたデータのコピーには、制限が付加された io.CopyN 関数を用いるようにしましょう。io.CopyN 関数は指定した上限を超えるデータのコピーは行えないようになっています。そのため、上限を十分に大きくしておくことで、ZIP 爆弾などの攻撃から守ることができます。なお、データのコピーを行わず、io.Reader 型の値として扱いたい場合でも、io.LimitReader 関数などで上限を設定しておくと良いでしょう。

　コピーする際のバッファをプールして使いまわしたい場合などは io.CopyBuffer 関数を用いると良いでしょう。コピーする際に無駄なメモリアロケーションが行われません。使いまわしたいバッファを io.CopyBuffer 関数の第 3 引数に指定するだけで良いです。ただし、nil ではない、サイズが 0 のバッファを指定するとパニックが発生してしまうので注意してください。

■ すべて読み込む

　io.ReadAll 関数は、指定した io.Reader 型の値から EOF が返されるかエラーが発生するまですべてのデータを読み込みます。io/ioutil パッケージで定義されていましたが、Go 1.16 から ioutil パッケージが非推奨となり io パッケージに移動しました。後方互換のため引き続き ioutil.ReadAll 関数も使用できますが、Go 1.16 以降では io.ReadAll 関数を用いると良いでしょう。

　リスト 0.2.14 は、引数で渡された io.Reader 型の値に含まれる大文字を数える UpperCount 関数を定義しています。

▼リスト 0.2.14　io.ReadAll 関数を用いた例

```go
func UpperCount(r io.Reader) (count int, _ error) {
  b, err := io.ReadAll(r)
  if err != nil { return 0, err }
  for len(b) > 0 {
    r, size := utf8.DecodeRune(b)
    b = b[size:]
```

```
    if r != utf8.RuneError && unicode.IsUpper(r) { count++ }
  }
  return count, nil
}
```

　io.ReadAll関数を用いてすべてのデータを読み込んだあとに、Unicodeのコードポイントごとにデコードして大文字かどうかを判定しています。

　このように、io.ReadAll関数は使い勝手が良いため気軽に使いがちです。しかし、データ量が多くなり得る場合には注意が必要です。せっかくio.Reader型がストリームで扱えるように設計されているにもかかわらず、メモリ上にダンプすると無駄にメモリを消費してしまいます。そのため、テストやデータ量が十分小さいことが保証されている場合を除いて、io.ReadAll関数を多用するのは避けるべきです。

■ ファイルへの読み書き

　os.ReadFile関数は指定したパスのファイルを開き、すべてのデータを読み込んで戻り値としてバイト列を返します。またos.ReadDir関数は、指定したパスのディレクトリ以下にあるファイルの情報を取得できます。どちらもGo 1.16よりio/ioutilパッケージから移動になった関数です。

　リスト0.2.15では、os.ReadFile関数とos.ReadDir関数を用いて、os.Walk関数のようにディレクトリをウォーク（走査）する関数を定義しています。

▼リスト0.2.15　os.ReadFile 関数と os.ReadDir 関数を用いた例

```
func Walk(dir string, f func(b []byte, err error) error) error {
  files, err := os.ReadDir(dir)
  if err != nil { return err }
  for _, file := range files {
    path := filepath.Join(dir, file.Name())
    if !file.IsDir() {
      b, err := os.ReadFile(path)
      if err := f(b, err); err != nil { return err }
      continue
    }
    if err := Walk(path, f); err != nil { return err }
  }
  return nil
}
```

　ディレクトリ以下のファイルを再帰的に読み込んでいき、引数に渡した関数に読み込んだファイルのデータを渡します。

　os.ReadFile関数も便利ではありますが、io.ReadAll関数と同様に大きなファイルを扱う場合には注意が必要です。やはり、テストの場合や小さなファイルであることが確定している場合を除いて使用は避けるべきです。

▌一時ファイルとディレクトリ

　一時ファイルを生成したい場合には、os.CreateTemp関数が便利です。Go 1.16よりioutil.TempFile関数がosパッケージに移行されたものです。第1引数で指定したディレクトリ以下に、第2引数で指定したパターンの末尾にランダムな文字列を付加した名前でファイルを生成します。ディレクトリに空文字を指定すると、os.TempDir関数が返すデフォルトの一時ディレクトリ以下にファイルが生成されます。第2引数のパターンに*を含んだ場合、最後の*がランダムな文字列に置き換えられます。

　たとえば、**リスト 0.2.16** のようにパターンとしてrepl*.goを指定すると*の部分がランダムな文字列に置換され、repl459089287.goのような名前のファイルが生成されます。

▼リスト 0.2.16　os.CreateTemp 関数を用いた例

```
type REPL struct { stmts []string }
func (r *REPL) Exec(w io.Writer, expr string) error {
  file, err := os.CreateTemp("", "repl*.go")
  if err != nil { return err }
  const src = `package main;import"fmt"; func main(){%s;fmt.Println(%s)}`
  fmt.Fprintf(file, src, strings.Join (r.stmts, ";"), expr)
  file.Close()
  defer os.RemoveAll(file.Name())
  // Goのコードとして実行
  cmd := exec.Command("go", "run", file.Name())
  cmd.Stdout, cmd.Stderr = w, io.Discard
  if err := cmd.Run(); err != nil { return err }
  return nil
}
```

　ファイルは一時ファイルとして生成されるため明示的に消す必要はありませんが、不要になった時点で消しても問題はありません。なお、**リスト 0.2.16** は、簡易的なREPLを提供するREPL型を定義しています。Execメソッドは、渡された文字列をGoの式だとみなしてGoのソースコード中に埋め込み、go runコマンドで実行した結果をio.Writer型の値に書き込んでいます。このように、外部コマンドにファイルを渡して実行したい場合などに便利です。

　コマンドを実行する際に標準エラー出力を変数io.Discardの値に設定しておくと、コマンドによって出力されたエラーが元のプロセスの標準エラー出力に流されるのを防ぐことができます。変数io.Discardはio.Writer型の値でいくらデータを書き込んでも何も起きません。これはUNIX系のシ

ステムの、/dev/null に相当するものです。なお、変数 io.Discard は Go 1.16 より ioutil.Discard が io パッケージに移行されたものです。

　ファイルではなく、一時ディレクトリを生成したい場合には、os.MkdirTemp 関数が便利です。こちらも Go 1.16 より ioutil.TempDir 関数が os パッケージに移行されたものです。os.MkdirTemp 関数も第1引数にディレクトリ、第2引数にパターンを指定します。それぞれの引数の挙動は os.CreateTemp 関数と同様です。戻り値として生成した一時ディレクトリのパスが返ります。

　リスト 0.2.17 は、指定したモジュールのすべてのバージョンを取得する Vers 関数を定義しています。

▼リスト 0.2.17　os.MkdirTemp 関数を用いた例

```go
func Vers(module string) ([]string, error) {
  dir, err := os.MkdirTemp("", "vers*")
  if err != nil { return nil, err }
  defer os.RemoveAll(dir)

  env := &exec.Env{Dir: dir}
  env.Run("go", "mod", "init", "tmpmodule")
  env.Run("go", "get", module)
  pr, pw := io.Pipe()
  go func() {
    env.Stdout = pw
    env.Run("go", "list", "-m", "-versions", "-json", module)
    pw.Close()
  }()

  var vers struct{ Versions []string }
  err = json.NewDecoder(pr).Decode(&vers)
  if err != nil { return nil, err }
  err = env.Err()
  if err != nil { return nil, err }
  return vers.Versions, nil
}
```

　os.MkdirTemp 関数で一時ディレクトリを作り、その中で go mod init コマンドを実行して一時的なモジュールを生成しています。go get で該当のモジュールを取得したあとに、go list コマンドでモジュールの情報を取得しています。取得したモジュール情報は JSON 形式で出力されるため、go list コマンドの標準出力と JSON デコーダをパイプでつないでデコードしています。なお、exec.Env 型[注2]は連続したコマンド実行を行うための型です。

　なお、テストで一時ディレクトリを生成したい場合は、Go 1.15 から導入された (*testing.T).TempDir メソッドを用いると良いでしょう。テスト関数の終了時にディレクトリを消してくれるので非常に便利です。

注2　https://github.com/tenntenn/exec

0.2.2 io/fsパッケージ

ファイルシステムの抽象化

　Go 1.16においてファイルシステムの抽象化が導入されました。ioパッケージのサブパッケージとしてfsパッケージが作られ、そこにFS型が定義されます。FS型は**リスト0.2.18**のようなOpenメソッドだけを持つ非常にシンプルなインタフェース型です。

▼リスト0.2.18　Go 1.16で導入されたfs.FS型の定義

```
type FS interface {
  Open(name string) (File, error)
}
```

　io/fsパッケージ（以下fsパッケージ）では、**リスト0.2.19**のようにファイルもインタフェースで定義されています。

▼リスト0.2.19　fs.File型の定義

```
type File interface {
  Stat() (FileInfo, error)
  Read([]byte) (int, error)
  Close() error
}
```

　fs.File型は*os.File型と違って読み込み専用かつ最低限の機能しかありません。そのため、書き込みやシークなどを行うためのメソッドは定義されていません。
　ファイル情報を取得できるfs.FileInfo型については、osパッケージから移動してきており、os.FileInfo型は後方互換のためにfs.FileInfo型の型エイリアスとして定義されています。
　ファイルシステムの抽象化の需要はもともと高く、Go 1.15以前においてもnet/httpパッケージなどではインタフェース型がすでに定義されています。しかし、用途を問わないようなインタフェース型はこれまで提供されていませんでした。ビルド時にファイルをバイナリへ埋め込むための機能を提供するembedパッケージが導入されるにあたって、ファイルシステムの抽象化を行うfsパッケージも導入されることになりました。
　ファイルシステムが抽象化されると、入出力を抽象化したio.Reader型やio.Writer型と同じように

非常に汎用性の高い機能になります。たとえば、embed.FS型はfs.FS型を実装しているため、バイナリに埋め込まれたデータをファイルシステムとして扱うことができるようになります。html/templateパッケージやosパッケージなども併せてfsパッケージが扱えるように拡張されるため、ファイルを一度OSのファイルシステムに書き出すことなく扱える場面が増えてくるでしょう。

　リスト0.2.20は、Go 1.16で追加されたgo:embedコメントディレクティブによって、templateディレクトリ以下をバイナリに埋め込んでいます。

▼リスト0.2.20　fsパッケージとembedパッケージを使った例

```
// templateディレクトリ以下をバイナリに埋め込む
//go:embed template/*
var tmplFS embed.FS

// 埋め込まれたtemplateディレクトリをファイルシステムとして扱う
var tmpl = template.Must(template.ParseFS(tmplFS, "*.html"))
```

　埋め込まれたディレクトリは、embed.FS型の変数tmplFSとなりファイルシステムとして扱えます。Go 1.16からtext/templateパッケージやhtml/templateパッケージに追加されたParseFS関数は指定したファイルシステムからパターンにマッチするテンプレートをパースします。

io/fsパッケージで定義されたインタフェース

　fsパッケージにおいてもioパッケージで提供されているような拡張型のインタフェースがいくつか提供されています。たとえば、os.Stat関数のようにファイルシステムから任意のファイルの情報を取得する機能を提供するために、fs.StatFS型が定義されています。

　fs.StatFS型は、リスト0.2.21のようにfs.FS型にStatメソッドを追加したようなインタフェース型になっています。

▼リスト0.2.21　fs.StatFS型の定義

```
type StatFS interface {
  FS
  Stat(name string) (FileInfo, error)
}

// StatFS型を実装するためのヘルパー関数
func Stat(fsys FS, name string) (FileInfo, error) { }
```

　また、io.StringWriter型の例で見たように、fs.Stat関数というStatFS型を実装しやすくするためのヘルパー関数も提供しています。

Statメソッドの実装がシンプルで良いようなファイルシステムの場合は、fs.Stat関数を呼び出すだけで十分です。一方、ネットワークを介したファイルシステムを定義したい場合などは、最適化された実装を自分で用意するほうが良いでしょう。

■本節で紹介したパッケージ、ライブラリ、ツール

- io （https://pkg.go.dev/io）
- io/fs （https://pkg.go.dev/io/fs）
- os （https://pkg.go.dev/os）

0.3 ゴルーチンとチャネル

Author　青木 太郎
Keywords　ゴルーチン、並行処理、チャネル、ゴルーチンリーク、データ競合

0.3.1 Goの並行処理における哲学

　Goはゴルーチンを使うことで簡単に並行処理を実現できますが、複数のゴルーチンからアクセスできる変数へ読み書きを行うとデータ競合が発生します。Goにはこのようなデータ競合を回避するための機能としてチャネルやミューテックスが備わっています。では、チャネルとミューテックスはどう使い分ければ良いのでしょうか。Effective GoのConcurrencyの章[注1]には次のようなアプローチが紹介されています。

　Do not communicate by sharing memory; instead, share memory by communicating.
　メモリを共有することで通信するのではなく、通信することでメモリを共有する

　ミューテックスは、複数のゴルーチン間でメモリを共有した領域（クリティカルセクション）を保護し、操作の原子性を担保するためのしくみです。しかし、このようなメモリを共有するようなしくみは複雑化しやすく、バグが混入しやすいコードになりがちです。そこで、Goではメモリを共有して複数のゴルーチンがアクセスするのではなく、ゴルーチン間で通信を行い、メモリの内容を共有することで並行処理を行うアプローチを採っています。

　チャネルはこのアプローチで並行処理を行うため、基本的にはミューテックスではなくチャネルの使用が推奨されています。しかし、参照カウントのようなミューテックスのほうが簡潔に並行処理を行える場合もあるため、必要に応じて最適なアプローチを使い分けるべきとEffective Goには書かれています。

注1　https://go.dev/doc/effective_go#sharing

0.3.2 ゴルーチン

goという予約語を関数呼び出しの前に付与するとその関数は新しく作成されたゴルーチンで呼び出されます。この構文をgo文と呼びます。

```
go f()
```

通常の関数呼び出しは関数から戻るまで呼び出し元の処理はブロックされますが、go文によるゴルーチンでの関数呼び出しは関数からの復帰を待たずに完了します。go文によって呼び出された関数は呼び出し元のゴルーチンとは別なゴルーチン上で逐次実行されていきます。

main関数自身もゴルーチンとして呼び出されるため、これをとくにメインゴルーチンと呼びます。

メインゴルーチンが戻り、プログラムが終了すること以外にほかのゴルーチンを終了させる方法はありません。しかし、この方法はすべてのゴルーチンを強制的に終了させており、各ゴルーチンが必要な終了処理を行えないため適切とは言えません。代わりに、チャネルを使ってゴルーチン間で通信することで送信側のゴルーチンから受信側のゴルーチンへ終了をリクエストするという方法があります。

0.3.3 チャネル

チャネルを使うと複数のゴルーチン間で値の送受信ができます。チャネルを作成するにはmake関数を使います。たとえば、次のコードではint型のチャネルを作成しています。チャネルのゼロ値はnilです。

```
ch := make(chan int)
```

make関数にチャネル型のみを指定して作成されたチャネルはバッファなしチャネルとも呼ばれます。

送信

あるゴルーチンから別のゴルーチンへ値を渡したい場合、チャネルへその値を送信します。たとえば、次のコードではchan int型のチャネルを使ってint型の値100を送信しています。

```
ch := make(chan int)
ch <- 100
```

バッファなしチャネルの場合、送信している値が受信されるまでブロックされ、その間後続の処理が実行されなくなります。

selectを使って1つ以上のチャネルへ同時に送信を試みることもできます。受信可能になったいずれかのチャネルにのみ送信されます。

```
ch1 := make(chan int)
ch2 := make(chan int)

select {
case ch1 <- 100:
case ch2 <- 200:
}
```

close関数を使うとチャネルの利用を停止し、受信側に停止したことを送信します。

```
close(ch)
```

クローズされたチャネルに対し、値の送信や再度クローズをするとパニックします。

受信

あるゴルーチンから渡された値を受け取るにはチャネルを利用して受信します。次のコードではchから受信した値をnへ代入しています。

```
n := <-ch
```

送信と同じように select を使って複数のチャネルから同時に受信することもできます。

```
select {
case n, ok := <-ch1:
  fmt.Println(n, ok)
case n, ok := <-ch2:
  fmt.Println(n, ok)
}
```

バッファなしチャネルの場合、値が送信されてくるまで受信はブロックされます。チャネルがすでにクローズされて空になっていた場合はブロックされずにゼロ値が返ります。

受信時に 2 つの結果を受け取ることもでき、その場合は 2 つめの戻り値に受信できたかどうかを示す bool 型の値が入ります。値を受信できた場合は true、クローズされて空になったチャネルだった場合は false となります。

```
n, ok := <-ch
```

チャネルがクローズされるまで受信を行いたい場合、range を使うのが便利です。range を使うとチャネルから値を繰り返し受信することができ、チャネルがクローズされるとループから抜けます。

```
for n := range ch {
  /*（略）*/
}
```

一方向チャネル型

チャネルを送信もしくは受信のみ行うように制御したい場合、一方向チャネル型を使います。たとえば、一方向チャネル型を関数の引数として受け取るコードは**リスト 0.3.1** のようになります。

▼リスト 0.3.1　一方向チャネル型を引数として受け取る関数[注2]

```
func main() {
  ch := make(chan int)

  go send(ch, 100)
  fmt.Println(receive(ch))
}
```

注2　本節のサンプルコードは次のサポートサイトからダウンロードできます。https://gihyo.jp/book/2022/978-4-297-12519-6

```
func send(ch chan<- int, n int) {
  ch <- n
}

func receive(ch <-chan int) int {
  return <-ch
}
```

　送信専用チャネルで受信したり、受信専用チャネルで送信したりしようとするとコンパイルエラーとなります。

バッファありチャネル

　バッファありチャネルは要素型のキューを持つチャネルです。バッファありチャネルに送信された値は、キューがいっぱいでなければブロックされずに追加されます。バッファありチャネルは make 関数でキャパシティを指定して作成できます。次のコードの 100 の送信はブロックされずに行われますが、200 の送信はキューがいっぱいであるためブロックされます。

```
ch := make(chan int, 1)
ch <- 100
ch <- 200
```

0.3.4 チャネルパターン

　チャネルの扱いにはパターンがあり、同じようなコードが頻出します。その中でもとくによく見かけるパターンについて紹介します。

select-default

　select を使用して値を送信／受信する場合、default を付与すると、ブロックされるチャネルしかない場合に行う処理を記述できます。default をうまく使うことでブロックされずにチャネルを使った送信／受信処理が書けるようになります。
　リスト 0.3.2 では 100 を送信していますが、ch を受信しようとしているゴルーチンがいれば"sent"が出力され、どのゴルーチンも受信しなければ何も出力されません。

▼リスト 0.3.2　チャネルに送信した値が受信されない場合、default の処理が実行される

```
ch := make(chan int)
/* （略） */

select {
case ch <- 100:
  fmt.Println("sent")
default:
}
```

　同様に受信の場合も、送信しようとしているゴルーチンがいれば "received" が出力され、どのゴルーチンも送信していなければ何も出力しません（**リスト 0.3.3**）。

▼リスト 0.3.3　チャネルが値を受信しない場合、default の処理が実行される

```
ch := make(chan int)
/* （略） */

select {
case <-ch:
  fmt.Println("received")
default:
}
```

for-select

　for と select を組み合わせることで定期実行されるような処理を簡潔に書けます。たとえば、**リスト 0.3.4** では、doneCh に値が送信されるまで 1 秒ごとに "waiting..." というローディングメッセージを出しています。

▼リスト 0.3.4　for と select を用いた定期実行処理

```
for {
  select {
  case <-time.Tick(1 * time.Second):
    fmt.Println("waiting...")
  case <-doneCh:
    /* （略） */
  }
}
```

nilチャネル

　チャネルのゼロ値はnilです。nilチャネルを使った送信および受信は永久にブロックされます。nilチャネルは単体では役に立ちませんが、selectと組み合わせることで特定の分岐を無効化するのに役立ちます。次のコードではch1が受信できたら、ch1へnilを代入することでch1からの受信を無効化しています。

```
select {
case <-ch1:
  ch1 = nil
case <-ch2:
  /* （略） */
}
```

closeを使ったブロードキャスト

　前述のとおり、クローズされたチャネルを受信するとブロックされずにゼロ値が返ります。この特性を利用すると、チャネルがクローズされたことを複数のゴルーチンへ一斉に伝えることができるため、close関数を使ってブロードキャストによるキャンセル処理を実装できます。

　たとえば、**リスト0.3.5**ではmain関数でdo関数を複数の別ゴルーチンで実行し、それぞれにdoneChを渡しています。

▼リスト0.3.5　close関数を使ったブロードキャストのキャンセル処理

```
func main() {
  doneCh := make(chan struct{})
  for i := 0; i < 10; i++ {
    i := i
    go do(i, doneCh)
  }

  close(doneCh)
  time.Sleep(300 * time.Millisecond)
}

func do(n int, doneCh <-chan struct{}) {
  for {
    select {
    case <-doneCh:
      log.Printf("finished %d", n)
      return
    default:
      time.Sleep(100 * time.Millisecond)
```

```
      }
    }
}
```

　do関数はselectの分岐でdoneChを受信しています。main関数でdoneChがクローズされると、do関数を実行しているゴルーチンはdoneChの分岐へ入り、関数を抜けます。

　doneChの要素型のstruct{}は、チャネルで送信／受信される値に意味がないことを示すイディオムです。

　なお、現在のキャンセル処理はこのような素朴な実装ではなく、0.4節で登場するコンテキストを使うことが推奨されます。

0.3.5　シンプルに並行処理を記述する

　ゴルーチンを使うとさまざまな並行処理を簡潔に記述できます。しかし、並行処理は逐次処理より本質的に難解です。場当たり的なコードを書くとすぐにコードの構造、実行順序が不明瞭になり、結果としてバグが混入する原因になります。逐次処理に比べて並行処理によるバグは再現性が低く、ツールでの発見も難しいため、明確なコードを書くことがとくに重要です。

　この項では並行処理の複雑さを回避するためのポイントや、標準・準標準パッケージ[注3]に含まれている機能を紹介します。

ゴルーチンの乱用を避ける

　Goの最も特徴的な機能としてゴルーチンを思い浮かべる人が多いと思いますが、ゴルーチンはできるだけ使うべきではありません。並行処理は複雑さを高めるため、ゴルーチンを駆使したコードを書くと意図が伝わりにくくなり、発見が難しいバグが混入する原因にもなります。

　ただし、ゴルーチンを使うなと言っているわけではありません。Goには並行処理を平易に行うための機能が標準・準標準パッケージに含まれています。基本的にこれらの機能の使用を検討し、どうしても実現したいことが達成できない場合にのみゴルーチンを使うべきです。

注3　https://pkg.go.dev/golang.org/x

sync.WaitGroup

sync.WaitGroup[注4] は複数のゴルーチンを管理します。**リスト 0.3.6** の sync.WaitGroup 型の変数 wg は Add メソッドによりゴルーチンの数を管理します。

▼リスト 0.3.6　sync.WaitGroup で複数のゴルーチンの完了を管理する

```
func main() {
  var wg sync.WaitGroup
  for i := 0; i < 10; i++ {
    wg.Add(1)
    go func(n int) {
      defer wg.Done()
      do(n)
    }(i)
  }

  wg.Wait()
}

func do(n int) {
  time.Sleep(1 * time.Second)
  log.Printf("%d called", n)
}
```

　各ゴルーチンは、処理が終わる際に wg.Done メソッドを呼ぶことで wg に処理の完了を通知します。wg.Wait メソッドですべてのゴルーチンが完了するまで処理をブロックできます。

errgroup.Group

　golang.org/x/sync/errgroup パッケージの errgroup.Group[注5] は基本的に sync.WaitGroup と同じですが、並列に実行する関数からエラーを返すことができます。

　リスト 0.3.7 の errgroup.Group 型の変数 eg がゴルーチンとゴルーチンが返したエラーを管理しています。

▼リスト 0.3.7　errgroup.Group でゴルーチンのエラーを管理する

```
func main() {
  var eg errgroup.Group
  for i := 0; i < 10; i++ {
```

注4　https://pkg.go.dev/sync#WaitGroup
注5　https://pkg.go.dev/golang.org/x/sync/errgroup#Group

```
  n := i
  eg.Go(func() error {
    return do(n)
  })
}

if err := eg.Wait(); err != nil {
  /* （略） */
}
}

func do(n int) error {
  if n%2 == 0 {
    return errors.New("err")
  }

  time.Sleep(1 * time.Second)
  log.Printf("%d called", n)

  return nil
}
```

　eg.Goメソッドで各ゴルーチンを作成し、それらのゴルーチンはエラーを返せるようになっています。eg.Waitメソッドですべてのゴルーチンが終了するまでブロックすることができます。eg.Waitメソッドは最初に返されたエラーのみを返します。

semaphore.Weighted

　並行処理において、特定のリソースへの同時アクセス数を減らすために計数セマフォがしばしば用いられます。Goではチャネルを使って計数セマフォを実装することもできますが、準標準パッケージには重み付き計数セマフォの実装であるgolang.org/x/sync/semaphoreパッケージがあります。semaphore.Weighted[6]は、ある処理が動いている間は同時実行数を少なくしたいような場合にとくに便利です。

　リスト0.3.8ではsemaphore.NewWeightedを使い、トークン数5で計数セマフォを作成しています。

▼リスト0.3.8　semaphore.Weightedを使った重み付き計数セマフォ

```
func main() {
  sem := semaphore.NewWeighted(5)

  go do(sem, func() { time.Sleep (1 * time.Second) }, 1)
  go do(sem, func() { time.Sleep (1 * time.Second) }, 2)
  go do(sem, func() { time.Sleep (1 * time.Second) }, 3)
```

注6　https://pkg.go.dev/golang.org/x/sync/semaphore#Weighted

```
    time.Sleep(5 * time.Second)
}

func do(sem *semaphore.Weighted, f func(), w int64) {
  if err := sem.Acquire(context.Background(), w); err != nil {
    log.Println(err)
    return
  }
  defer sem.Release(w)

  log.Printf("acquired %d", w)

  f()
}
```

　ゴルーチンにより並列化された関数doはsem.Acquireメソッドでトークンを取得しています。変数wは取得したいトークンの数である重みを示しており、各関数はそれぞれ1、2、3の重みでトークンを取得しようとしています。取得可能なトークン数が取得したいトークン数より少ない場合、取得したいトークン数以上になるまでそのゴルーチンの実行はブロックされます。つまり、重みを増やすほどゴルーチンの同時実行数は少なくなります。重みを常に1にすれば通常の計数セマフォと同じ振る舞いになります。

sync.Once

　sync.Once[注7] は、一度だけ実行する処理を実現します。複数のゴルーチンがアクセスする可能性があるものの、一度だけ実行できれば良いような処理を記述したい場合に便利です。
　たとえば、errgroup.Groupは最初に返されたエラーのみを保持しますが、この処理はsync.Onceで実現されています。errgroup.GroupのGoメソッドはリスト0.3.9のような実装になっています。

▼リスト0.3.9　sync.Onceで一度だけ実行する処理を実現（errgroup.Groupの実装）

```
type Group struct {
  cancel func()

  wg sync.WaitGroup

  errOnce sync.Once
  err     error
}

func (g *Group) Go(f func() error) {
```

```
    g.wg.Add(1)

    go func() {
      defer g.wg.Done()

      if err := f(); err != nil {
        g.errOnce.Do(func() {
          g.err = err
          if g.cancel != nil {
            g.cancel()
          }
        })
      }
    }()
}
```

singleflight.Group

短期間に重複してAPI呼び出しをしてしまうような状況において、不要なAPI呼び出しを抑制したい場合はsingleflight.Group[注8]を使うことができます。sync.Onceと似ていますが、sync.Onceはアプリケーションの実行中に一度だけ呼び出すべきものを扱うのに対し、singleflight.Groupはアプリケーションの実行中に更新処理が起きるようなものを扱います。

リスト0.3.10のコードでは、singleflight.Groupを埋め込んでいる構造体groupを定義しています。

▼リスト0.3.10　singleflight.Groupで一度だけ実行する処理を実現

```
func main() {
  var g group

  g.do("foo")
  g.do("bar")
  g.Wait()

  g.Forget()
  g.do("hoge")
  g.do("fuga")
  g.Wait()
}

type group struct {
  singleflight.Group
  sync.WaitGroup
}

func (g *group) do(s string) {
```

注8　https://pkg.go.dev/golang.org/x/sync/singleflight#Group

```go
  g.Add(1)
  go func() {
    defer g.Done()

    v, err, shared := g.Do("key", func() (interface{}, error) {
      time.Sleep(1 * time.Second)
      log.Printf("cached %s\n", s)
      return s, nil
    })
    log.Println(v, err, shared)
  }()
}

func (g *group) Forget() { g.Group.Forget("key") }
```

　groupのdoメソッドを呼び出すと、keyというキー名で、singleflight.GroupのDoメソッドがゴルーチンとして実行されます。最初のg.do("foo")、g.do("bar")では、それぞれfoo、barというキー名でDoメソッドが実行されています。最初の2回の呼び出しでは、最もDoメソッドの呼び出しが早かったゴルーチンが持つsの値がキャッシュされます。後続の1つのゴルーチンにはキャッシュされた値が返されます。

　singleflight.GroupのForgetメソッドを呼ぶとキャッシュされた値をクリアできます。そのため、Forgetメソッドのあとのdoメソッドではまた新たに結果がキャッシュされます。

　図0.3.1はリスト0.3.10の実行結果の一例です。ゴルーチンの実行順序によりキャッシュされる値が変わるため、結果が異なる可能性があります。

▼図0.3.1　リスト0.3.10の実行例

```
$ go run main.go
cached foo
foo <nil> true
foo <nil> true
cached fuga
fuga <nil> true
fuga <nil> true
```

ゴルーチンのライフサイクルを意識する

　どうしてもそのままのゴルーチンを扱わなければいけない場合、ゴルーチンのライフサイクルを意識して設計するとバグを生みにくい見通しの良い並行処理が記述しやすくなります。

▌一方向チャネル型を使う

基本的に一方向チャネル型を使い、送信もしくは受信だけをできるように制限します。一方向チャネル型を使っていれば、クローズしたチャネルに送信してパニックしたり、クローズしたチャネルで受信しようとして永久にブロックされたりする可能性を減らせます。また、送信もしくは受信操作のみを考えれば良くなるのでコードがシンプルになります。

▌受信ゴルーチンより送信ゴルーチンを先に終了する

前述したように、受信はチャネルがクローズされている場合でもパニックせず、ゼロ値とクローズされたかどうかのbool値を返します。そして、送信は受信しているゴルーチンがいない場合、ブロックされ続けます。

そのため、まず送信しているゴルーチン側でチャネルをクローズし、その後にチャネルのクローズを検知して受信ゴルーチンを終了するとゴルーチンがリークすることなく全体を停止できます。たとえば、リスト0.3.11では送信ゴルーチンであるsendが3秒後にchをクローズします。

▼リスト0.3.11　受信ゴルーチンより送信ゴルーチンを先に終了させる

```go
func main() {
  ch := make(chan struct{}, 3)
  doneCh := make(chan struct{})

  go send(ch, doneCh)
  go receive(ch)
  go receive(ch)

  <-doneCh
}

func send(ch, doneCh chan<- struct{}) {
  t := time.NewTimer(3 * time.Second)

  for {
    select {
    case <-t.C:
      close(ch)
      close(doneCh)
      return
    case ch <- struct{}{}:
    }
  }
}

func receive(ch <-chan struct{}) {
  for {
    select {
    case _, ok := <-ch:
      if !ok {
```

```
        return
    }
    log.Println("received")
  }
 }
}
```

受信ゴルーチンはchがクローズされるまで受信し続けます。そのため、必ず送信ゴルーチンが受信ゴルーチンよりも先に終了します。

0.3.6　並行性の問題を検出する

どれだけ気をつけて並行処理を書いていてもバグは入り込んでしまうものです。並行性の問題を早期に検出できると大きな助けとなります。

ゴルーチンリークを検出する

ゴルーチンリークは、生成されたゴルーチンが終了せずに滞留することです。アプリケーションの実行時間が短いものであれば問題にはなりづらいですが、サーバのような実行時間が長いものだとリソースが枯渇する原因となります。go.uber.org/goleak[注9] を使うとゴルーチンがリークしているかどうかを検出できます。

たとえば、次のコードはmain関数が終了する前にtime.Sleep関数のゴルーチンが終了しないため、リークしています。

```
func main() { go time.Sleep(1 * time.Second) }
```

TestMain関数でgo.uber.org/goleakの関数を呼ぶとテストの終了時にゴルーチンがリークしていないかをチェックすることができます（**図0.3.2**）。

```
func TestMain(m *testing.M) { goleak.VerifyTestMain(m) }
func Test_main(t *testing.T) { main() }
```

注9　https://github.com/uber-go/goleak

▼図 0.3.2　go.uber.org/goleak によるゴルーチンリークの検出例

```
$ go test
PASS
goleak: Errors on successful test run: found unexpected goroutines:
[Goroutine 20 in state sleep, with time.Sleep on top of the stack:
goroutine 20 [sleep]:
time.Sleep(0x3b9aca00)
        /usr/local/Cellar/go/1.15.3/libexec/src/runtime/time.go:188 +0xbf
created by _/tmp.main
        /tmp/main.go:6 +0x4c
]
exit status 1
FAIL    _/tmp    0.993s
```

　アプリケーションでゴルーチンリークが絶対に起こらないことを保証するものではないことに注意
してください。go.uber.org/goleak が保証できるのは、テスト時の実行パスでゴルーチンリークが起
きていないことだけなので、テストを書いていない場合や、ゴルーチンリークが起きるケースをテス
トできていない場合には検出できません。

データ競合を検出する

　go コマンドのビルドフラグである -race を有効にすると、テスト時にメモリ上でデータ競合が発生
したかどうかを検出できます。たとえば**リスト 0.3.12** のコードは、ミューテックスを使わずに共有
された変数 a に対して並行してアクセスしているため、データ競合が発生します。

▼リスト 0.3.12　データ競合しているコード

```
func main() {
  a := 100
  go func() { a += 50 }()
  go func() { a -= 50 }()

  time.Sleep(100 * time.Millisecond)
}
```

　この関数に対するテストを -race 付きで実行するとデータ競合が検出されます（**図 0.3.3**）。

▼図 0.3.3　-race フラグによるデータ競合の検出例

```
$ go test -race
==================
WARNING: DATA RACE
```

```
Read at 0x00c00012a070 by goroutine 9:
  _/tmp.main.func2()
      /tmp/main.go:9 +0x38

Previous write at 0x00c00012a070 by goroutine 8:
  _/tmp.main.func1()
      /tmp/main.go:8 +0x4e
/* （略） */

==================
--- FAIL: Test_main (0.10s)
    testing.go:1038: race detected during execution of test
FAIL
exit status 1
FAIL    _/tmp    0.647s
```

　-raceもgo.uber.org/goleakと同じく、テスト時にデータ競合が発生したものだけ検出できることに注意してください。

■ **本節で紹介したパッケージ、ライブラリ、ツール**

- go.uber.org/goleak （https://pkg.go.dev/go.uber.org/goleak）
- golang.org/x/sync （https://pkg.go.dev/golang.org/x/sync/）
- golang.org/x/sync/errgroup （https://pkg.go.dev/golang.org/x/sync/errgroup）
- sync （https://pkg.go.dev/sync/）

■ **ステップアップのための資料**

- Effective Go （https://go.dev/doc/effective_go）

Goの並行処理パターンについての資料：

- Go Concurrency Patterns （https://talks.golang.org/2012/concurrency.slide）
- Advanced Go Concurrency Patterns （https://talks.golang.org/2013/advconc.slide）

ゴルーチンのスケジューラのしくみについての資料：

- The Scheduler Saga （https://speakerdeck.com/kavya719/the-scheduler-saga）

0.4 コンテキスト

Author 田村 弘
Keywords コンテキスト、contextパッケージ、並行処理、ゴルーチン、
情報共有（値・完了・キャンセル信号の共有）、syncパッケージ

0.4.1 コンテキストとは

　コンテキスト（context）はよく日本語で文脈として訳されます。筆者の手元の『広辞苑 第四版』[注1]によると、文脈は文章の中で文と文との続き具合を意味するそうです。文脈をコンピュータの世界に置き換えると、文に対応するのは独立した処理、コンテキストは複数の独立した処理の関係性を表していると考えられます。

　Go 1.7以降のGoの世界ではこの関係性を表現するために、contextパッケージを利用しています。具体的に言うと、contextパッケージを利用すれば、ゴルーチン（独立した処理）の間で実行状況、生存時間、値を共有できます。

0.4.2 なぜcontextパッケージが必要なのか

　例としてポイントとクレジットカードを使った支払いを考えます。**図0.4.1**のようにポイントとクレジットカードは別々の残高で管理されているため、独立して処理できます。

[注1] 新村出 編、岩波書店、1991年

▼図 0.4.1　複合支払いの処理図

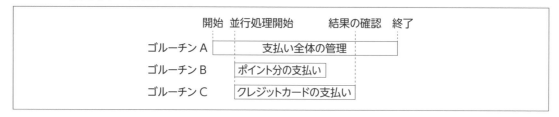

　ゴルーチンAは支払い全体のトランザクションを管理し、ゴルーチンBはポイント分の支払い処理、ゴルーチンCはクレジットカード分の支払い処理を行います。通常処理ではAがB、Cを立ち上げて処理結果を待ちます。両方の結果が届いたあとにAで確認して支払い終了になる流れです。

　エッジケースについて考えます。**図 0.4.2 (a)** のように処理中に実行元が支払いを止めると、すべての処理を一度に止める必要があります。**図 0.4.2 (b)** のようにポイント分の支払い処理が途中で失敗した場合、クレジットカードの支払い結果によらず最終的に支払い失敗になるはずです。

▼図 0.4.2　複合支払いを途中で止める場合

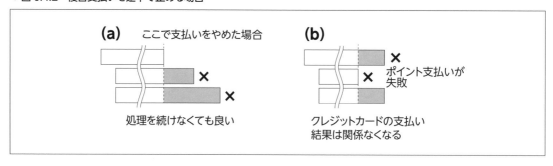

　ポイント分の支払い処理が失敗した時点ですべての処理を止めて結果を返すことで待ち時間を減らせて、リソースの節約にもつながります。このように並行処理では失敗が確定した時点で、適切にリソースを解放する必要があります。

　この例について、チャネルを利用して自分で実装することはできます。しかし、次のような要件が発生すると、チャネルを利用した実装は限りなく難しくなっていきます。

- ポイントとクレジットカード以外の支払い手段が増えた場合
- それぞれの支払い手段の中でさらに並行処理を行いたい場合
- それ以外にもゴルーチンの数が増えるもしくは実行環境の情報が増える場合

　contextパッケージを利用すれば、並行処理で行うゴルーチンの数が増えても一貫した対応で実装できるうえ、標準のしくみを使うわけですから、コードの可読性も上がります。

　ここからしくみの話を交えながら、contextパッケージの内容について説明していきます。

0.4.3 contextパッケージの基本

contextパッケージの基本的なしくみ

contextパッケージの核心はContextインタフェースにあります。このContextインタフェースを満たす構造体で**図0.4.3**のコンテキスト木を作っています。

▼図0.4.3 コンテキスト木

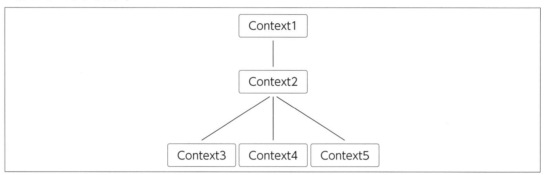

基本的に、親コンテキスト（木の上部）をコピーし、付加情報を加えた子コンテキスト（木の下部）を生成しています。

キャンセル処理について説明します。キャンセル操作可能なコンテキストに対してキャンセル処理を行うと、まずは対象のコンテキストのキャンセル処理を行います（**図0.4.4（1）**）。次に対象のコンテキストが持つ子コンテキストに対してキャンセル処理を行います（**図0.4.4（2）**）。最後に、親コンテキストから対象のコンテキストに対する参照を削除しています（**図0.4.4（3）**）。

▼図0.4.4 コンテキストのキャンセル処理の伝播

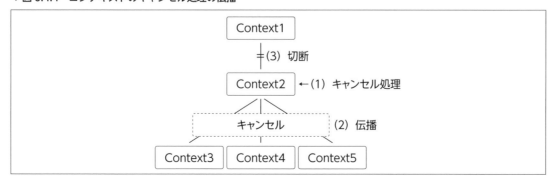

　注意してほしいのは、コンテキスト木はあくまでも実行環境の情報を共有するためのものということです。contextパッケージはコンテキスト木に対して操作します。処理の中断操作などは我々が実装しないといけません。実際の処理構造に対応したコンテキストを参照し、参照できた結果に合わせて処理をすればいいです。

Contextインタフェース

Contextインタフェースは**リスト0.4.1**のように定義されています。

▼リスト0.4.1　Contextインタフェース[注2]

```go
type Context interface {
  Deadline() (deadline time.Time, ok bool)  // (1)
  Done() <-chan struct{}  // (2)
  Err() error  // (3)
  Value(key interface{}) interface{}  // (4)
}
```

(1) Deadlineメソッドは、コンテキストが自動でキャンセルされる時刻（deadline）と、キャンセルされる時刻を設定しているかどうかのブール値（ok）を返す。もし時刻を設定していなければ第2戻り値でfalseを返す

(2) Doneメソッドは受信専用のチャネルを返す。戻り値のチャネルを見ることでキャンセルされているかどうかを判断できる（後述）

(3) Errメソッドはコンテキストがキャンセルされた理由を返す。キャンセルできないもしくはキャンセルされていなければnilを返す

(4) Valueメソッドは指定されたkeyに対応する値をコンテキストから探してくれる。指定したkeyが見つからなければnilを返す

　また、上記のメソッドすべてがゴルーチンセーフでかつ冪等性（べきとうせい）を満たしています。同一のコンテキストに対して複数のゴルーチンから同じ操作をしても、最初に成功する操作があれば、2回目以降の呼び出しは処理されず終了します。たとえば、Errメソッドは必ず最初にキャンセルされた理由を返します。

注2　本節のサンプルコードは次のサポートサイトからダウンロードできます。https://gihyo.jp/book/2022/978-4-297-12519-6

0.4.4 | context パッケージの使い方

最低限守るべきルール

公式ドキュメント[注3] では次のルールを推奨しています。

- コンテキストは構造体に入れず、関数の引数として利用すべき
- 引数として利用する際は、リスト 0.4.2 のように関数の第 1 引数にして、変数名は ctx にすべき
- 渡すべきコンテキストが判定できない場合、nil を渡さずに context.TODO を渡すべき（後述）
- コンテキストに保存する値（Value メソッドで取り出せるもの）はリクエストスコープに収まる値にすべき。関数の引数などを保存してはいけない（後述）

▼リスト 0.4.2　引数で context を渡す関数の例

```
func DoSomething(ctx context.Context, arg Arg) error {
    // なんらかの処理
}
```

利用できる関数

　Context インタフェースはあくまでもインタフェースなので、パッケージの利用者（我々）は**リスト 0.4.3** の関数を使って、**図 0.4.5** に示す構造体を生成して**図 0.4.6** のコンテキスト木を作ります。

▼リスト 0.4.3　コンテキスト木を作るための関数

```
func Background() Context
func TODO() Context
func WithCancel(parent Context) (ctx Context, cancel CancelFunc)
func WithDeadline(parent Context, d time.Time) (Context, CancelFunc)
func WithTimeout(parent Context, timeout time.Duration) (Context, CancelFunc)
func WithValue(parent Context, key, val interface{}) Context
```

注3　https://pkg.go.dev/context

▼図 0.4.5　context パッケージ内の関係性を示す簡易的な UML 図

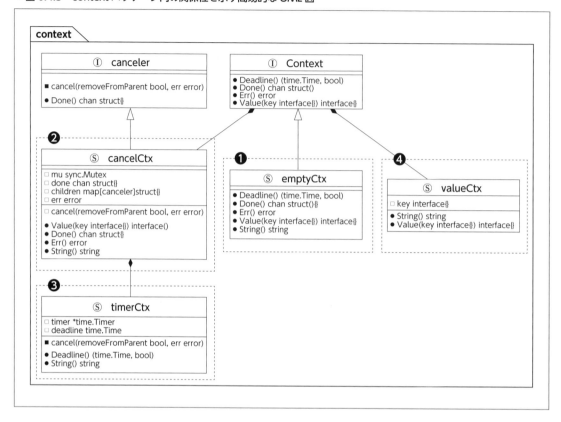

▼図 0.4.6　context パッケージ内関数で生成するコンテキスト木

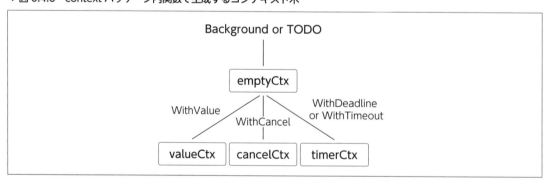

ここからは利用できる関数の個々のしくみと使い方について説明します。

コンテキスト木の根を作る Background 関数

Background 関数は値を持たない emptyCtx（図 0.4.5 ❶）を生成しており、この emptyCtx はキャン

セルすることはできず、共有できる値も持ちません。**リスト 0.4.4** のように、main 関数やサーバ初期化などトップレベルの処理にあたる位置で生成して、各処理に必要なほかの機能（キャンセルや値共有）を持つコンテキストを生成する際に親コンテキストとして利用されます。また、実行環境を再現するために、テストでもよく利用されます。

▼リスト 0.4.4　Background 関数で emptyCtx を生成、それをもとに他コンテキストを生成

```go
func main() {
  // コンテキスト木の根を生成する
  emptyCtx := context.Background()
  // emptyCtxを利用して必要なコンテキストを生成する
  cancelCtx, cancel :=
    context.WithCancel(emptyCtx)
  defer cancel()
  // 必要な処理にほかの機能を持つコンテキストを渡す
  doSomeThing(cancelCtx)
  /* （略） */
}
```

古いコードにcontextパッケージを導入するときに使えるTODO関数

Backgroundを利用している処理を除いて、通常の関数は引数からコンテキストを取得して利用しています。**リスト 0.4.5** のように、古い関数から新しい関数（newFuncWithContext）を呼び出すにはコンテキストが必要だが、渡すべきコンテキストを持っていないときがあります。

▼リスト 0.4.5　コンテキスト未対応の場合は TODO 関数でコンテキストを生成

```go
func oldFunc() error {
  // return newFuncWithContext(nil) ←やってはいけない例
  ctx := context.TODO()
  return newFuncWithContext(ctx)
}

func newFuncWithContext(ctx context.Context) error {
  // 何らかの処理
}
```

　この場合はnilではなくTODO関数でコンテキストを生成して新しい関数に渡せば呼び出すことはできます。TODO関数を利用した場合、ほかの箇所をある程度書き換えてから、正しいコンテキストに書き直せばいいです。

キャンセル可能なコンテキストを生成するWithCancel

WithCancel関数の第1戻り値は引数のparentをコピーして、自分のチャネルを持ったcancelCtx（図0.4.5 ❷）を返します。このチャネルがDoneメソッドの戻り値の正体です。第2戻り値は生成したcancelCtxのキャンセル処理ができる関数を返します。次のパッケージ内のコードのように、第2戻り値の型CancelFuncはfunc()に名前を付けて宣言しているだけです。

```
type CancelFunc func()
```

実際のcancelCtxのキャンセル処理は自身が持つチャネルを閉じることです。チャネルが閉じられたことがメッセージ受信を待っているすべてのゴルーチンにブロードキャストされる性質を利用して、Doneメソッドを参照しているすべてのゴルーチンにキャンセルされた情報が送信されます。キャンセルによってチャネルが閉じられたあとでDoneメソッドを参照しても同じく閉じられたチャネルが返ってくるので、キャンセル情報を受け取る側ではチャネルの状態で中断するかどうかを判断できます。

リスト0.4.6は、並行した複数の処理のうち1つでも失敗すれば、残りの処理をスキップする処理です。

▼リスト0.4.6　並行処理のうち1つでも失敗すれば、残りをスキップする処理

```go
func doSomeThingParallel(workerNum int) error {
  // 必要なコンテキストを生成する
  ctx := context.Background()
  cancelCtx, cancel := context.WithCancel(ctx)

  // 正常完了時にコンテキストのリソースを解放
  defer cancel()    // (4)

  // 複数のゴルーチンからエラーメッセージを集約するためにチャネルを用意する
  errCh := make(chan error, workerNum)
  // workerNum分の並行処理を行う
  wg := sync.WaitGroup{}
  for i := 0; i < workerNum ; i++ {    // (1)
    i := i
    wg.Add(1)
    go func(num int) {
      defer wg.Done()
      // エラーが発生すれば、キャンセル処理を行い、エラーメッセージを送信する
      if err := doSomeThingWithContext(cancelCtx,num); err != nil {    // (2)
        cancel()
        errCh<- err
      }
      return
    }(i)
  }
```

```go
// 並行処理の終了を待つ
wg.Wait()

// エラーチャネルに入ったメッセージを取り出す
close(errCh)
var errs []error
for err := range errCh {
  errs = append(errs, err)
}

// エラーが発生していれば、最初のエラーを返す
if len(errs) > 0 {
  return errs[0]
}
// 正常終了
return nil
}

// コンテキストを利用した何らかの処理をする関数
func doSomeThingWithContext(ctx context.Context, num int) error {
  // 処理に入る前に、コンテキストの死活を確認する
  select {
  case <-ctx.Done():     // (3)
    return ctx.Err()
  // コンテキストがまだキャンセルされていなければ、そのまま処理に進む
  default:
  }
  fmt.Println(num)
  return nil
}
```

　(1) でworkerNumの数だけのゴルーチンで並行処理を行い、(2) で失敗すればキャンセル関数を呼び、エラーメッセージをエラーチャネルに送信しています。(3) では処理を行う前にコンテキストの死活を確認しています。もしコンテキストがキャンセルされていれば、キャンセルされた理由を返しています。こうすることで、生成したゴルーチンの中で1つでも失敗すれば、その後に発生する処理はコンテキストのエラーメッセージを返して終了します。

　キャンセル処理付きのコンテキストを生成した際には、リソース解放に責任を持つ必要があります。すべての処理が正常終了すると、キャンセル処理は呼ばれません。そのため、(4) では処理全体が正常完了した際に、コンテキストのリソース解放をしています。

　コンテキストを使った並行処理でエラーハンドリングをする際に、実装が難しくなりやすいです。golang.org/x/sync/errgroupパッケージのWithContext関数[注4] を使うと、実装を簡易化できます。errgroupパッケージの使い方は本章の領域を越えるため、詳細はドキュメントを参照してください。

注4　https://pkg.go.dev/golang.org/x/sync/errgroup#WithContext

指定した時刻にキャンセルされるコンテキストを生成するWithDeadline

WithDeadline関数の第 1 戻り値はcancelCtxにtime.Timerを持たせたtimerCtx（図 0.4.5 ❸）です。cancelCtxとの違いは指定時刻になるとキャンセル処理をしてくれるところです。第 2 戻り値は生成したtimerCtxのキャンセル処理ができる関数を返しています。この関数を利用すれば指定時刻より前にキャンセルできます。つまり、キャンセルされるタイミングは指定時刻になったときか、第 2 戻り値のキャンセル関数が呼び出されたときのどちらか先のほうになります。cancelCtxのキャンセル処理と比べて、timerCtxのキャンセル処理は構造体内にあるtime.Timerのリソース解放処理が増えただけで、それ以外の挙動はcancelCtxと同じです。

リスト 0.4.7 はWithDeadline関数を利用して、指定時刻になるとコンテキストがキャンセルされるコード例です。

▼リスト 0.4.7　指定時刻になるとコンテキストがキャンセルされる処理

```go
func exampleWithDeadline() {
  ctx := context.Background()
  // 指定時刻を生成
  d := time.Date(2022, 12, 18, 0, 0, 0, 0, time.UTC) // (1)
  // 指定時刻にキャンセルされるコンテキストを生成する
  timerCtx, cancel := context.WithDeadline(ctx, d) // (2)
  defer cancel() // (6)

  // 指定時刻の1日後の時刻を生成する
  nd := d.AddDate(0, 0, 1)
  // 時刻ndになったときか、timerCtxがキャンセルされたときか、どちらか先のほうが実行される
  select { // (3)
  case <-time.After(time.Until(nd)): // (4)
    fmt.Println("2022年12月19日0時になりました")
  case <-timerCtx.Done(): // (5)
    fmt.Println(timerCtx.Err())
  }
}
// Output: context deadline exceeded
```

（1）はUTC時間で 2022 年 12 月 18 日 0 時の時刻を生成しています。生成した時刻を（2）のWithDeadline関数の第 2 引数に渡すことで、渡した時刻に自動的にキャンセルされるtimerCtxを生成します。（3）では 2022 年 12 月 19 日 0 時になったとき、コンテキストがキャンセルされたときのどちらかが先に起きるまでプログラムをブロックしています。（2）で生成したコンテキストは 18 日になるとキャンセルされるので、（4）よりも先に（5）がメッセージを受信し、コンテキストがキャンセルされた理由を出力しています。

cancel関数を呼ばない限り、指定時刻になるまでコンテキストはキャンセルされません。指定時刻

より前に処理全体が終了する場合もあるため、(6) のコードを使って生成したコンテキストはリソース解放まで責任を持ちましょう。

WithDeadline関数のもう1つの特性について説明します。**図0.4.7**のように子コンテキストが持つデッドライン時刻は、親コンテキストが持つデッドライン時刻を超えないように制御されています。

▼図 0.4.7　WithDeadline で生成するコンテキスト木

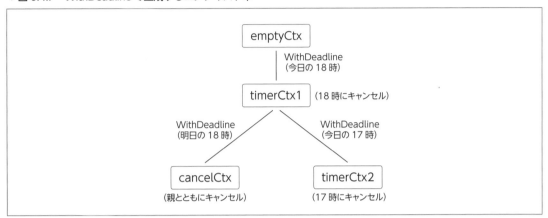

親コンテキストのデッドライン時刻に達すると、親コンテキストがキャンセルされると同時に子コンテキストに対してキャンセル処理を伝播します。子コンテキストが親コンテキストのデッドライン時刻を超えたデッドライン時刻を持っていても、子コンテキストは親コンテキストのデッドライン時刻にキャンセルされます。親コンテキストが時刻による自動キャンセルを行ってくれるため、子コンテキストはキャンセル関数によるキャンセル処理だけ考慮してWithCancelを使うようになっています。

指定時間が経つとキャンセルされるコンテキストを生成するWithTimeout

WithTimeout関数とWithDeadline関数は基本的に同じ挙動をします。違うのはWithDeadline関数は時刻指定でキャンセル処理を実行するのに対して、WithTimeout関数は経過時間指定でキャンセル処理を実行するという点です。**リスト0.4.8**のパッケージ内コードを見ると、(1) でWithTimeoutが実行された時刻に引数のtimeoutを足した時刻をWithDeadlineに渡していることがわかります。

▼リスト 0.4.8　WithTimeout では、現在時刻に引数の timeout を足して WithDeadline を呼んでいる

```
func WithTimeout(parent Context, timeout time.Duration) (Context, CancelFunc) {
  return WithDeadline(parent, time.Now().Add(timeout)) // (1)
}
```

WithTimeout関数はWebサーバと相性が良く、一連のリクエストに同じタイムアウトを導入する際

や、サブ処理に短いタイムアウトを入れてこまめにリトライする際によく使われます。

リスト0.4.9は指定時間が経つとコンテキストがキャンセルされるコード例です。

▼リスト0.4.9　指定時間が経つとコンテキストがキャンセルされる処理

```go
func exampleWithTimeout() {
  ctx := context.Background()
  // 期間を決めてWithTimeoutでコンテキストを生成
  d := 15 * time.Second
  timerCtx, cancel := context.WithTimeout(ctx, d)  // (1)
  // リソース解放を忘れない
  defer cancel()

  // 10秒が経ったときか、timerCtxがキャンセルされたときか、どちらか先のほうが実行される
  select {      // (2)
  case <-time.After(10 * time.Second):
    fmt.Println("10秒が経ちました")
  case <-timerCtx.Done():
    fmt.Println(timerCtx.Err())
  }

  // (2)を通過後、さらに10秒が経ったときか、timerCtxがキャンセルされたときか、どちらか先のほうが実行される
  select {      // (3)
  case <-time.After(10 * time.Second):
    fmt.Println("10秒が経ちました")
  case <-timerCtx.Done():
    fmt.Println(timerCtx.Err())
  }
}
// Output: 10秒が経ちました
//         context deadline exceeded
```

（1）でWithTimeout関数を使って、生成15秒後に自動キャンセルされるコンテキストを生成しています。(2)、(3) を利用して、コンテキストがキャンセルされるタイミングを確認しています。

コンテキスト間で値を共有できるコンテキストを生成するWithValue

WithValueは親コンテキストをコピーして、引数のkey、valがキーバリューの形で格納されたvalueCtx（図0.4.5 ❹）を生成します。一連の処理の中で値を共有する際に使えます。

リスト0.4.10のように、WithValueを使って値を保存して取り出せます。

▼リスト0.4.10 WithValue を使った値の保存／取り出し

```go
func exampleWithValue() {
    // string型の"key1"と"value1"が格納されたvalueCtxを生成
    ctx := context.Background()
    valueCtx := context.WithValue(ctx, "key1", "value1")   // (1)
    // valueCtxから保存した値を取得して、元の型にキャストする
    fmt.Println(valueCtx.Value("key1").(string))   // (2)
}
// Output: value1
```

（1）のWithValueで{"key1": "value1"}が保存されたvalueCtxを生成して、（2）のValueメソッドで保存した値を取り出します。Valueメソッドの戻り値の型はinterface{}になるので、保存したときの型（今回はstring型）にキャストする必要があります。

WithValue関数は簡単に使えますが、実はいくつか落とし穴があります。以下で説明します。

値共有は直列の親子間のみ

Context インタフェースのValue メソッドで値を取得する際、たとえば図0.4.8のコンテキスト木の場合では表0.4.1の⑥⑦のように、子コンテキストから親コンテキストをたどって値を探します。

▼図0.4.8 WithValue で生成するコンテキスト木

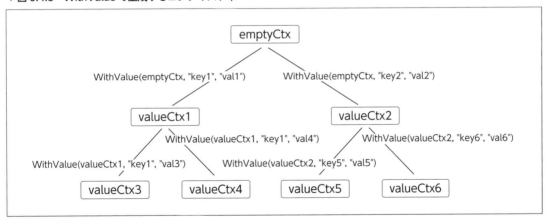

▼表 0.4.1　図 0.4.8 のコンテキスト木に対応する Value メソッドの出力

No.	コンテキスト	key1	key2	key3	key4	key5	key6
①	emptyCtx	nil	nil	nil	nil	nil	nil
②	valueCtx1	val1	nil	nil	nil	nil	nil
③	valueCtx2	nil	val2	nil	nil	nil	nil
④	valueCtx3	val3	nil	nil	nil	nil	nil
⑤	valueCtx4	val4	nil	nil	nil	nil	nil
⑥	valueCtx5	nil	val2	nil	nil	val5	nil
⑦	valueCtx6	nil	val2	nil	nil	nil	val6

一本線でつながった親子間でしか値を共有できないうえ、兄弟間でも値を共有できません。

値を更新することができる

　値の取得は子から親の順番で探すため、同じkeyを使って値を保存した場合、**表 0.4.1** の④⑤のように、呼び出し先のvalueCtxから一番近いvalueCtxの値が優先されます。②④⑤のように、親子間でも同じkeyで違う値を取得することになります。枝分かれが増えれば増えるほど、どこで値が更新されたかわからなくなります。

リクエストスコープに収まる値だけを保存するべき

　これはおもにWebサーバの話になります。基本的には 1 つのリクエストは専用のコンテキストを持っており、処理終了の時点で専用コンテキストのリソースを解放する必要があります。つまり、コンテキストとリクエストの生存期間はほぼ同一になるので、リクエストの生存期間内の値のみコンテキストに格納すべきです。

　リクエストスコープ内の値の例
- リクエストIDなど 1 リクエストが処理される間でしか生存できないもの

　リクエストスコープ外の値の例
- 認証のクライアントやデータベースのコネクションなどサーバレベルで共通なもの

関数の引数を入れてはいけない

　コンテキストはコードベースの大半の関数に行き渡るため、関数の引数をコンテキストに格納して使いたい気持ちはあると思います。関数の引数をコンテキストに保存することは引数の数が減っているため、一見すると関数を簡潔化しているように見えます。しかし、コードを読む側からすると関数の複雑性を隠していることになるので、可読性を上げたことでかえってコードが複雑になってしまう可能性があります。

　以上の注意点を考慮して、コンテキスト間の値共有はできるだけ狭いスコープで利用したほうが考慮する要素は少なく、安全です。

リスト 0.4.11 は、メイン処理と別のパッケージでコンテキストにリクエスト ID の格納と取得を行う処理です。

▼リスト 0.4.11　外部からリクエスト ID を格納／取得するための関数

```go
package external   // (1)

// プライベートタイプを宣言
type requestIDKey struct{}  // (2)

// 外部からrequestIDを取得するための関数
func GetRequestID(ctx context.Context) (int, bool) {   // (3)
  // 値取得と型のキャストを行い、値が存在しないか、キャストできない場合は 0, falseが返される
  r, ok := ctx.Value(requestIDKey{}).(int)
  if ok {
    return r, true
  }
  return 0, false
}

// 外部からRequestIDを保存するための関数
func WithRequestID(ctx context.Context, reqID int) context.Context {   // (4)
  // パッケージ内で宣言したキーで値を保存
  return context.WithValue(ctx, requestIDKey{}, reqID)
}
```

（1）でメイン処理と別のパッケージを作ります。（2）でエクスポートされていない型で保存したい値に対応するキーを作ります。（3）（4）で別パッケージからコンテキストに値の格納と取得を行うための関数を定義しています。実際にコンテキスト間で値を共有したい処理で**リスト 0.4.11** のパッケージを import して使えばいいです。**リスト 0.4.12** ではパッケージ関数を利用して（1）でリクエストIDをコンテキストに格納し、（2）で取得しています。

▼リスト 0.4.12　リスト 0.4.11 の関数を使ってリクエスト ID を格納／取得する

```go
import (
  "context"
  "external"
  "fmt"
)

func main() {
  ctx := context.Background()
  valueCtx := external.WithRequestID (ctx, 123)  // (1)
  requestID, ok := external.GetRequestID(valueCtx)  // (2)
  if !ok {
    fmt.Println("requestIDを持ってなかった")
```

```
    return
  }
  fmt.Println(requestID)          // Output: 123
}
```

　リスト0.4.11では、「新しく名前を付けた型を宣言すると、呼び出すパッケージで同じ基底型（Underlying Type）かつ同じ値を持っていてもイコールにならない」ことを利用しています[注5]。こうすることで、同じパッケージ内でしか同じ型と値のkeyを生成できないため、ほかのパッケージによって値を更新されることを防ぐことができます。注意する範囲がパッケージ内のみになります。

　valueCtxはコンパイルできる値なら何でも保存できるのでとても便利です。しかし、落とし穴が多く、実際利用すると動作を読むことが非常に難しいです。利用する場合は上で示したコード例と注意点を心がけて使いましょう。

■本節で紹介したパッケージ、ライブラリ、ツール

- context （https://pkg.go.dev/context）
- golang.org/x/sync/errgroup （https://pkg.go.dev/golang.org/x/sync/errgroup）

■ステップアップのための資料

- Katherine Cox-Buday 著、山口能迪 訳『Go言語による並行処理』、2018年、オライリー・ジャパン
- さき（H.Saki）著、『よくわかるcontextの使い方』、2021年、Zenn （https://zenn.dev/hsaki/books/golang-context）
- Go Concurrency Patterns: Context （https://go.dev/blog/context）

注5　次のURLでこのしくみを検証するためのサンプルコードを掲載しています。これを実行すると、パッケージが異なれば同じ型と値でも不一致となる旨のエラーが発生します。https://go.dev/play/p/cdFxR3ZAZZW

0.5 ポインタ

Author 五嶋 壮晃

Keywords ポインタ、スタック、ヒープ、参照渡し、型、unsafe パッケージ、unsafe.Pointer

0.5.1 Go にポインタはなぜ必要なのか

ポインタのおさらい

　Go とポインタについて解説する前に、まずはポインタがどういったもので、どんな役割があるかを確認します。

　ポインタを理解するためには、まずどうしてポインタが必要なのかを理解する必要があります。プログラムが動作するためにはメモリ上に保存したデータを読み書きすることが欠かせません。あるデータを読むためには、そのデータが書き込まれている場所とどこまで書かれているかという範囲を知る必要があります。ポインタはメモリ上のアドレス位置を格納した変数であり、変数を型とともに利用することでデータが保存されている範囲も知ることができます。つまりポインタによって、メモリ上のどのアドレスを起点にどれだけの大きさのメモリを読み取るかということがわかります。

　ポインタ型の変数から実体を取得する操作（デリファレンス）や逆に実体からその参照を取得する操作は、メモリ上に書かれているデータ自体を取得したいのか、データが書かれている範囲の先頭アドレスを取得したいかによって使い分けます。このようにポインタは、メモリにアクセスするプログラムを書く開発者にとって欠かせないものです。

Go におけるポインタ

　ポインタは型とともに用いると書きましたが、ではポインタが期待とは異なる型で表現されているとどうなるでしょうか。たとえばあるアドレスに「0x01」という値を書き込んでいたとします。このアドレスを指すポインタは数値型のポインタとして表現するのが正しいのですが、数値よりももっ

と大きな領域を利用する構造体などで表現したとします。このとき、データを読み出そうとすると本来データが書き込まれている以上の領域を読み込み、かつデータの先頭アドレスに書かれたデータ（0x01）も意図したものになっていない可能性があります。これはメモリを不正に読み込んでいることになるため、プログラムが意図しない動作をしてしまうことにつながります。

　こういったことはポインタ間のキャストが自由にできるC言語で起こりがちなミスですが、ほかの言語ではさまざまな方法で開発者が型とアドレスの対応関係を間違わないようにするしくみを導入しています。

　たとえばGoでは、ポインタを作成する際には必ず型を併記するようになっているので、ポインタ作成時点で型とアドレスの対応関係がずれることがないようになっています。

```
v := new(int)
```

　さらに、一度決定したポインタ型をほかのポインタ型にキャストできないようにすることで、ポインタ作成後に不正な型に変換してしまうミスを防いでいます。

```
v := new(int)
fmt.Println((*uint)(v))
// cannot convert v (type *int) to type *uint
```

　このように、ポインタを安全に作成する方法と変換できない制約を用意することで、安全にポインタを扱えるようになっています。

　言語仕様としてポインタを隠蔽（いんぺい）している言語もある中、Goでは制約こそありますが、ポインタと実体とを使い分けながら利用することができます。この節では、なぜこのような言語仕様を採用しているかを、実体とポインタそれぞれのメリット／デメリットを知ることで理解していきたいと思います。

0.5.2 ポインタと実体の使い分け

スタックとヒープ

　メモリの読み書きを行う場所は、大きくスタックとヒープに分かれます。スタックはメモリの使い方や使用量がコンパイル時に決定できる場合に用いられ、関数呼び出し時に確保され、関数から抜けるときに解放されます。あらかじめどのメモリをどれだけ使うかわかっているため、必要になる直前

で確保し、いらなくなったらすぐに破棄できメモリを効率よく使えます。一方、ヒープはメモリの使い方や使用量が実行時にしかわからない場合に用います。ヒープに確保した変数の生存期間は用途によってバラバラですので、Goではガベージコレクタ（GC）を用いてヒープのメモリを集中管理し、しかるべきタイミングで解放しています。GCのアルゴリズムにはさまざまなものがありますが、GoではGC時にSTW（Stop The World）が発生するものを採用しているので、GCが動いている間はプログラムの実行が止まってしまいます。パフォーマンスを気にするプログラムを開発する場合はGCによるSTWの影響は無視できないため、メモリを確保する先がスタックになるかヒープになるかは重要です。

　では開発者視点で、ある変数をスタックとヒープのどちらに確保するかを選ぶことはできるのでしょうか。もし変数の型が実体で定義される場合、Goはその変数をスタック上に確保します。この挙動はC言語を書いていた方には馴染み深い動作でしょう。一方、変数の型をポインタにすると、メモリはヒープかスタックのどちらかに確保されます。ヒープに確保しなければいけない理由の1つは、変数の生存期間がわからないからでした。Goはポインタ変数であっても、変数を作った時点から利用しなくなるまでを追跡可能であれば、メモリをヒープに確保しないように最適化を行ってくれます（エスケープ解析）。

　エスケープ解析の結果は`go build -gcflags "-m"`といったオプションを付けてビルドすると見ることができ、変数がスタックとヒープのどちらに確保されるかがわかります。この結果を用いることで、プログラムを最適化していくことができます。

変数のコピーコスト

　Goでは関数呼び出しの際に、引数や戻り値のコピーを行います。このとき変数をポインタにしていた場合は、そのポインタが指すアドレス値をコピーする操作になります。64ビットCPUの場合は8バイト分のメモリ領域を新しく確保し、そこにアドレス値を書き込みます。一方、変数を実体にしていた場合は、アドレスではなくそこに書かれているデータ自体のコピーになるため、フィールド数の多い構造体などをコピーする際には多くのメモリを使用することになります。マップやスライスといったコンポジット型に対して値を出し入れする場合にもコピーが発生するため、これらの要素として大きなデータ構造を用いるとコピーコストが無視できなくなります。

　リスト0.5.1と図0.5.1に、実体とポインタでどれだけパフォーマンスに差があるかを計測した結果を記載しました。

▼リスト0.5.1　ベンチマークコード[注1]

```
type Value struct {
  content [64]byte
}
```

[注1] 本節のサンプルコードは次のサポートサイトからダウンロードできます。https://gihyo.jp/book/2022/978-4-297-12519-6

```go
//go:noinline
func f(v Value) Value {
  return v
}

//go:noinline
func g(v *Value) *Value {
  return v
}

func Benchmark_Value(b *testing.B) {
  b.ReportAllocs()
  var v Value
  for i := 0; i < b.N; i++ {
    f(v)   // 実体をそのまま渡す
  }
}

func Benchmark_Pointer(b *testing.B) {
  b.ReportAllocs()
  var v Value
  for i := 0; i < b.N; i++ {
    g(&v)   // ポインタに変換して渡す
  }
}
```

▼図 0.5.1　ベンチマーク結果

```
Benchmark_Value-16       372111004      3.07 ns/op       0 B/op       0 allocs/op
Benchmark_Pointer-16    1000000000      1.10 ns/op       0 B/op       0 allocs/op
                                        ↑1回あたりの実行にかかった時間
```

　計測環境によって結果は多少異なりますが、筆者の環境では64バイトの大きさを持つ構造体を受け渡す場合とポインタを受け渡す場合とで、3倍近くポインタのほうが高速になりました。

　リスト 0.5.1 に記載したように、Goは&を変数に付けることで明示的に参照を取得できるので、この結果を関数の引数として渡すことでコピーコストを抑えられます。

　また、メソッドのレシーバが引数と同様にコピーされて渡されることからも、レシーバをポインタとして定義したほうがコピーコストが減ることがわかります。とくに大きなデータ構造に対してレシーバメソッドを定義する場合は、レシーバをポインタにしたほうがパフォーマンスが良くなります。レシーバについてはこのあとの項でも触れますが、特別な理由がない場合はレシーバをポインタとして定義したほうが良いでしょう。

　リスト 0.5.2 のContentメソッドを呼び出すことは、**リスト 0.5.3** の関数を呼び出すことと同じ処理になります。

▼リスト 0.5.2　メソッドのレシーバをポインタにする

```go
type Value struct {
  content [64]byte
}

func (v *Value) Content() [64]byte {
  return v.content
}
```

▼リスト 0.5.3　関数の引数をポインタにする

```go
func Content(v *Value) [64]byte {
  return v.content
}
```

コンポジット型の要素

　構造体、マップ、スライスといったコンポジット型において、要素を実体にするかポインタにするかでどのような違いがあるでしょうか。ここではコンポジット型が内包する要素の値を変更する操作を例にとり、両者がどう異なるかを解説します。

　解説のために、各コンポジット型が管理する型は次のTという構造体で統一します。

```go
type T struct {
  Number int
  Text   string
}
```

構造体

　リスト 0.5.4 は、構造体のフィールドを実体とポインタそれぞれで管理した場合のコード例です。

▼リスト 0.5.4　構造体

▼要素を実体で管理する場合

```go
type Container struct { V T }
var c Container
v := c.V
v.Number = 1
fmt.Println(c.V.Number) // 0
c.V.Text = "hello"
fmt.Println(c.V.Text) // hello
```

▼要素をポインタで管理する場合

```go
type Container struct { V *T }
c := Container{V: &T{}}
v := c.V
v.Number = 1
fmt.Println(c.V.Number) // 1
c.V.Text = "hello"
fmt.Println(c.V.Text) // hello
```

　両者で違うところはまずゼロ値です。Goでは変数を定義した場合にその変数の型に対応するゼロ値がデフォルト値として代入されます。実体の場合は「構造体T」のゼロ値、ポインタの場合は「nil」が代入されます。そのため**リスト0.5.4**のポインタの例では、「c.V」にアクセスした際に「nil」にならないよう「&T{}」で初期化しています。

　もう1つ異なる点はv := c.Vでフィールドをローカル変数に代入する処理です。ポインタの場合は、初期化した際に決まったアドレス値を別の変数にコピーするだけです。しかし実体として定義された変数を別の変数に代入した場合は、その変数の内容を丸ごと新しい変数にコピーするため、v := c.Vを評価した際に「c.V」と「v」は別のメモリ領域を指すようになります。v.Number = 1として「v」の値を変更しても「c.V」には影響がないので注意が必要です。

∥マップ

　リスト0.5.5にマップの要素を実体とポインタで管理する場合のコード例を記載しました。

▼リスト0.5.5　マップ

```
▼要素を実体で管理する場合

c := map[int]T{ 0: T{} }
c[0].Number = 1    // compile error
c[0] = T{Number: 1}   // ok
fmt.Println(c[0].Number)   // 1
```

```
▼要素をポインタで管理する場合

c := map[int]*T{ 0: &T{} }
c[0].Number = 1
fmt.Println(c[0].Number)   // 1
```

　構造体のときと同様に、要素を実体で管理した場合はマップから値を取得する際にコピーが走ります。このため、マップに入っている要素とマップから取得した変数は常に別のものになります。ここでc[0].Number = 1としてマップの要素の値を直接変更するようなコードを書くとどうなるでしょうか。結果は "cannot assign to struct field c[0].Number in map" と出力されコンパイルエラーになります。このエラーは「c[0]」とした時点でマップ要素のコピーが走るため、「Number」の値を変更しても意味がないことを考えると納得できます。一方、「c[0]」に対して代入式を用いて「T{Number: 1}」を直接代入する方法はうまくいきます。このように、マップの要素として実体を用いる場合は要素の値を変更する操作に気をつけなければなりません。もちろん、ポインタとして定義した場合はマップの要素と取得した変数が同じアドレスを指す状態になっているため、取得した変数に対する変更はそのままマップの要素の変更になります。

∥スライス

　リスト0.5.6にスライスの要素を実体とポインタで管理する場合のコード例を記載しました。

▼リスト 0.5.6　スライス

▼要素を実体で管理する場合

```
c := []T{}
c = append(c, T{})
v := c[0]
v.Number = 1
fmt.Println(c[0].Number)  // 0
c[0].Number = 1
fmt.Println(c[0].Number)  // 1
```

▼要素をポインタで管理する場合

```
c := []*T{}
c = append(c, &T{})
v := c[0]
v.Number = 1
fmt.Println(c[0].Number)  // 1
c[0].Number = 2
fmt.Println(c[0].Number)  // 2
```

　要素を実体で管理する場合は、やはり取得する際にコピーが発生します。v := c[0]を評価した際に「v」と「c[0]」が別物になるため、「v」に対して行った変更は「c」の要素には反映されません。一方、マップの例ではできなかったc[0].Number = 1といった式での値の変更は可能です。

ミュータブルとイミュータブル

　前項では、コンポジット型の要素に実体とポインタのどちらを採用するかで、値の変更方法が変わることを解説しました。これを別の視点から見ると、ある値を管理する変数を1つだけにしたい場合は実体で定義し、複数の変数で値を共有したい場合はポインタを利用するという考え方もできます。言い換えれば、変数を実体で定義することでイミュータブルな変数にすることができます。その例として、timeパッケージで定義されているTime型を見てみましょう。

　リスト 0.5.7 にTime型の定義やコメントの一部を抜粋したものを記載しました。

▼リスト 0.5.7　time/time.go

```
// Programs using times should typically store and pass them as values,
// not pointers. That is, time variables and struct fields should be of
// type time.Time, not *time.Time.

type Time struct {
  wall uint64
  ext  int64
  loc *Location
}

func (t Time) Unix() int64 {
  return t.unixSec()
}
```

　まず目を引くのは、Time型に対するコメントの部分で、time.Time型を扱う際にはポインタではなく実体で扱うべきだという記述です。本稿では割愛していますが、コメントにはその理由も書いてあ

り、ゴルーチンセーフでないことが挙げられています。併せてTimeが公開フィールドを持たず、公開メソッドのレシーバが実体で定義されていることも注目すべき点です。これらにより、Time型のフィールドをパッケージの外側から変更する手段がないことが保証されます。もし公開メソッドのレシーバがポインタとして定義されていると、そのメソッドを通して構造体のフィールドが変更されるかもしれません。そこで、Time型では初期化時に設定した値が以降書き換わらないことを保証する意味で、あえてレシーバに実体を用いているのです。

構造体のフィールド

　ここでは、構造体のフィールドを定義する際に、実体とポインタのどちらで定義するのが適当かを考えます。前項で説明したtime.Time型のように、複数の変数から参照を共有されたくない場合は実体で定義するのが良いでしょう。また、コピーコストの観点ではサイズの大きい型を実体で管理するとパフォーマンスに対する影響が無視できないため、ポインタにするのが良いでしょう。ではintやstringといった型は常に実体で良いかというとそうでもありません。たとえば「null」の概念があるデータをGoで扱いたいとします。データベースでNullableな数値型のカラムを定義し、そのデータをGoで読み取って構造体にマッピングする場合や、JSON文字列で数値が入る場所に「null」が入っているようなデータをGoで読み取って構造体にマッピングするようなことを考えます。このときその数値型に対応するフィールドはintで良いでしょうか。Goにはゼロ値があり、intで定義したフィールドのゼロ値は「0」です。もし「null」のデータを「0」として扱ってしまうと、実際に「0」がデータとして入っていた場合に区別がつきません。このような場合には、intではなく*intを使います。*intのゼロ値は「nil」ですので、「null」には「nil」を、「0」には「0」をそれぞれ対応させることができます。

　このように、値が存在しなかった場合と、ゼロ値だった場合を区別する際に構造体のフィールドをポインタにすることがあります。

イテレーション

　ここでは、スライスやマップのイテレーション操作を例に、それぞれの要素を実体にすべきかポインタにすべきか考えます。

　まず、**リスト0.5.8**を見てください。T型のスライスを定義して、イテレーション操作をしながらスライスの要素の参照をs2に追加していき、最後にs2の各要素を出力しています。

▼リスト0.5.8　スライスの要素（実体）の参照を別のスライスに追加する

```
type T struct {
  Number int
}
```

```
s := []T{{1}, {2}, {3}, {4}, {5}}
s2 := []*T{}
for _, v := range s {
  s2 = append(s2, &v)
}
for _, v := range s2 {
  fmt.Printf("%+v\n", v)
  // &{Number:5}
}
```

さて、このとき s2 の各要素の Number の値はどうなるかというと、すべて 5 になります。この結果は期待どおりだったでしょうか。

次に、スライスの要素を実体からポインタに変更しただけの**リスト 0.5.9** を見てみます。

▼ リスト 0.5.9　スライスの要素（ポインタ）の参照を別のスライスに追加する

```
s := []*T{{1}, {2}, {3}, {4}, {5}}
s2 := []*T{}
for _, v := range s {
  s2 = append(s2, v)
}
for _, v := range s2 {
  fmt.Printf("%+v\n", v)
}
```

スライスの各要素がTのポインタ型に変わったことで、sをイテレーションする際に値をそのまま s2 に加えている点が異なります。このとき s2 の各要素の Number の値はどうなるかというと、1 から 5 までが順番に出力されます。

おそらく、**リスト 0.5.8** の出力結果も 1 から 5 までを順に出力することを期待したと思います。ではなぜそうならなかったのかというと、イテレーションをする際に用いている変数「v」に秘密があります。実はイテレーションをする際に用いる変数はすべて同じ変数を使いまわしており、中身を都度変えているだけなのです。そのため、実体の例のようにイテレーション変数の参照を取得するとすべて同じアドレスになってしまいます。ポインタの例では値をそのまま s2 に追加しているため、イテレーション変数が共有されていることの影響を受けません。

ここまでをふまえると、実体の例（**リスト 0.5.8**）を**リスト 0.5.10** のように書き換えるとうまくいくことがわかります。

▼ リスト 0.5.10　リスト 0.5.8 の改善版

```
s := []T{{1}, {2}, {3}, {4}, {5}}
```

```
s2 := []*T{}
for _, v := range s {
  v := v  // この行を追加する
  s2 = append(s2, &v)
}
for _, v := range s2 {
  fmt.Printf("%+v\n", v)
}
```

　sをイテレーションする際に、1行v := vの行を追加しただけです。これにより、共通で使われているイテレーション変数から、新しく作られた「v」という変数へ値がコピーされます。新しく作られる変数「v」はループがまわるごとに都度作られるので、変数が共有されることはなくなり期待どおり1から5が出力されます。

　同じことはマップのイテレーションを行う際にも起こります。このイテレーション変数がループごとに共有されていることを失念したコードを書いてバグを生んでしまう例はよくあり、記憶に新しいところではLet's Encryptがこの挙動に起因するバグで障害を起こしたという報告がありました[注2]。この手のミスを完璧に防ぐには、linterで開発時に機械的に検出する方法もありますが、そもそものスライスやマップの要素にポインタ型を用いれば防げることでもあるため、イテレーション中に参照を取得したい場面ではまずポインタ型で定義できないかを検討してみましょう。

0.5.3　unsafe.Pointerの世界

unsafe.Pointer

　unsafe.Pointerは、unsafeパッケージにPointerという名前で定義されている型です。名前のとおり安全でないポインタ操作を行うために利用されます。では、安全でないポインタ操作とはどのような操作でしょうか。

　ここでポインタとは何だったかを思い出すと、型とともに定義することで、メモリ上のあるアドレス位置からどの範囲をどういった構造として読み書きするかがわかるものでした。もし同じアドレスを指した別のポインタ型で定義された変数が存在すれば、メモリ上の読み書きの起点は同じでも、その先のどれだけの範囲をどのように扱うかが異なります。仮にメモリに書き込んだ値と違う構造で読み取ってしまえば不正な値を読み取ってバグにつながってしまいます。言い換えれば、安全でないポイ

[注2] https://bugzilla.mozilla.org/show_bug.cgi?id=1619047

ンタ操作とは、あるポインタ型から任意のポインタ型にキャストする操作とも言え、unsafe.Pointer は、Goのポインタ型のキャストの制約を無視して任意のポインタに変換するためのしくみを提供するものととらえられます。

型のメモリレイアウトを知る

unsafe.Pointer を有効活用するためには、Goがある型をコンパイルした結果、どういった構造でメモリ上に配置するのかを把握しておく必要があります。そこでここでは、いくつかのビルトイン型のレイアウトについて触れていきます。

数値や論理値

プログラミング言語処理系には、ボクシング／アンボクシングという操作を行うことで、型情報と値をセットで管理したり、そこから値だけを取り出して管理したりする手法が用いられます。処理系の中では数値やbool型の値でもボクシングして扱うものがありますが、Goでは常にアンボクシングされた状態で扱われます。

このため、intやuint、float32などの数値型はそのまま型が表現できるビット数だけメモリを利用しますし、bool型は1バイトでtrueかfalseを表現します。

文字列

文字列型は**リスト 0.5.11** のようなレイアウトで管理されています。

▼リスト 0.5.11　文字列型のレイアウト

```
type String struct {
  Data uintptr  // 文字列データの先頭アドレス
  Len int  // 文字列の長さ
}
```

GoではC言語のように文字列の最後に終端文字を配置せずに、文字列がどこまで続いているかはLenの値を参照して判断します。

スライス

スライスは**リスト 0.5.12** のようなレイアウトで管理されています。

▼リスト 0.5.12　スライスのレイアウト

```
type Slice struct {
```

```
  Data uintptr  // スライス要素が連続して並んでいる領域の先頭アドレス
  Len int  // スライスの長さ
  Cap int  // スライスの容量
}
```

　スライスが管理する要素の情報は別で取得する必要があります。「[]byte」型のスライスを定義した場合は、「byte」型が利用するメモリが1バイトのため、Dataの先には「Capの値×1バイト」だけのメモリ領域が確保されており、そのうち「Lenの値×1バイト」の領域に値が入っていることになります。

▌マップ

　マップは**リスト0.5.13**のようなレイアウトで管理されています。

▼リスト0.5.13　マップのレイアウト

```
type hmap struct {
  count      int
  flags      uint8
  B          uint8
  noverflow  uint16
  hash0      uint32
  buckets    unsafe.Pointer
  oldbuckets unsafe.Pointer
  nevacuate  uintptr
  extra *mapextra
}
```

　これはruntimeパッケージの中で定義されています。フィールドの数が多いので詳細については触れません。var v map[int]struct{}のように宣言すると、実際にはvar v *runtime.hmapのように「hmap」をポインタ付きで宣言したことになります。map == *runtime.hmapのようにマップは常にポインタでの扱いになることに注意します。

▌構造体

　構造体のレイアウトはそのままメモリ上のレイアウトに対応します。つまり、構造体の最初のフィールドのアドレスは構造体自体のアドレスと同じものになります。**リスト0.5.14**に、構造体Tを定義して各フィールドのアドレスを表示し、フィールドのアドレスの相対位置から各フィールドのサイズを出力するコード例を記載しました。

▼リスト 0.5.14　構造体のレイアウト

```
type T struct {
  A int
  B string
  C []int
  D int
}

var v T
fmt.Printf("v      address = %p\n", &v)
// v      address = 0xc00010c040
fmt.Printf("v.A address = %p\n", &v.A)
// v.A address = 0xc00010c040
fmt.Printf("v.B address = %p\n", &v.B)
// v.B address = 0xc00010c048
fmt.Printf("v.C address = %p\n", &v.C)
// v.C address = 0xc00010c058
fmt.Printf("A size = %d\n", uintptr(unsafe.Pointer(&v.B))-uintptr(unsafe.Pointer(&v.A)))
// A size = 8
fmt.Printf("B size = %d\n", uintptr(unsafe.Pointer(&v.C))-uintptr(unsafe.Pointer(&v.B)))
// B size = 16
fmt.Printf("C size = %d\n", uintptr(unsafe.Pointer(&v.D))-uintptr(unsafe.Pointer(&v.C)))
// C size = 24
```

　「v」と「v.A」のアドレス位置が同じことと、フィールドのアドレス位置から計算したサイズがこれまでに説明した文字列やスライスのサイズと一致していることが確認できます（筆者は**リスト 0.5.14**のコードを 64 ビット CPU で実行しているため、uintptr や int は 8 バイトとして計算されます）。

　また、アドレス位置を数値にするために、「unsafe.Pointer」と「uintptr」が相互に変換できることを利用してポインタから数値に変換するテクニックを用いています。

interface{}

　interface{}は**リスト 0.5.15**のように型情報と値へのポインタを持っており、ちょうど数値と論理値の説明で触れたボクシング後の構造になっています。

▼リスト 0.5.15　interface{} のレイアウト

```
type emptyInterface struct {
  typ unsafe.Pointer // 型情報へのポインタ
  ptr unsafe.Pointer // 値へのポインタ
}
```

　ランタイム時に変数の型情報を動的に取得するために利用するreflectパッケージでは、ちょうどこの「typ」の値を「reflect.Type」型として解釈して利用しています。

unsafe.Pointer を用いたキャスト操作

　さまざまなビルトイン型のレイアウトを把握したところで、unsafe.Pointer を活用した例として string 型から［］byte 型へのキャストを紹介します。unsafe.Pointer を利用しなくとも、string と［］byte はキャストによって相互に変換できますが、変換の際に文字列データのコピーが発生します。この動作は、キャストの前後でデータを共有してほしくない場合には助かりますが、そうでない場合はコピーのために新しい文字列領域を確保するぶんパフォーマンスが低下するためうれしくありません。そこで、次のように unsafe.Pointer を利用してキャストすることで、キャストの前後でまったく同じメモリ領域を指したまま string と［］byte を変換できます。

```
s := "hello"
b := *(*[]byte)(unsafe.Pointer(&s)
```

　文字列「s」の参照から文字列構造の先頭アドレスを取得し、それを unsafe.Pointer にキャストすることで任意のポインタ型にキャストできるようにします。この状態で［］byte のポインタ型にキャストしたあとにデリファレンスすることで、［］byte 型を取得するというテクニックです。

　このテクニックの背景には、文字列とスライスのレイアウトが関係しています。前項でそれぞれの型の最初のフィールドが uintptr 型の Data で2番めが int 型の Len と説明しました。これにより2番めのフィールドまでのレイアウトが一致していることがわかるので、この関係を利用して同じメモリ領域の見方を string から［］byte に変換しています。

■ **本節で紹介したパッケージ、ライブラリ、ツール**
- unsafe（https://pkg.go.dev/unsafe）

0.6 エラーハンドリング

| Author | 伊藤 雄貴 |
| Keywords | エラー処理、エラーのラッピング、errorsパッケージ、並行処理のエラー処理、go-multierrorパッケージ |

0.6.1 エラーの基礎

　Goのプログラムは、main関数を起点としたいくつもの関数呼び出しによって構成されていると考えることができます。たとえば、ファイル名を引数で受け取り、そのファイルの内容を標準出力に出力するCLIツールの実装を想像してみてください。main関数の中では、引数を処理するためにflagパッケージのParse関数を呼んだり、ファイルの内容を読み込むためにosパッケージのOpen関数を呼んだりすることでしょう。では、例外的なケース、たとえばos.Open関数に存在しないファイルの名前を引数として与えるとどのような挙動になるのでしょうか？　また、そのような例外的なケースに対して、個々の関数やその呼び出し元となる関数はどのように振る舞うべきなのでしょうか？　本章では、このようなGoにおけるエラーハンドリングの基礎について解説します。

error型

　先ほど例として挙げたosパッケージのOpen関数は、次のように定義されています。

```
func Open(name string) (*File, error)
```

　os.Open関数はname引数としてファイル名を受け取り、2つの戻り値を持つ関数です。このうち、1つめの戻り値は同じosパッケージの*File型（File型のポインタ）になっています。os.Open関数は正常に処理が完了すると、*os.File型の値を作成して呼び出し元に返します。それでは、処理が正常に完了しなかった場合はどのような挙動になるのでしょうか。この場合のos.Open関数の戻り値は、1

つめの*os.File型の値はnilとなり、2つめのerror型の値にエラーの内容が格納されています。

os.Open関数の呼び出し元では、このerror型の戻り値を変数として受け取り、**リスト0.6.1**のように処理します。

▼リスト0.6.1　os.Open関数の呼び出し[注1]

```
file, err := os.Open("example.txt")
if err != nil {
    // エラー処理
}
```

os.Open関数が返すerror型の値をerrという変数で受け取り、その変数がnilか否かをチェックすることでos.Open関数が正常に実行されたか否かを判定しています。正常に実行されていた場合、err変数はnilとなり、file変数に引数で指定されたファイルの情報が格納されているので、当初の目的であるファイルの読み出し処理を継続できます。

一方で、正常に処理が完了しなかった場合、たとえば引数で指定されたファイルが存在しなかった場合では、file変数はnilになりerr変数にはエラーの内容が格納されます。このerr変数を用いてエラー時の処理を行う必要があります。

たとえばCLIツールであれば、利用者にファイルが開けなかった理由を伝えるために標準エラー出力にエラーメッセージを出力し、終了コードを0以外の値にしてプログラムを終了させる必要があるでしょう。

では、このerror型とは何ものでしょうか？　error型はビルトインで定義されているインタフェースであり、**リスト0.6.2**のように定義されています。

▼リスト0.6.2　error型の定義

```
type error interface {
    Error() string
}
```

Goでは、ほかの言語でサポートされているtry-catch構文のような関数内で例外を発生させて処理する方法ではなく、os.Open関数のようにerror型を関数の戻り値の1つとして定義して、呼び出し元にエラー内容を返す方法でエラーをハンドリングします。

エラーの生成とハンドリング

では、実際にどのようにエラーを生成すれば良いのでしょうか。次のような関数の実装を例に考え

注1　本節のサンプルコードは次のサポートサイトからダウンロードできます。https://gihyo.jp/book/2022/978-4-297-12519-6

てみましょう。

```
func divide(x, y int) (int, error)
```

divide関数は与えられた2つの整数x、yに対して「x / y」の演算結果を返す関数です。yに0が与えられた場合はゼロ除算となってしまうので、関数の呼び出し元にエラーを伝えたいとしましょう。ここでは、2つめの戻り値の型としてerror型を指定しています。Goの言語仕様上はerror型の戻り値は何番めに位置していても問題ないですが、最後の戻り値として定義するのが通例であり、標準パッケージを含めたほとんどすべてのパッケージがこれに従っています。

このdivide関数の実装は**リスト0.6.3**のようになります。

▼リスト0.6.3　divide 関数の実装

```
if y == 0 {
  return 0, errors.New("divide by zero")
}
return x / y, nil
```

まず、1行めでyが0か否かを判定しています。これが0だった場合は、標準パッケージであるerrorsパッケージのNew関数を用いてエラーを生成します。errors.New関数はerror型の値を新たに生成して返す関数です。このとき、1つめの戻り値には0を指定しています。エラーが発生するケースでは、その関数が正しく処理を完了できなかったことを意味するので、呼び出し元ではerror型の戻り値以外は利用しないことが強く推奨されます。また、error型以外の戻り値にはその型のゼロ値を用いるのが一般的です。divide関数の例だと、intのゼロ値である0です。divide関数は、yが0でなかった場合は「x / y」の演算結果を返します。この場合、error型の戻り値の値はnilとなるので、関数の呼び出し元は「エラーが発生せずに処理が正常に完了した」と判断します。

divide関数を呼び出すコードは**リスト0.6.4**のようになります。

▼リスト0.6.4　divide 関数の呼び出し

```
func main() {
  result, err := divide(3, 0)
  if err != nil {
    fmt.Fprintf(os.Stderr, "error: %s\n", err.Error())
    os.Exit(1)
  }

  fmt.Printf("result: %d\n", result)
}
```

　ここではdivide関数の結果を変数resultとerrで受け取り、errがnilではなかった場合、つまりエラーが発生した場合に標準エラー出力にエラーの内容を表示して、終了コード1でプログラムを終了させています。エラーの内容には、error型に定義されているErrorメソッドが返すstring型の値を利用しています。

　このerr変数は、**リスト0.6.3**の実装においてerrorsパッケージのNew関数が生成した値になります。では、このerrors.New関数はどのようにエラーを生成しているのでしょうか？

　errors.New関数の実装は**リスト0.6.5**のようになっています。

▼リスト0.6.5　errors.New 関数の実装

```
func New(text string) error {
  return &errorString{text}
}

type errorString struct {
  s string
}

func (e *errorString) Error() string {
  return e.s
}
```

　このように、errors.New関数はerrorsパッケージが外部に公開していない、「errorString」という型の値を生成しています。errorString型は**リスト0.6.2**で示したerrorインタフェースを満たすようにErrorメソッドを実装しています。このErrorメソッドは、errors.New関数に引数として与えた値が格納されている、errorString型のsフィールドをエラーの内容として返しています。

　Goのエラーハンドリングで肝心なのは「エラーは単にerrorインタフェースを満たした型の値である」ということです。ですので、独自のエラー型を作成することもできます。たとえば本章の冒頭で挙げたosパッケージでは、**リスト0.6.6**のようにPathErrorという独自のエラーを定義しています。

▼リスト0.6.6　os.PathError の定義

```
type PathError struct {
  Op   string
  Path string
  Err  error
}

func (e *PathError) Error() string {
  return e.Op + " " + e.Path + ": " + e.Err.Error()
}
```

errorString型はエラーの内容を単なるstring型の値として保持していましたが、このPathError
では実際のパスの情報や、実行しようとしたオペレーション（open、removeなど）の内容を保持し
ています。Errorメソッドでは、これらエラーの原因を特定するための情報を、1つのstring型の値に
詰め込んでメッセージを構成しています。

　次項以降では、標準パッケージに備わっているエラー関連の機能や実践的なエラーハンドリング方
法について解説しますが、その前にGoで例外的なケースを扱うためのもう1つの手段であるpanic関
数とrecover関数について見てみましょう。

panicとrecover

　Goでは、プログラムをクラッシュさせるための関数であるpanic関数がビルトインで提供されてい
ます。panic関数を呼び出した関数はその場で動作を中止し、deferによって遅延呼び出しした関数を
すべて実行したあと、関数の呼び出し元に処理を戻します。そのあと、呼び出し元でも同様にpanic
の処理が始まり、最終的にはプログラムがクラッシュします。

　recover関数は、panicの処理を途中で止めるための関数です。recover関数はdeferで遅延実行し
た場合にのみ有効であり、panicの処理を止めてプログラムの処理を通常の処理に復帰させ、panic関
数に渡した引数を戻り値として返します。

　panic関数とrecover関数は一見するとほかの言語におけるtry-catchのような例外処理に思えるか
もしれませんが、panic関数はプログラムをクラッシュせざるを得ないような場合にのみ呼ぶべき関
数であり、Goにおけるエラーハンドリングは先述したようにエラー変数を用いて行うべきです。

0.6.2 エラーのラッピング

　プログラムの実行中にエラーが発生した場合、そのエラーを修正するためにはまずエラーログから
原因を調査することでしょう。問題をすばやく解決するためには、どのような処理でエラーが発生し
たか、という文脈をログに残すことが大切です。本項ではGoが提供しているエラーの「ラッピング」
という機能を用いて、どのようにエラーをハンドリングするべきかを解説します。

エラーのラッピングとは

　HTTPサーバの実装を例に、エラーのラッピングについて見ていきましょう。ここでは「ユーザーの
登録機能」に対するHTTPハンドラーの実装を想定します。コードは**リスト0.6.7**のようになります。

▼リスト0.6.7　ユーザー登録機能の実装

```go
package server

func (handler *signup) ServeHTTP ( /*（略）*/ ) {
  /*（略）*/
  if err := handleSignupRequest(name); err != nil {
    fmt.Fprintf(os.Stderr, "error: %s\n", err.Error())
    /*（略）*/
  }
}

func handleSignupRequest(name string) error {
  if err := validator.ValidateRequest(name); err != nil {
    return err
  }

  if err := db.CreateUser(name); err != nil {
    return err
  }

  return nil
}
```

　　HTTPハンドラーの実装はhandleSignupRequest関数に委譲しており、エラーが発生した場合にログを出力しています。handleSignupRequest関数は、ユーザーの入力値を検証するためのvalidator.ValidateRequest関数や、データベースにユーザー情報を保存するためのdb.CreateUser関数を呼び出しています。これらの関数呼び出しでエラーが発生したとき、handleSignupRequest関数は発生したエラーをそのまま自身の戻り値として利用します。この場合、たとえばdb.CreateUser関数が**リスト0.6.8**のようなエラーを返すとどのようなログが出力されるでしょうか？

▼リスト0.6.8　db.CreateUser関数のエラー

```go
package db

func CreateUser(name string) error {
  /*（略）*/
  return &Error{Op: "write", Table: "user"}
}

type Error struct {
  Op    string
  Table string
}

func (e *Error) Error() string {
  return fmt.Sprintf("database: %s %s", e.Op, e.Table)
}
```

handleSignupRequest関数はdb.CreateUser関数で発生したエラーをそのまま呼び出し元に返しているので、ログには単に "error: database: write user" とだけ表示されます。handleSignupRequest関数以外の場所からもdb.CreateUser関数が呼ばれていた場合、このエラーログの内容だけでは、プログラムのどの処理で問題が発生したかを特定するのは難しいでしょう。このように、関数内で発生したエラーをそのまま呼び出し元に返してしまうと「どのような処理でそのエラーが発生したのか」という文脈が失われてしまいます。

この問題を解決するために、handleSignupRequest関数のエラーハンドリングを**リスト0.6.9**のように修正します。

▼リスト0.6.9　server.Error型の定義

```
package server

func handleSignupRequest(name string) error {
  /* （略） */
  if err := db.CreateUser(name); err != nil {
    return &Error{
      Op:  "signup",
      err: err,
    }
  }

  return nil
}

type Error struct {
  Op  string
  err error
}

func (e *Error) Error() string {
  return fmt.Sprintf("handle %s request:%s", e.Op, e.err.Error())
}
```

ここでは、handleSignupRequest関数が定義されているserverパッケージに、新たにErrorというerrorインタフェースを満たす型を定義しています。このError型はerrフィールドに別のerror型の変数を持つように定義されており、handleSignupRequest関数内ではdb.CreateUser関数の呼び出しで発生したエラーをこのerrフィールドに格納しています。

この修正により、エラーログには "error: handle signup request: database: write user" と出力されるようになり、プログラムのどの部分でどのようなエラーが発生したかを調査しやすくなります。このように、エラーが発生した文脈を保持するために「あるerror型に別のerror型の情報を持たせること」を、エラーの「ラッピング」と呼びます。

errors.Unwrap

　リスト0.6.9で示したエラーハンドリングには問題点があります。たとえば、signup.ServeHTTP メソッド内で「データベースに関連するエラーの場合はユーザーにHTTPステータスコード500を返し、バリデーションエラーの場合は400を返す」というような実装を想定しましょう。

　エラーをラッピングする前のリスト0.6.7のコードでは、handleSignupRequest 関数は db.CreateUser 関数が返すエラーをそのまま呼び出し元に返しているので、signup.ServeHTTP メソッド内ではリスト0.6.10のような実装でステータスコードを出し分けることができます。

▼リスト0.6.10　型アサーションを用いたエラーハンドリング

```
if err := handleSignupRequest(name); err != nil {
  if e, ok := err.(*db.Error); ok {
    // ステータスコード500を返す処理
  }
  // そのほかのエラーの処理
}
```

　ここではhandleSignupRequest 関数で発生したエラーがdb.Error 型か否かを型アサーションを行うことでチェックしています。エラーをラッピングしているリスト0.6.9のようなコードの場合、signup.ServeHTTP メソッドでhandleSignupRequest 関数から取得できるエラーはserver.Error 型になるので、型アサーションを用いてdb.Error 型か否かをチェックすることはできません。signup.ServeHTTP メソッド内でdb.Error 型を扱うためにはserver.Error 型のerr フィールドを取り出せるように実装する必要があります。

　Go標準のerrorsパッケージには、ラッピングしたエラーから内部のエラーを取り出すためのUnwrapという関数が定義されているので、これを利用するのが良いでしょう。リスト0.6.11はerrors.Unwrap関数を用いてエラーをハンドリングするコードです。

▼リスト0.6.11　errors.Unwrap 関数を用いたエラーハンドリング

```
if err := handleSignupRequest(name); err != nil {
  if e, ok := errors.Unwrap(err).(*db.Error); ok {
    // ステータスコード500を返す処理
  }
}
/* （略） */
func (e *Error) Unwrap() error {
  return e.err
}
```

　errors.Unwrap関数は、引数で与えられた値の型が「Unwrap() error」メソッドを実装している場合

に、そのエラーがほかのエラーをラッピングしているとみなし、Unwrapメソッドを呼び出した結果を返します。**リスト0.6.11** ではserver.Error型にUnwrapメソッドを実装してラッピングしたエラーであるerrフィールドを返すようにしています。これにより、「どのような処理でエラーが発生したか」という文脈を保ちながら、実際に発生したエラーを取り出してハンドリングすることが可能となります。

errors.As / errors.ls

リスト0.6.11 ではUnwrapメソッドの結果に対して型アサーションを用いてdb.Error型になるか否かを判定していますが、これはerrorsパッケージに定義されているAs関数を用いて**リスト0.6.12** のように書き直すことができます。

▼リスト0.6.12 errors.As 関数を用いたエラーハンドリング

```
if err := handleSignupRequest(name); err != nil {
  var de *db.Error
  if errors.As(err, &de) {
    // ステータスコード500を返す処理
  }
}
```

errors.As関数は、第1引数で与えられたエラーが第2引数で与えた値に適合するか否かを検証し、適合する場合には第2引数に適合したエラーを代入してtrueを返す関数です。

実装は**リスト0.6.13** のようになっており、エラーが適合するか否かの検証は、

- reflectパッケージを使って第1引数が第2引数に代入できるかを検証
- 第1引数のエラーが「As(interface{}) bool」メソッドを実装している場合は、そのメソッドの呼び出し結果がtrueになるかを判定
- 上記の双方が失敗した場合はerrors.Unwrapを呼び出し、ラッピングしたエラーを取り出して同様の検証を行う

という順番で行われます。

▼リスト0.6.13 errors.As 関数の実装

```
func As(err error, target interface{}) bool {
  /* (略) */
  for err != nil {
    if reflectlite.TypeOf(err). AssignableTo(targetType) {
      val.Elem().Set(reflectlite .ValueOf(err))
      return true
```

```
    }
    if x, ok := err.(interface{ As(interface{}) bool }); ok && x.As(target) {
      return true
    }
    err = Unwrap(err)
  }
  return false
}
```

　これからわかるように、errors.As関数はerrors.Unwrap関数を用いてラッピングしたエラーを取り出し、検証が成功するか、あるいはラッピングされていない（Unwrapできない）エラーにたどり着くまで、エラーのラッピングの連鎖をたどります。errors.As関数を用いることで、明示的なerrors.Unwrap関数の呼び出しと型アサーションを記述する必要がなくなるので、ラッピングを用いてエラーをハンドリングする場合はこのerrors.As関数を用いるほうが良いでしょう。

　また、errorsパッケージはIsという関数も提供しています。**リスト0.6.14**はerrors.Is関数を用いてエラーをハンドリングする例です。

▼リスト0.6.14　errors.Is関数を用いたエラーハンドリング

```
package server
/* （略） */
if err := handleSignupRequest(name); err != nil {
  if errors.Is(err, db.WriteUserTableErr) {
    // ステータスコード500を返す処理
  }
}
/* （略） */
package db

var WriteUserTableErr = &Error{Op: "write", Table: "user"}

func (e *Error) Is(err error) bool {
  var de *Error
  if errors.As(err, &de) {
    return e.Op == de.Op && e.Table == de.Table
  }

  return false
}
```

　errors.Is関数もerrors.As関数と同様、エラーのラッピングの連鎖をたどり、第1引数と第2引数のエラーが等しいか否かを検証します。このerrors.Is関数の検証処理はerrors.As関数とは異なり、「2つのエラーの値が等しくなるか」あるいは「第1引数がIs(error) boolメソッドを実装して

いて、第2引数の値を与えたときにtrueが返ってくるか」という処理で行われます。

エラー処理内でラッピングされたエラーから、取り出したエラー型固有の情報（たとえばdb.Error型の場合であればOpやTableフィールド）を利用したい場合はerrors.Asを、単にエラー同士が等しいかどうかを確認したい場合はerrors.Is関数を、というように使い分けるのが良いでしょう。

fmt.Errorfによるラッピング

先述の例ではエラーをラッピングするためにserver.Error型を自ら定義しましたが、fmtパッケージのErrorf関数を用いることで、簡易的にエラーのラッピングを行えます。fmt.Errorf関数は引数で与えられたフォーマットをもとに新たにエラーを生成する関数ですが、フォーマットの文字列が「%w」を含んでおり、かつ対応する引数がerror型だった場合にUnwrapメソッドを実装したerrorの値を返します。**リスト 0.6.15** は、fmt.Errorf関数を用いてエラーをラッピングする例です。

▼リスト 0.6.15　fmt.Errorf 関数を用いたエラーのラッピング

```
if err := db.CreateUser(name); err != nil {
  return fmt.Errorf("handle signup request: %w", err)
}
```

fmt.Errorf関数のフォーマットに「%w」を用いて生成したエラーはUnwrapメソッドを実装しているので、たとえば**リスト 0.6.12**のようにerrors.As関数を用いてラッピングしたエラーを取り出してハンドリングすることができます。

独自のエラー型を定義してエラーをハンドリングする必要がない場合は、このようにfmt.Errorf関数と「%w」を用いて簡易的にエラーをラッピングするのが良いでしょう。

0.6.3　実践的なエラーハンドリング

OSSの事例

bootes[注2]という筆者がOSSとして開発しているEnvoy[注3]プロキシを管理するためのKubernetes[注4]コントローラがあります。このプロジェクトでは、Kubernetesに保存されたリソース

注2　https://github.com/110y/bootes
注3　https://www.envoyproxy.io/
注4　https://kubernetes.io/

を取得するためのパッケージであるstoreパッケージを定義しています。このstoreパッケージを使って Kubernetes のリソースの1つである Pod を取得するコードは**リスト 0.6.16** のようになります。

▼ リスト 0.6.16　bootes でのエラーハンドリング

```
pod, err := c.store.GetPod(ctx, name, namespace)
if err != nil {
  if errors.Is(err, store.ErrNotFound) {
    logger.Info("pod not found by node id")
    return fmt.Errorf("pod not found by node id")
  }
  logger.Error(err, "failed to get pod")
  return fmt.Errorf("failed to get pod: %w", err)
}
```

　store パッケージは「リソースが発見できなかった」というエラーを表すための ErrNotFound 変数を定義しています。**リスト 0.6.16** では GetPod メソッドで返されたエラーが store.ErrNotFound であるか、あるいは想定しないそのほかのエラーであるかを errors.Is 関数を用いて検証しています。また、想定しないエラーだった場合はそのエラーを fmt.Errorf 関数と「%w」フォーマットを用いてラッピングしてから呼び出し元に返しています。

　このように、errors パッケージのラッピングの機能を用いたエラーハンドリングは、Go の標準パッケージやさまざまな OSS でも広く行われています。なお、この bootes の実装に関する話題は、本書の 3.4 節「Envoy Control Plane Kubernetes Controller」でも取り上げているので、興味のある方はぜひご覧ください。

並行処理のエラーハンドリング

　最後に、並行処理におけるエラーハンドリングについて解説します。0.3 節で解説している golang.org/x/sync/errgroup パッケージを用いることで並行処理で発生したエラーを取得できますが、errgroup パッケージを使って取得できるのは「最初に発生したエラー」のみであり、複数の並行した処理でエラーが発生した場合は、後発のものが無視されてしまいます。

　並行している各処理が返すエラーをすべてハンドリングしたい場合は、github.com/hashicorp/go-multierror パッケージ[注5] を用いると良いでしょう。

　リスト 0.6.17 は、go-multierror を用いて並行処理のエラーをハンドリングする例です。

▼ リスト 0.6.17　go-multierror を用いた並行処理のエラーハンドリング

```
var group multierror.Group
```

[注5]　https://pkg.go.dev/github.com/hashicorp/go-multierror

```
for _, name := range names {
  name := name
  group.Go(func() error {
    return db.CreateUser(name)
  })
}

if err := group.Wait(); err != nil {
  for _, e := range err.Errors {
    // 個々の並行処理に対するエラー処理
  }
}
```

go-multierrorの基本的な利用方法はerrgroupと似ていますが、Waitメソッドで返されるエラー型が独自のものになっており、並行処理で発生したエラーをすべて取得できます。これにより、個々の並行処理で発生したエラーに応じたエラーハンドリングが可能となります。

0.6.4 まとめ

Goのエラーハンドリングについて、標準で提供されているラッピングの機能やさまざまなパッケージの実例を交えつつ解説しました。エラーの適切な処理は堅牢なシステムの構築には欠かせないものですので、本節で解説した内容を活かしてみなさんもエラーハンドリングを実装してみてください。

■ 本節で紹介したパッケージ、ライブラリ、ツール

- errors （https://pkg.go.dev/errors）
- github.com/hashicorp/go-multierror （https://pkg.go.dev/github.com/hashicorp/go-multierror）

第1章

Go エキスパートたちの実装例 1
CLI ツール、ライブラリ

1.1 コードの複雑さを計測する コードチェックツール

Author 鎌田 健史

Repository gocc （https://github.com/knsh14/gocc）

Keywords コード静的解析、抽象構文木、AST、テスト、CLIツール、go/astパッケージ、
analysisパッケージ

1.1.1 Goのコードを静的解析する

　Goに限らず、単体テストや他者の目によるコードレビューは少なからず時間や手間がかかります。その前に、機械的に問題点を見つけて修正しておけるほうが良いでしょう。Goでは標準でgo vetという静的解析ツールを提供しています。go vetを用いることで、コンパイルは通るもののバグである可能性の高い箇所を検出できます。

　リスト1.1.1のコードはエラーが発生することなくコンパイルを行えます。

▼リスト1.1.1　コンパイルは通るが、バグを含んだコード

```
// main.go
package main

import "fmt"

func main() {
    s := "hello world"
    fmt.Printf("%d", s)
}
```

　しかし、go vetを実行すると**図1.1.1**のようにエラーが出力されます。

▼図1.1.1　リスト1.1.1のバグをgo vetで検出

```
$ go vet
# github.com/knsh14/sample
./main.go:9: Printf format %d has arg s of wrong type string
```

このエラーは「fmt.Printf()のフォーマット指定子%dは整数型に対応します。しかし、変数sは文字列型であるため型が一致していません」ということを示しています。

Goでは、このgo vetという静的解析ツールも標準で提供されています。このツールによって、どの開発現場でも起こり得るバグになる可能性の高いコードや品質の低いコードを検出できます。しかし、開発プロジェクトによってはさらに踏み込んだ項目の検出まで行いたい場合もあるでしょう。

たとえば、可読性を高く保ちたい場合、コードの複雑度を定量的に計測し、可読性を可視化するしくみを導入することを考えてしまいます。標準の静的解析ツールには、そういった機能はありません。しかし、Goでは簡単に自作の静的解析ツールを開発できます。

本節では、Goのコードを解析し、複雑さを計測するツールについて扱います。Goで提供されているパッケージを用いて、Goのコードを入力データとして静的解析を行う方法について解説します。また、静的解析のためのプラットフォームになるであろうgolang.org/x/tools/go/analysisパッケージ（以降、analysisパッケージと記述）の使い方を紹介します。なお、本節で利用したGoのバージョンはGo 1.17.3、golang.org/x/tools/go/analysisのバージョンはv0.1.7です。

1.1.2 コードの複雑さを計測する方法

コードがどの程度複雑なのかを計測する指標にはいくつか種類があります。本稿では循環複雑度と呼ばれる指標を用います。循環複雑度の最も単純なルールは次の3つです。

- 循環複雑度の初期値は1
- 代入文や関数実行などは無視
- if文とfor文があれば循環複雑度に1を加算

このルールを**リスト1.1.2**のコードに当てはめて循環複雑度を計算すると、初期値が1で、6行目にif文があるため＋1、4行目と5行目にfor文があるため＋2、最終的に循環複雑度は4となります。

▼リスト1.1.2　複雑さを計測するためのサンプルコード

```
package main

func BubbleSort(l []int) []int {
    for i := 0; i < len(l)-1; i++ {
        for j := i + 1; j < len(l); j++ {
            if l[i] > l[j] {
                l[i], l[j] = l[j], l[i]
            }
```

```
        }
    }
    return l
}
```

このように、10行程度の短いコードでロジックもシンプルであれば手計算も可能です。しかし、何万行もあるコードベースで手計算で算出すると、きりがありません。実はGoでは比較的容易に循環複雑度を計算するツールを自作できます。次に、Goのコードの循環複雑度を計算するために、Goにおける静的解析の方法について解説します。

1.1.3 GoでGoのソースコードを扱う

循環複雑度を測定するためには、Goのコードを入力データとして、Goのプログラム上で扱う必要があります。そのために、測定対象のGoのコードはあらかじめ抽象構文木と呼ばれる形式に変換します。変換した抽象構文木を調べることで循環複雑度を測定できます。

抽象構文木とは？

まず、抽象構文木（AST：Abstract Syntax Tree）について説明をします。抽象構文木とはGoに限らない概念で、コードを意味のあるまとまりとして表現した木です。**図 1.1.2** はif文を抽象構文木として表現したものです。

▼図 1.1.2 if文を抽象構文木で表現

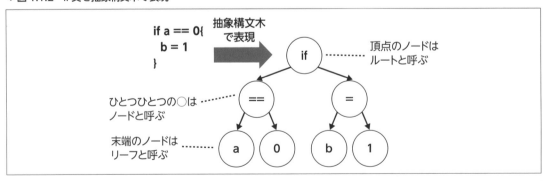

Goでは、抽象構文木に関する関数や型は標準パッケージの1つであるgo/astパッケージによって提供されています。たとえば、if文に対応する抽象構文木上のノードはast.IfStmt型で表現されます。

コードを木構造で表すとプログラムで扱いやすくなります。たとえば、再帰の呼び出しをすることで、関数を簡単に探索できます。go/astパッケージでは、簡単に探索できるast.Inspect関数も提供されています。そのため、ノードの種類を調べるだけでif文やfor文がいくつあるかを簡単に数えることもできます。

1.1.4 循環複雑度を調べる機能を作る

抽象構文木を解析し、循環複雑度を測定してみましょう。ここでは、Goで広く採用されているテーブルドリブンテストでテストケースを増やしながら、さまざまなパターンに対応できるように実装していきます。

テストコードを準備する

まず、これから作成する循環複雑度チェックツールのテストを行うテストコードを準備します（リスト1.1.3）。

▼リスト1.1.3　循環複雑度チェックツールのテストコード

```go
package complexity

import "testing"

func TestComplexity(t *testing.T) {
    testcases := []struct{
        name       string      // テストケース名
        code       string      // テスト対象のGoのコード
        complexity int         // 期待する循環複雑度
    }{
        // ここにテストケースを追加する
    }

    for _, testcase := range testcases {
        t.Run(testcase.name, func(t *testing.T) {
            // 抽象構文木を取得する（詳細は割愛）
            a := GetAST(t, testcase.code)

            // 循環複雑度を取得する
            c := Count(a)

            // 算出した循環複雑度が期待したものか調べる
```

```
            if c != testcase.complexity {
                t.Errorf("got=%d, want=%d", c, testcase.complexity)
            }
        })
    }
}
```

　testcasesは循環複雑度を求めたいGoのコードと期待する循環複雑度をフィールドとして持つ構造体のスライスです。ここでは抽象構文木を取得する部分は割愛して[注1]、GetAST関数で抽象構文木が取得できるものとします。また、取得した抽象構文木をCount関数に渡すことで、循環複雑度が取得できることとします。本項では、このCount関数を実装していきます。

　リスト 1.1.3 にテストケースを随時追加していくことで、うまく循環複雑度が取得できているか確認できます。

循環複雑度が 1 の場合

　どんなコードでも循環複雑度は少なくとも 1 以上です。ここではまず、循環複雑度が 1 の場合について考えてみましょう。表 1.1.1 のようなテストケースを準備します。if 文や for 文などを含まないため、循環複雑度は 1 です。

▼表 1.1.1　テストケース「循環複雑度が 1 の場合」

testcasesの変数	変数に設定する値
name	simple function

code	package main
	func Double(n int) int {
	　　return n * 2
	}

complexity	1

　テスト駆動開発では追加したテストケースがテストを通るように実装します。テストケースが通れば良いので、ここでは循環複雑度を計算するCount関数は単に 1 を返すようにします（リスト 1.1.4）。

▼リスト 1.1.4　Count 関数（循環複雑度として 1 を返す）

```
func Count(node ast.Node) int {
    count := 1
    return count
}
```

注1　筆者の GitHub にソースコードを公開しています。詳細が気になる方はチェックしてみてください。
https://github.com/knsh14/gocc/blob/9078b24a5eb4377455473212ec67b8034de1439f/complexity/complexity_test.go

go testコマンドでテストを実行すると、テストが成功していることがわかります（**図1.1.3**）。

▼図1.1.3 テストを実行（循環複雑度が1の場合）

```
$ go test -v ./
=== RUN    TestComplexity
=== RUN    TestComplexity/simple
--- PASS: TestComplexity (0.00s)
    --- PASS: TestComplexity/simple (0.00s)
PASS
ok      github.com/knsh14/gocc          0.023s
```

しかし、このままでは常に循環複雑度が1となってしまいます。そこで、if文による条件分岐やfor文による繰り返し処理がある場合を考えていきましょう。

if文による条件分岐がある場合

次に、if文による条件分岐数を数える処理を追加します。**表1.1.2**のように、if文を含むコードをテストケースとして追加しましょう。

▼表1.1.2 テストケース「if文による条件分岐がある場合」

testcasesの変数	変数に設定する値
name	if statement

code	package main
	func Double(n int) int {
	    if n%2 == 0 {
	        return 0
	    }
	    return n
	}

complexity	2

Count関数に、コード中に含まれるif文の数を数える処理を加えましょう。抽象構文木の各ノードの種類をルートからリーフまで再帰的に調べることで実現できます。go/astパッケージで提供されているast.Inspect関数を用いることで抽象構文木を再帰的に探索できます。ast.Inspect関数はルートと関数を引数として受け取ります。第2引数の関数は各ノードに対して適用する関数です。探索は深さ優先で行われ、ノードに適用した関数がtrueを返す場合は子ノードに対して再帰的に関数を適用していきます。探索を行う中でノードの種類を調べ、if文に対応するノードであれば循環複雑度を＋1すれば良さそうです。

リスト1.1.5はif文をカウントするコードです。

▼リスト 1.1.5　if 文の数を数える処理

```
ast.Inspect(node, func(node ast.Node) bool {
    switch node.(type) {
    case *ast.IfStmt:
        count++
    }
    return true
})
```

　Count 関数にこのコードを追加して再度実行してみましょう。図 1.1.4 のとおり、きれいにテスト
が通りました。

▼図 1.1.4　テストを実行（if 文の条件分岐がある場合）

```
=== RUN    TestComplexity
=== RUN    TestComplexity/simple
=== RUN    TestComplexity/if_statement
--- PASS: TestComplexity (0.00s)
    --- PASS: TestComplexity/simple (0.00s)
    --- PASS: TestComplexity/if_statement (0.00s)
PASS
ok      github.com/knsh14/gocc/complexity       0.014s
```

　ast.Inspect 関数に渡す関数の中で必要な型を選びカウントすることで、このあとも簡単に条件を
追加できます。

for文による繰り返し処理がある場合

　次に、for 文による繰り返し処理がある場合を考えます。ast.Inspect 関数に渡す関数の中でカウン
トする型にさらに for 文の型を追加します（リスト 1.1.6）。これで循環複雑度を測定する部分の機能
が完成しました。

▼リスト 1.1.6　for 文の数を数える処理を追加

```
ast.Inspect(node, func(node ast.Node) bool {
    switch node.(type) {
    case *ast.IfStmt:
        count++
    case *ast.ForStmt:
        count++
    }
    return true
})
```

静的解析ツールを作成し実行する

前項で作った抽象構文木を利用して循環複雑度を測定する機能を利用して、コマンドラインツールとして動かします。そのために、golang.org/x/tools/go/analysisパッケージを利用します。

静的解析のモジュール化について

analysisパッケージは、静的解析ツールのロジック部分をモジュールとして定義するためのパッケージです。これを使うことで、次のような利点が得られます。

- ロジックの実装に集中できる
- 静的解析機能をモジュールとして公開できる
- main関数からモジュールを実行できる
- モジュールのテストが簡単になる
- 定義済みのモジュールを活用できる

それでは、以下の順に沿って静的解析ツールを作成します。

- 循環複雑度を計算するモジュールを作成する
- コマンドラインツールとして実行する

循環複雑度を計算するモジュールを作成する

まず、前項で作った循環複雑度を測定する機能のモジュールを作成します。**リスト 1.1.7** のようにanaysis.Analyzerの変数を自分たちのパッケージ変数として公開します。

▼リスト 1.1.7　anaysis.Analyzer の変数を公開する

```
package gocc

var Analyzer = &analysis.Analyzer{
    Name:     "gocc",
    Doc:      "checks cyclomatic complexity",
    Run:      run,
    Requires: []*analysis.Analyzer{inspect.Analyzer},
}
```

カスタマイズする必要があるフィールドは最低限次の3つです。

- Name：モジュール名を表す
- Doc：モジュールの説明をする
- Run：モジュールの動作を定義する

Name、Docは役割が明らかなため、Runのための関数について説明します。

Runフィールドに渡すためのrun関数を作る

Runフィールドに渡して循環複雑度を計算する関数を、次の流れに沿って作ります。

① 抽象構文木を取得する
② 関数定義だけをフィルタする
③ 循環複雑度を測定し、循環複雑度が高い関数を出力する

①抽象構文木を取得する

はじめに解析対象のコードの抽象構文木を取得する必要があります。Runフィールドに渡す関数は引数として*analysis.Pass型の変数passを受け取るように作る必要があります。このpassでは抽象構文木や、ノードの型情報などを取得できます。これまでは自分たちでGoのコードから抽象構文木に変換する必要がありました。しかし、analysisによってあらかじめ解析する対象は抽象構文木に変換され、Runフィールドの関数に渡されます。この情報を使って循環複雑度を測定する機能を呼び出します。

②関数定義だけをフィルタする

前項で作った機能は関数定義を対象にしています。そのため、*analysis.Passの抽象構文木から取得するノードを関数定義だけに絞る必要があります。この機能は自分たちで実装することもできます。しかし、analysisでは開発者が使いそうないくつかの機能は事前に実装されています。

事前に得られるast.Nodeの種類をフィルタするにはgolang.org/x/tools/go/analysis/passes/inspectパッケージのモジュールを使います。

フィルタのしかたについては、ほかのツールで近い処理をしている箇所を探して実装の参考にします。golang.org/x/tools/go/analysis/passes/loopclosure/loopclosure.goのrun関数の処理（**リスト1.1.8**）を参考にします。

▼リスト 1.1.8　loopclosure.go の run 関数の処理

```go
func run(pass *analysis.Pass) (interface{}, error) {
    inspect := pass.ResultOf[inspect.Analyzer].(*inspector.Inspector)

    nodeFilter := []ast.Node{
        (*ast.RangeStmt)(nil),
        (*ast.ForStmt)(nil),
    }
    inspect.Preorder(nodeFilter, func(n ast.Node) {
        /* （略） */
    })
    return nil, nil
}
```

　この 5、6 行目の *ast.RangeStmt、*ast.ForStmt がフィルタする型を指定している部分です。ここを関数定義の型である *ast.FuncDecl に書き換えて利用します（**リスト 1.1.9** の（1））。

▼リスト 1.1.9　run 関数（循環複雑度を測定する処理）

```go
func run(pass *analysis.Pass) (interface{}, error) {
    inspect := pass.ResultOf[inspect.Analyzer].(*inspector.Inspector)

    nodeFilter := []ast.Node{
        (*ast.FuncDecl)(nil),    // ←(1)関数定義の型を指定
    }
    inspect.Preorder(nodeFilter, func(n ast.Node) {
        count := Count(n)        // ←(2)Count関数を当てはめる
    })
    return nil, nil
}
```

　これで inspect.Preorder の func 内に渡ってくる ast.Node は関数定義の構造体だけになりました。このノードをルートとして循環複雑度を計算します。

③循環複雑度を測定し、循環複雑度が高い関数を出力する

　先ほど作った循環複雑度の測定関数を当てはめて計算します（**リスト 1.1.9** の（2））。

　ここから循環複雑度が一定の値を超えている関数定義を出力します。そのために、pass に定義されている Reportf メソッドを使います。まずは 10 を目安にして、それ以上の循環複雑度を持つ関数を出力します。出力部分は**リスト 1.1.10** のようになります。

▼リスト 1.1.10　循環複雑度を出力する処理

```
if count >= 10 {
    fd := n.(*ast.FuncDecl)
    pass.Reportf(n.Pos(), "function %s complexity=%d", fd.Name.Name, count)
}
```

　Reportfメソッドは第1引数にgo/tokenパッケージのPos型を取ります。Pos型はコード上で何行目の何文字目という情報を表す型です。この情報を使ってコードの位置を出力してくれます。あとはfmt.Printfなどと同じように出力すれば、特定の行に対応した解析結果が出力されます。これでRunフィールドに渡す関数が定義できました。

依存関係を記述する

　関数定義部分を抜き出す部分で、golang.org/x/tools/go/analysis/passes/inspectパッケージの結果を利用しました。ほかのモジュールの結果を利用する場合には、自分たちのモジュールがほかのどのモジュールに依存しているかも合わせて記述します。**リスト 1.1.7** のように、Analyzerの Requiresフィールドにスライスで、依存しているモジュールを渡します。

コマンドラインツールとして実行する

　循環複雑度を計算するためのモジュールが作成できました。このモジュールをコマンドラインツールから利用します。
　リスト 1.1.11 は、1つのモジュールを実行するためのmain関数です。

▼リスト 1.1.11　gocc.Analyzer を実行するための main.go

```
package main

import (
    "github.com/knsh14/gocc"
    "golang.org/x/tools/go/analysis/singlechecker"
)

func main() {singlechecker.Main(gocc.Analyzer)}
```

　golang.org/x/tools/go/analysis/singlechecker の singlechecker.Main関数はチェッカーとして1つの Analyzer を読み込んで動作する関数です。ここに自分たちが作った循環複雑度を測定するモジュールを渡すことでコマンドラインから呼び出せます。複数の Analyzer を使う場合には、golang.

org/x/tools/go/analysis/multichecker パッケージの Main 関数を利用します。

　動作検証をするために testdata ディレクトリをリポジトリ内に作成し、テスト用のコードとして testdata.go を作って **リスト 1.1.12** のコードを書きます。

▼リスト 1.1.12　testdata.go

```
package testdata

// SimpleFunctionはシンプルなので表示されない
func SimpleFunction(n int) {
    println(n)
}

// ComplexFunctionはロジックが複雑なので出力される
func ComplexFunction(n int) {
    if n > 0 {
        println("more than zero")
        if n > 1 {
            println("more than one")
            if n > 2 {
                println("more than two")
                if n > 3 {
                    println("more than three")
                    if n > 4 {
                        println("more than four")
                    }
                }
            }
        }
    }
    for i := 0; i < n; i++ {
        for j := i; j < n; j++ {
            println(i * j)
        }
    }
    for k := 0; k < n; k++ {
        for l := k; l < n; l++ {
            println(k * l)
        }
    }
}
```

　図 1.1.5 のように実行すると、正しく複雑な関数だけが表示されました。

▼図 1.1.5　main.go を実行

```
$ go run cmd/main.go ./testdata
/Users/knsh14/go/src/github.com/knsh14/gocc/testdata/testdata.go:7:1: function
ComplexFunction complexity=10
```

これで analysis を使ったコードチェックツールの作成ができました。

1.1.6　まとめ

　Go でコードチェックのためのツールを作る方法を紹介しました。analysis を使うと、自分でも
チェックツールを簡単に作成できます。さらに人が作ったモジュールを利用し組み合わせることで、
より複雑なチェックもできるようになります。

■本節で紹介したパッケージ、ライブラリ、ツール

- go/ast（https://pkg.go.dev/go/ast）
- go/token（https://pkg.go.dev/go/token）
- golang.org/x/tools/go/analysis（https://pkg.go.dev/golang.org/x/tools/go/analysis）
- golang.org/x/tools/go/analysis/multichecker
  （https://pkg.go.dev/golang.org/x/tools/go/analysis/multichecker）
- golang.org/x/tools/go/analysis/passes/inspect
  （https://pkg.go.dev/golang.org/x/tools/go/analysis/passes/inspect）
- golang.org/x/tools/go/analysis/singlechecker
  （https://pkg.go.dev/golang.org/x/tools/go/analysis/singlechecker）

1.2 依存関係のある処理を並行して実行できるタスクランナー

Author　森國 泰平
Repository　ran　(https://github.com/morikuni/ran)
Keywords　タスクランナー、CLIツール、cobraパッケージ、os/execパッケージ、並行処理、syncパッケージ

1.2.1 タスクランナーを作成する

　ライブラリやサービスを開発していると、再利用性や非属人性を高める目的で、プロジェクト内で行う操作をスクリプトなどにまとめることがあります。筆者の周りでは、JavaScriptのプロジェクトであればGruntやGulp、それ以外のプロジェクトであればMakefileが多く使われています。

　本節では、このようなタスクランナーをGoでどのように作成するのかについて解説します。題材とするのは、筆者が作成したranというコマンドラインツールです。

1.2.2 Goでコマンドラインツールを作る理由

　近年では多くのコマンドラインツールがGoで作られるようになってきました。たとえば、インフラ管理ツールのTerraformやコンテナオーケストレーションツールのKubernetesがGoを使って作られています。なぜGoがコマンドラインツールに使われるのでしょうか。筆者はそれには2つの理由があると考えています。

　1つめは、Goのソースコードをコンパイルすると単一で動作する実行可能ファイルになる（シングルバイナリになる）点です。シングルバイナリであれば、配布するだけで実行可能なため、「このコマンドを使うためには、先にこのコマンドをインストールしてください」といったことがほとんど起こりません。さらに、Goはクロスコンパイルもサポートしているため、開発者が所持していないプラットフォームのバイナリを作ることも可能です。

　2つめは、標準ライブラリが充実しているという点です。システムコールなどの低レイヤな機能を扱うためのsyscallパッケージや、コマンドラインフラグを扱うためのflagパッケージ、テンプレートエンジンを提供するtext/templateパッケージなど、多くの機能が標準パッケージに含まれています。そのため、簡単なコマンドであればGoをインストールするだけで開発できます。標準ライブラリにない機能を使う場合でも、公式の依存パッケージ管理ツールであるGo Modulesによって、goコマンドだけで開発ができます。

1.2.3　タスクランナー「ran」

　ranは依存関係のある処理を並行で実行するためのタスクランナーです。プロジェクト内の操作を統一的に扱えるようにすることを目的として開発しました。たとえば、ユニットテストとインテグレーションテストを並行で走らせ、両方が成功したらDockerイメージを生成するといった用途に利用できます。類似したツールと比べると次の3つの特徴があります。

- 定義ファイルからサブコマンドの一覧やヘルプメッセージを自動生成する
- 終了（クリーンアップ）処理が簡単に書ける
- タスク間の依存関係をイベントで管理する

　ranでは、YAML形式の定義ファイルにシェルスクリプトを使ってタスクを定義します。定義ファイルのトップレベルにはenvとcommandsという2種類のキーを定義できます。envには記述したシェルスクリプトの実行時に使用する環境変数を定義します。commandsにはコマンド名とその内容を定義します。各コマンドの定義は、説明文と実行するタスクから成ります。
　リスト1.2.1にranの定義ファイルを示します。

▼リスト1.2.1　ranの定義ファイル

```
# コマンド実行時の環境変数
env:
  EMULATOR_HOST: localhost:8080 # ← (1)

commands:
  test_go:          # ← (2)
    description: Test Go program with MySQL
    tasks:
    - name: start_mysql    # ← (3)
```

```
      script: docker run --name mysql --rm -e MYSQL_ROOT_PASSWORD=password -p 3306:3306 ↩
-d mysql > /dev/null
      defer: docker stop mysql > /dev/null

  - name: wait_mysql        # ← (4)
    script: &wait_script |
      sleep 1
      mysql -u root -ppassword -h 127.0.0.1 -P 3306 -e "select 1" > /dev/null 2>&1
    when:
    - start_mysql.succeeded

  - name: wait_mysql        # ← (5)
    script: *wait_script
    when:
    - wait_mysql.failed

  - name: test        # ← (6)
    script: go test -v ./...
    when:
    - wait_mysql.succeeded
```

envには、テストで使うためのEMULATOR_HOSTという環境変数を定義しています（**リスト1.2.1**の(1)）。commandsには、test_goというコマンドを定義しています（**リスト1.2.1**の(2)）。test_goコマンドには、MySQLに依存しているGoのプログラムのテストを実行する処理が書かれています。tasksに書かれたタスクについて説明をする前に、この定義ファイルを用いてranを動かした例を見ていきましょう。

　はじめに、ヘルプメッセージを表示させてみます。**図1.2.1**のように、ran helpを実行することでヘルプメッセージが表示されます。

▼図1.2.1　ran のヘルプメッセージを表示

```
$ ran help
Usage:
  ran [flags]
  ran [command]

Available Commands:
  help        Help about any command
  test_go     Test Go program with MySQL

Flags:
  -f, --file string       ran definition file. (default "ran.yaml")
  -h, --help              help for ran
      --log-level string  log level. (debug, info, error, discard) (default "info")

Use "ran [command] --help" for more information about a command.
```

　ここで注目してもらいたいのは、"Available Commands"に表示されたコマンド一覧です。**リスト 1.2.1**で定義したtest_goコマンドと、helpコマンドが表示されています。これらのコマンドは、ran test_goのように指定し、実行することができます。これがranの1つめの特徴である「定義ファイルからサブコマンドの一覧やヘルプメッセージを自動生成する」です。ranは定義ファイルを読み込み、定義されたコマンドをranのサブコマンドとして実行します。サブコマンドはヘルプメッセージで一覧できるため、わざわざ定義ファイルを開いて読む手間はかかりません。

　次にtest_goコマンドを実行してみましょう（**図 1.2.2**）。

▼図1.2.2　test_go コマンドを実行

```
$ ran test_go
> docker run --name mysql --rm -e MYSQL_ROOT_PASSWORD=password -p 3306:3306 -d mysql > ⏎
/dev/null
> sleep 1
> mysql -u root -ppassword -h 127.0.0.1 -P 3306 -e "select 1" > /dev/null 2>&1
> sleep 1
> mysql -u root -ppassword -h 127.0.0.1 -P 3306 -e "select 1" > /dev/null 2>&1
  /* （略） sleepとmysqlが続く */
> go test -v ./...
=== RUN   TestMySQL
--- PASS: TestMySQL (0.06s)
PASS
ok      github.com/morikuni/ran/example 0.079s
> docker stop mysql > /dev/null
```

　ran test_goのように、ranコマンドのサブコマンドとして実行することができます。test_goコマンドは、dockerコマンドでコンテナを起動し、その後sleepコマンドとmysqlコマンドを使って1秒ごとにselect 1のSQLを実行し続けます。select 1のクエリが成功した時点でMySQLが起動できたと判断し、goコマンドでテストを実行します。そして、最後にdockerコマンドでコンテナを停止し、test_goを終了します。

　それでは、test_goで定義されているstart_mysql、wait_mysql、testの3つのタスクについて解説していきます。

start_mysqlタスク

　start_mysqlタスク（**リスト 1.2.1**の(3)）はDockerを使ってMySQLのコンテナを立ち上げます。タスクのscriptキーにMySQLのコンテナを起動するためのdockerコマンドを書いています。

　さらに、deferキーにはコンテナを停止するためのdockerコマンドを書いています。これがranの2つめの特徴である「終了（クリーンアップ）処理が簡単に書ける」です。deferはすべてのタスクが終了したあとに必ず実行されるため、クリーンアップ処理などを書いておくことで、タスクの終了時

に予期せずファイルやプロセスが残るのを防げます。

wait_mysqlタスク

wait_mysqlタスクは2つの同名のタスク（**リスト1.2.1**の（4）（5））を組み合わせてMySQLの起動を待ち続けます。ここでは、タスクのwhenキーに受け付けるイベントを書いています。これがranの3つめの特徴である「タスク間の依存関係をイベントで管理する」です。ranはタスクの状態が変化するたびにイベントを発行します。発行されるイベントはstarted、finished、succeeded、failedの4種類です。それぞれ、タスクの開始時、終了時、成功時、失敗時に発行されます。whenキーに書かれたすべてのイベントが発行されたときに、対象のタスクが開始されます。

1つめのwait_mysqlタスク（**リスト1.2.1**の（4））では、start_mysql.succeededというイベントを受け付けています。つまり、wait_mysqlタスクはstart_mysqタスクが成功した場合に実行されます。2つめのwait_mysqlタスク（**リスト1.2.1**の（5））では、wait_mysql.failedを受け付けています。つまり、wait_mysqlタスクが失敗した場合に再度wait_mysqlタスクが実行されます。この2つにより、start_mysqlタスクが成功したあとにMySQLが起動するまでwait_mysqlタスクが実行され続けます。

testタスク

testタスク（**リスト1.2.1**の（6））はgoコマンドを使ってGoのプログラムのテストを実行します。whenキーにwait_mysql.succeededを指定しているため、必ずMySQLの起動が成功した状態で実行されます。

1.2.4　ranの実装

コマンドライン引数の扱い

コマンドラインツールを作るのであれば、コマンドライン引数を適切に扱えたほうが良いでしょう。標準パッケージにはコマンドラインフラグを扱うためのflagパッケージがあります。flagパッケージを使えば、シンプルなコマンドラインツールを簡単に作れます。ただし、ranのようにショートフラグとロングフラグの両方（-fと--fileなど）を定義したい場合や、サブコマンドを定義したい場合には、別のパッケージを使うほうが簡単です。そのため、ranではgithub.com/spf13/cobra（以下、cobra）というライブラリを使用しました。cobraはKubernetesやetcdなどにも使われているライブラリです。フラグやサブコマンドの処理はもちろん、helpコマンドの自動生成まで行ってくれます。

　cobraではcobra.Commandという構造体を使ってコマンドを定義します。コマンドは親子関係を持つことができるため、サブコマンドも定義できます。ranは、定義ファイルから動的にサブコマンドを生成するので、**リスト1.2.2**のようなコードになります（わかりやすさのため擬似コードにしてあります）。

▼リスト1.2.2　定義ファイルから動的にサブコマンドを生成

```
// ranコマンドをrootCmdとして定義する
rootCmd := &cobra.Command{
    Use: "ran",
}

// 定義ファイルを読み込むために、一度コマンドラインフラグを処理する
file := rootCmd.PersistentFlags().StringP("file", "f", "ran.yaml", "ran definition file.")
if err := rootCmd.PersistentFlags().Parse(args); err != nil {
    return err
}

// 定義ファイルを読み込む
def, err := LoadDefinition(*file)
if err != nil {
    return err
}

// 定義ファイル内のコマンドからrootCmdのサブコマンドを生成する
for _, c := range def.Commands {
    rootCmd.AddCommand(&cobra.Command{
        Use:   c.Name,
        Short: c.Description,
        RunE:  func(cmd *cobra.Command, args []string) error {
            return RunCommand(def.Commands[cmd.Use])
        },
    })
}

// rootCmdを実行する
if err := rootCmd.Execute(); err != nil {
    return err
}
```

　最初にcobra.Commandを使ってran本体のコマンドを作成しています。その次に-fと--fileをコマンドラインフラグとして設定し、定義ファイルを受け取っています。デフォルトではran.yamlを定義ファイルとして読み込みます。そして、定義ファイルに書かれたコマンドから、ranのサブコマンドを生成しています。

外部コマンドの実行

　ranは、定義ファイルから読み込んだシェルスクリプトを外部コマンドとして実行します。Goには外部コマンドを実行するためのos/execパッケージがあります。os/execパッケージを使うと、外部コマンドを非同期で実行し、任意のタイミングで完了を待つことができます。また、標準入出力がGoのインタフェースとして定義されているため、標準入出力をメモリ上のバッファに差し替えるようなことができます。

　ranではシェルスクリプトの実行のためにbashコマンドを使用しています。また、その出力を標準出力に書き出しながら、イベントの発行のためにメモリ上にも保存しているので**リスト1.2.3**のようなコードになります。

▼**リスト1.2.3　定義ファイルから読み込んだスクリプトを外部コマンドとして実行**

```go
func RunTask(script string) error {
    cmd := exec.Command("bash", "-c", script)
    cmd.Stdin = os.Stdin
    bufOut := &bytes.Buffer{}
    cmd.Stdout = io.MultiWriter(bufOut, os.Stdout)
    bufErr := &bytes.Buffer{}
    cmd.Stderr = io.MultiWriter(bufErr, os.Stderr)

    if err := cmd.Start(); err != nil {
        return err
    }
    PublishEvent("started")

    err := cmd.Wait()
    PublishEvent("finished", bufOut, bufErr)
    if err != nil {
        PublishEvent("failed", bufOut, bufErr)
        return err
    }
    PublishEvent("succeeded", bufOut, bufErr)
    return nil
}
```

　cmdの標準出力を設定するところで使っているio.MultiWriterはその名のとおり、出力を複数ヵ所に書き込むための関数です。io.Writerというインタフェースを複数受け取り、1つのio.Writerを返します。ここではbytes.Bufferというメモリ上のバッファと標準出力の両方にシェルスクリプトの出力を書き込んでいます。

コマンドの終了判定

　ran を作るうえで難しかった部分は、どうやってコマンドが終了したのかを判定することでした。直列的に処理を行うのであれば、タスクが成功すれば次のタスクを実行し、タスクが失敗すればそこで処理を終了すれば問題ありません。しかし、ran ではタスクが並行で実行されるため、あるタスクが終了したからといってコマンド全体が終了したとみなすことはできません。

　そこで、実行中のタスクの数を監視し、その数が 0 になったらコマンドが終了したと判定することにしました。ran では、**リスト 1.2.3** の RunTask のひとつひとつがゴルーチン上で動いています。このゴルーチンの数が 0 になるまで待機すればコマンドの終了を検知できます。そして、Go にはこのようなゴルーチン間の同期を行うための sync パッケージが存在します。今回は sync パッケージを使いながら独自の拡張を加え、**リスト 1.2.4** の Supervisor という構造体を作成しました。

▼リスト 1.2.4　Supervisor 構造体

```
type Supervisor struct {
    wg sync.WaitGroup

    mu      sync.Mutex
    lastErr error
}

func (s *Supervisor) Start(f func() error) {
    s.wg.Add(1)
    go func() {
        defer s.wg.Done()
        err := f()
        s.mu.Lock()
        s.lastErr = err
        s.mu.Unlock()
    }()
}

func (s *Supervisor) Wait() error {
    s.wg.Wait()
    return s.lastErr
}
```

　Supervisor は sync パッケージの sync.WaitGroup と sync.Mutex という構造体を使用しています。sync.WaitGroup は複数のゴルーチンの終了を待つときに使用します。Add(1) でカウンターが＋ 1 され、Done() でカウンターが− 1 されます。Wait() でカウンターが 0 になるまで待機します。

　sync.Mutex は排他ロックを扱うときに使用します。Lock してから Unlock するまでのコードは必ず 1 つのゴルーチンからしかアクセスできなくなります。

　Supervisor と**リスト 1.2.3** を組み合わせることで、**リスト 1.2.5** のコードになります。

▼リスト 1.2.5　Supervisor とリスト 1.2.3 を組み合わせて完成

```
func RunCommand(command Command, supervisor Supervisor) error {
    for _, task := range command.Tasks {
        supervisor.Start(RanTask(task.Script))
    }
    return supervisor.Wait()
}
```

　これで、タスクを並行で実行しながら、すべてのタスクが終了するのを待ち、コマンドを適切に終了させることができました。

1.2.5　まとめ

　本節では、Goで作成したタスクランナーについて紹介しました。Goはクロスコンパイルによるバイナリ生成や充実した標準ライブラリなど、コマンドラインツールを開発しやすい環境が整っています。ぜひ一度コマンドラインツールを作ってGoの開発のしやすさを体験してみてください。

■ 本節で紹介したパッケージ、ライブラリ、ツール

- bytes （https://pkg.go.dev/bytes）
- github.com/spf13/cobra （https://pkg.go.dev/github.com/spf13/cobra）
- io （https://pkg.go.dev/io）
- os/exec （https://pkg.go.dev/os/exec）
- sync （https://pkg.go.dev/sync）

1.3 インターネット回線のスピードテスト

Author	上川 慶
Repository	fast-service （https://github.com/Code-Hex/fast-service）
Keywords	回線速度計測、ストリーム処理、Web API、io パッケージ、net/http パッケージ、CLI ツール、非同期処理、ゴルーチン、コンテキスト、context パッケージ

1.3.1 スピードテストサービスを作る

「"マズローの欲求 5 段階説"に Wi-Fi とバッテリーが追加されるべき」といった話[注1] が時折ネットで話題になるほど、現代の私たちにとってインターネットは必要な存在です。それに伴って、インターネット回線の速度は「速いほど正義」と考える人も多く、使用している回線を計測するためにスピードテストサービスを使う人もいるのではないでしょうか。

本節では、スピードテストサービスのアプリケーションとその機能を用いて計測する CLI ツールを、どのように工夫して開発したかを紹介します。これらのコードは GitHub で公開しています（本節冒頭の GitHub アイコンの URL を参照）。もし気になったら、動作する様子を録画した GIF や実行方法を README に記載していますので、ぜひそちらを見ていただき手元の環境で動かしてみてください。

1.3.2 スピードテストサービスのしくみ

スピードテストサービスはダウンロードの速度とアップロードの速度を計測します。ここで指す速度とは「1 秒間に何ビットのデータを転送したか」です。たとえば今回のスピードテストサービスでは、クライアントはサービスが用意したエンドポイントへ接続し、データをダウンロード／アップロードします。そのときの転送速度を計測します。

注1　https://web.archive.org/web/20190625235207/http://onexuan.com/blog/2013/09/new-maslows-hierarchy-of-needs/

ダウンロードの計測は次の手順で行っています。

① 計測のターゲットとなるエンドポイントを複数提供する(しかも、すべて異なるリージョン[注2] で提供)
② その中から１つのエンドポイントを選択して計測を行う
③ 計測中のエンドポイントに対する速度に応じて複数のワーカーを立ち上げ、別のリージョンに対して計測を開始する
④ クライアントであらかじめ設定している最大接続数になるまで①〜③を行う
⑤ 適度なタイミングで全体のデータ量 (バイト) と１秒間にどれだけダウンロードできたかを計算する

これらの手順はアップロードの計測でも同様です。

計測結果へ影響を与えないために、サービスが提供する機能は常に安定していなければなりません。サービスが提供する各エンドポイントへ負荷をかけ過ぎないようにする対策として、次の２つのことを行っています。

・ クライアントから （１つのエンドポイントに対して） 同時にリクエストできる数をあらかじめ制限する
・ エンドポイントを複数用意する （エンドポイントのリージョンがそれぞれ異なっているのは、クライアントとリクエスト先のリージョンによってレイテンシが変化するので、どのリージョンに対しても平均的な速度を示すため）

以上より、スピードテストサービスの実装としては、おもに接続先の情報をクライアントへ伝え、それぞれのリクエスト先にてダウンロードするためのエンドポイントやアップロードするためのエンドポイントを提供するだけだということがわかります。しかし、計測用のダウンロードコンテンツやアップロード用のコンテンツはいったいどのように用意しているのでしょうか。次項にてアプリケーション側の実装を紹介します。

1.3.3 アプリケーションの実装

本稿ではスピードテストサービスのしくみを知ることを一番の目的とするため、単一リージョンでAPIを提供することを前提とします。そのため、用意するエンドポイントはダウンロードとアップロー

注2　地理的に離れた地域のことを指します。

ドの2つに絞りました。

ダウンロードハンドラの実装

　ダウンロードのエンドポイントの処理として、クライアントが求めているサイズで中身がランダムなコンテンツを返します。大きなサイズのコンテンツを扱う場合は、ストリーム処理を意識すると高速かつメモリ効率の良いコードを書くことができます。Goだとio.Readerやio.Writerインタフェースを用いることで可能です。これから実装したい処理は**図1.3.1**のイメージになります。

▼図1.3.1　ダウンロードハンドラの処理イメージ

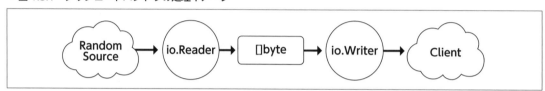

　適当なコンテンツを生成するためにmath/randパッケージで定義されているrand.New関数[注3]で生成されるrand.Rand構造体を使用します。これはio.Readerインタフェースを満たしています。rand.Newは引数に与えられるランダムソースを使ってランダムな値を生成します。適当なコンテンツを作成することを目的としているので、ランダムソースを生成する関数rand.NewSourceに与えるシード値は0にします。

　そして、http.ResponseWriter[注4]を使用することでHTTPレスポンスを組み立てられます。http.ResponseWriterはio.Writerインタフェースを満たしているので**図1.3.1**のようなストリーム処理を実現できます。

　これらを組み合わせたストリーム処理を行うハンドラのコードを見てみましょう（**リスト1.3.1**）。

▼リスト1.3.1　ダウンロードハンドラの処理内容

```go
func downloadHandler() http.HandlerFunc {
  src := rand.NewSource(0)
  return func(w http.ResponseWriter, r *http.Request) {
    queries := r.URL.Query()
    size := queries.Get("size")
    max, err := strconv.Atoi(size)
    if err != nil {
      max = maxSize
    }
    read := rand.New(src)
    _, err = io.CopyN(w, read, int64(max))
```

注3　https://pkg.go.dev/math/rand#New
注4　https://pkg.go.dev/net/http#ResponseWriter

```
    if err != nil {
      log.Printf("failed to write random data: %s", err)
      return
    }
  }
}
```

とても少ないコード量で実現できることが一目瞭然です。このハンドラで行うことは次のとおりです。

- ダウンロードできる最大サイズをあらかじめ決めておく
- クエリパラメータとしてダウンロードしたいサイズを取得する
- io.CopyN関数[5] を用いて指定されたサイズ分をランダムソースから読み取ってレスポンスとして書き出す

io.Copy[6] やio.CopyNを使うと1行でストリーム処理を行うことが可能になります。さらにio.Copy系関数の内部では受け取ったio.Readerやio.Writerの実装に応じて、読み込みや書き込みの処理がより最適化されるようなメソッドを選択して実行します。

アップロードハンドラの実装

ダウンロードハンドラと同様にこちらでもストリーム処理を意識してコードを記述します。アップロードの場合はクライアントがリクエストボディにコンテンツを書き込みます。アプリケーション側ではそのコンテンツを読み取ってどこかに書き出さなければなりません[7]。書き出し先としてio/ioutilパッケージで定義されているioutil.Discard変数を用います。ioutil.Discard[8]に書き込まれたコンテンツはどこにも出力されずに終了します。今回の処理にうってつけの変数です。

これらを用いて実装したい処理のフローは**図 1.3.2** のとおりです。

▼図 1.3.2　アップロードハンドラの処理イメージ

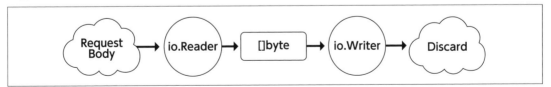

図 1.3.2 のとおりGoで扱うリクエストボディはio.Reader インタフェースを満たしているのでスト

注5 https://pkg.go.dev/io#CopyN
注6 https://pkg.go.dev/io#Copy
注7 読み取った値をメモリ上に乗せ続けるとパフォーマンス悪化に影響するため。
注8 https://pkg.go.dev/io/ioutil#pkg-variables

リーム処理が可能になり、アップロードハンドラのコード（**リスト 1.3.2**）もとても簡素になりました。

▼リスト 1.3.2　アップロードハンドラの処理内容

```go
func uploadHandler() http.HandlerFunc {
  return func(w http.ResponseWriter, r *http.Request) {
    contentLength := r.ContentLength
    if contentLength > maxSize {
      contentLength = maxSize
    }
    _, err = io.CopyN(ioutil.Discard, r.Body, contentLength)
    if err != nil {
      log.Printf("failed to write body: %s", err)
      return
    }
  }
}
```

アップロードハンドラでは次のことを行っています。

- アップロードできる最大サイズをあらかじめ決めておく
- クライアントはアップロードするコンテンツのサイズをアプリケーションへ伝える
- io.CopyN を用いて指定されたサイズ分をリクエストボディから読み取って ioutil.Discard へ書き出す

　ストリーム処理を意識することでパフォーマンスの良い、全体的にシンプルなコードを記述することができました。net/http パッケージ[注9]はストリーム処理を扱いやすく設計されているので、使わない手はありません。

1.3.4　CLIの実装

　CLIで実装する機能は、スピードテストサービスが提供するエンドポイントに対してブラウザで行う処理と同じ処理を行います。これから実装するおもな機能は次のとおりになります。

- 最大同時接続数になるように非同期でリクエストを送信

[注9] https://pkg.go.dev/net/http

- 非同期で転送した総バイト数の計測
- 転送したタイミングでこれまで1秒間に何ビットのデータを転送できたかを計算

計測を終了する条件は次のとおりです。

- ゴルーチンが最大同時接続数以下になる
- 複数稼働中のゴルーチンでのリクエストが1つでもエラーになる
- あらかじめ定めておいたタイムアウト時間が経過する

　最大同時接続数以下になったときに計測を終了するのは、総データの転送量が少なくなってしまうことで計算結果としてのデータ転送速度も落ちてしまうからです。
　これらがうまく機能するような実装をダウンロードの場合を例として書いてみましょう。

ゴルーチンを使ったリクエスト

　Goは非同期処理もゴルーチンを使えば簡単に行えます。そして、起動している複数のゴルーチンのうちどれか1つでもエラーが発生した場合にすべてのゴルーチンを停止し、エラーハンドリングを行って終了するということも、golang.org/x/sync/errgroupパッケージ[注10] を使えば叶えられます。ここではタイムアウトも設定したいのでcontextパッケージ[注11] も併用します。
　リスト1.3.3 がそのコードです。

▼リスト1.3.3　errgroupパッケージ、contextパッケージを利用

```
ctx, cancel := context.WithTimeout(ctx, DownloadTimeout)
eg, ctx := errgroup.WithContext(ctx)
```

　WithTimeout関数で作成されたコンテキストは、指定された時間がくるとコンテキストがキャンセルされ、それを知らせるcontext.Done関数のチャネルを受け取ることができます。また、errgroup.WithContext関数でerrgroupを使って生成されたゴルーチンのうち、1つでもエラーが発生した場合に同様のキャンセルが実行されてcontext.Doneのチャネルを受け取れます。つまり、最終的に作成されたコンテキストを使うことでタイムアウト時とエラー時にコンテキストキャンセルを実行できます。
　データ転送量を記録するための構造体を定義して、途中結果を監視するコードもゴルーチンを使って記述します（**リスト1.3.4**）。

注10　https://pkg.go.dev/golang.org/x/sync/errgroup
注11　https://pkg.go.dev/context

▼リスト 1.3.4　データ転送量を記録する構造体と途中結果を監視する処理

```
type recorder struct {
  byteLen int64        // 総データ転送量
  start    time.Time   // 計測開始時刻
  lapch    chan Lap    // ラップ用のチャネル
}

r := newRecorder(time.Now(), maxConnections)

go func() {
  for {
    select {
    case lap := <-r.Lap():   // ラップを受信したときの処理
      fmt.Println(&lap)      // 途中結果がわかる
    case <-ctx.Done():       // コンテキストキャンセルしたときの処理
      return
    }
  }
}()
```

　計測の途中結果を知るものとしてストップウォッチでいうラップを行い、ゴルーチン間で途中結果の情報の受け渡しを行うチャネルも用意しました。監視用ゴルーチンは、selectを使って受信できるチャネルを選択するため、コンテキストキャンセルが実行されたタイミングで終了します。

　変数を使った非同期にリクエストを投げるコードは**リスト 1.3.5**になります。

▼リスト 1.3.5　非同期にリクエストを投げる処理

```
// maxConnectionsに指定した数のチャネルを作成
semaphore := make(chan struct{}, maxConnections)

for _, size := range payloadSizes {
  select {
  case <-ctx.Done():
    break
  case semaphore <- struct{}{}:
  }
  eg.Go(func() error {
    defer func() { <-semaphore }()
    err := r.download(ctx, downloadURL, size)
    if err != nil {
      return err
    }
    return nil
  })
}

select {
case <-ctx.Done():
```

```
case semaphore <- struct{}{}:
  cancel()
}

return eg.Wait()
```

　payloadSizes変数に転送したいバイトサイズをあらかじめスライスとして定義しています。eg.Go
メソッドを使うとエラーハンドリングが可能なゴルーチンを扱えます。最大同時接続を制限するため
にチャネルをセマフォ[注12]として扱います。コンテキストがキャンセルされたときにゴルーチンを生成
させずに終了する工夫として、ここでもselectを使っています。

　r.downloadメソッドにターゲットとなるURLと転送したいデータサイズを引数として与えます。
ダウンロードを行いたいので、リクエストメソッドはGETを指定し、コンテキストキャンセルしたタ
イミングでリクエストもキャンセルできるように、先ほど作成したタイムアウトを行うコンテキスト
もリクエストを作る際に渡します。downloadメソッドの処理内容は**リスト1.3.6**のとおりです。

▼リスト1.3.6　downloadメソッド

```
func (r *recorder) download(ctx context.Context, url string, size int) error {
  url = fmt.Sprintf("%s?size=%d", url, size)
  req, err := http.NewRequest("GET", url, nil)
  if err != nil {
    return err
  }
  req = req.WithContext(ctx)
  resp, err := http.DefaultClient.Do(req)
  if err != nil {
    return err
  }
  defer resp.Body.Close()

  // ステータスコードのチェック
    /* （略）*/

  // resp.Bodyを使って計測を開始する
    /* （略）*/

  return nil
}
```

　ゴルーチン内で行うリクエストの処理としては、これがすべてです。そして、レスポンスをRead す
るたびにサーバからデータを少しずつダウンロードし、Readしたタイミングで総データ量と転送速度

[注12] セマフォは並行処理においてあるリソースへのアクセスを制限するための機能です。

の計測を行うために、次にio.Readerプロキシを作成します。

io.Readerのプロキシを作る

　先ほどはデータ転送量を記録するための構造体を定義してゴルーチンを使って非同期にリクエストするコードを記述しました。ここでは前のコードで得られたレスポンスボディを活用して計測を行うためのコードを紹介します。

　Goでは、レスポンスボディはio.Reader型として扱われます。レスポンスボディを**リスト1.3.7**のようにラップすることで、本来の機能を破壊せず計測も同時に行うことが可能になります。

▼リスト1.3.7　io.Readerのプロキシを生成

```
// resp.Bodyを使って計測を開始する
proxy := r.newMeasureProxy(ctx, resp.Body)

// レスポンス結果をDiscardへ書き込む
if _, err := io.Copy(ioutil.Discard, proxy); err != nil {
  return err
}
```

　このプロキシはReadした分のバイトサイズを、データ転送量を記録するための構造体であるrecorder構造体のbyteLenへ足す機能を持ちます（**リスト1.3.8**）。

▼リスト1.3.8　プロキシの処理内容

```
type measureProxy struct {
  io.Reader
  *recorder
}

func (r *recorder) newMeasureProxy(ctx context.Context,reader io.Reader) io.Reader {
  rp := &measureProxy{
    Reader:   reader,
    recorder: r,
  }
  go rp.Watch(ctx, r.lapch)
  return rp
}

func (m *measureProxy) Watch(ctx context.Context,send chan<- Lap) {
  t := time.NewTicker(150 * time.Millisecond)
  for {
    select {
    case <-t.C:
```

```
    byteLen := atomic.LoadInt64(&m.recorder.byteLen)
    delta := time.Now().Sub(m.recorder.start).Seconds()
    send <- newLap(byteLen, delta)
  case <-ctx.Done():
    return
  }
 }
}

func (m *measureProxy) Read(p []byte) (n int, err error) {
  n, err = m.Reader.Read(p)
  atomic.AddInt64(&m.byteLen, int64(n))
  return
}
```

また、Watchメソッドを実行することで一定期間（ここでは150ミリ秒ごと）にラップを行い、**リスト1.3.4**で紹介した受信用ラップチャネルを使って待ち状態のゴルーチンへ結果を送信します。

measureProxy構造体は内部でrecorder構造体のポインタも持ちます。非同期で複数のゴルーチンからrecorder構造体のbyteLenフィールドへアクセスされるので、プリミティブな計算を行うと競合して正しい計算ができません。そこでsync/atomicパッケージを使用することでデータ競合を起こさない安全で確実な計算を行えます。startフィールドの値は変更されることがないので、ここではとくにatomicな制限を設けていません。

これで、measureProxy構造体でresp.Bodyのようなio.Readerを受け取って、Readするたびに本来の結果を返しつつ、非同期でも総データ転送量を計算できるプロキシを作成できました。

1.3.5　まとめ

本節ではスピードテストサービスのアプリケーションをストリーム処理を意識して実装しました。また、提供されるエンドポイントを使ったデータ転送速度を計測するツールをゴルーチンとio.Readerのプロキシを実装することで作成しました。

Goではコードの書き方を意識するだけでシンプルで強力な機能を実現できるケースが多々あります。ぜひ試してみてください。

■ 本節で紹介したパッケージ、ライブラリ、ツール

- context （https://pkg.go.dev/context）
- golang.org/x/sync/errgroup （https://pkg.go.dev/golang.org/x/sync/errgroup）
- io （https://pkg.go.dev/io）
- io/ioutil （https://pkg.go.dev/io/ioutil）
- math/rand （https://pkg.go.dev/math/rand）
- net/http （https://pkg.go.dev/net/http）
- sync/atomic （https://pkg.go.dev/sync/atomic）

インタラクティブなgRPCクライアント

Author　青木 太郎
Repository　Evans（https://github.com/ktr0731/evans）
Keywords　gRPC、REPL、CLIツール、E2Eテスト、アプリケーションの配布、ゴルーチンリーク、
Protocol Buffers、OSS

1.4.1　gRPCクライアント「Evans」

　gRPC[注1] は Google が開発した RPC フレームワークです。RPC（Remote Procedure Call）はネットワーク上の別コンピュータといった別アドレス空間上に定義されているプロシージャ（手続き）を呼び出せるしくみで、通常のプログラミングの関数呼び出しと似た形で外部の API を呼び出せるため、直感的に扱えます。

　gRPCはインタフェース定義言語（IDL）を用いて API を定義し、その定義ファイルからクライアントとサーバのスタブを自動生成できるため、API 定義とその実装が乖離しないといったメリットがあります。

　gRPCは、マイクロサービスのような多くのインタフェースが存在するシステム内の通信プロトコルとして使われる場合が多いですが、Android や iOS 上のモバイルアプリケーションとの通信プロトコルとしても使えます。

　しかし、gRPCはコンテンツを送受信するために Protocol Buffers[注2] のようなシリアライザを使用し、バイナリベースのプロトコルである HTTP/2 で通信するため、テキストベースでコンテンツを送受信する HTTP/1.x とは異なり、curl などの CLI ツールでリクエストを送信し、レスポンスの内容を目で直接確認できません。

　この問題を解決するために、筆者は簡単にリクエストを構築し、送受信ができる汎用的な gRPC クライアントである Evans[注3] を開発しました。本節では Evans の最も特徴的な機能である、インタラクティブにリクエストを作成・送信できる REPL モードの実装の一部を紹介します。また、E2Eテストや

[注1]　https://grpc.io/
[注2]　https://developers.google.com/protocol-buffers/
[注3]　https://github.com/ktr0731/evans

アプリケーションの配布といった、アプリケーション実装以外で工夫していた点も併せて紹介します。

1.4.2 gRPCとProtocol Buffers

　gRPCはデフォルトのシリアライザとしてProtocol Buffersを使います。Protocol BuffersもgRPCと同じくGoogleが開発したIDLかつシリアライザです。アプリケーションで使用する型を独自の記法で定義し、Protocol Buffersのコンパイラであるprotocにより各言語向けにgRPCクライアント／サーバのスタブや、そのAPIのリクエストやレスポンスで使用する型を自動生成することができます。**リスト1.4.1**はインタフェース定義の一例です。

▼リスト1.4.1　Protocol Buffers のインタフェース定義

```
// gRPCサービスの定義
service Greeter {
    // SayHelloという名前のRPCの定義
    // リクエストにはHelloRequest、
    // レスポンスにはHelloReplyという型を使う
    rpc SayHello (HelloRequest) returns (HelloReply) {}
}

// HelloRequestの定義
message HelloRequest {
    string name = 1;
}

// HelloReplyの定義
message HelloReply {
    string message = 1;
}
```

　通常、クライアントは自動生成されたコードを使用しますが、APIサーバ1つに対しクライアントが1つ必要になるため、クライアントの管理が煩雑になります。そのため、複数のAPIサーバに対応できる汎用的なgRPCクライアントが必要になってきます。

CLIツール作成に役立つOSS

Goはマルチコンパイルができる点や、シングルバイナリにできる点などからCLIツールの作成に非常に適しているプログラミング言語ですが、その言語機能に加えてGoで作られたOSSが非常に充実しているという点も大きな特徴です。Goでソフトウェアを作る際にもそれらを利用することで、車輪の再発明をすることなくスムーズに開発を行えます。

たとえば、Evansではインタラクティブなプロンプトを提供するgithub.com/c-bata/go-prompt[注4]や、ロード時のアニメーションを提供するgithub.com/tj/go-spin[注5]などを使用しています。そのほかにもTUI（Text User Interface）を簡単に作成するためのgithub.com/gdamore/tcell[注6]や、サブコマンドを簡単に作れるgithub.com/spf13/cobra[注7]、環境変数・設定ファイル・フラグなどから設定値を統一的に読み込めるgithub.com/spf13/viper[注8]など、多くの優れたライブラリがOSSとして公開されています。Evansも優れたOSSなしではけっして作れなかったでしょう。

アプリケーションの実装

Evansの特徴

Evansは次のような特徴を持っています。

REPLとCLIの2つのモードがある
- REPLモードでは、補完が効くインタラクティブなプロンプトにより、呼び出すべきRPC名やリクエストの型名、フィールド名の記憶があいまいでもリクエストを送信できる
- CLIモードでは、送信したいコンテンツをファイルや標準入力から受け取り、インタラクティブな操作なしにリクエストを送信できる

API定義ファイルがなくてもリクエストを送信できる

注4　https://github.com/c-bata/go-prompt
注5　https://github.com/tj/go-spin
注6　https://github.com/gdamore/tcell
注7　https://github.com/spf13/cobra
注8　https://github.com/spf13/viper

以下ではREPLモードにフォーカスし、このモードがどう実現されているかを解説します。

API定義の取得

通常、特定のAPIサーバに対応するクライアントはprotocが読み込んだAPI定義をもとに自動生成されたコードを使用します。

同様に、汎用クライアントをGoで作る場合も対象のAPIサーバに対応するAPI定義ファイルを読み込んでその定義を取得することになります。protocコマンドの出力からAPI定義（descriptor）を読み込むこともできますが、protocがユーザー環境にインストールされていなければならないといった不都合があるため、EvansではProtocol BuffersパーサのGo実装であるgithub.com/jhump/protoreflect[注9]を使用することでprotocへの依存を取り除いています。

しかし、Evansを使用するために必要なAPI定義ファイルをすべて指定しなければいけないのは非常に手間です。また、API定義ファイルが手元にないといったケースも考えられます。

この問題を解決するため、EvansではgRPC Server Reflection Protocolに対応しています。このプロトコルは、サーバがどのようなRPCを受け付けているかを知るためのRPCをProtocol Buffersを用いて定義しています。いくつかのプログラミング言語のgRPC実装はこのプロトコルに対応しており、たとえばGoであれば、サーバ側で**リスト1.4.2**のコードを書くだけでgRPCリフレクションが有効になります。

▼リスト1.4.2　gRPCリフレクションを有効にするコード

```
srv := grpc.NewServer()

// do something

reflection.Register(srv)   // gRPCリフレクションを有効にする
```

gRPCリフレクションが有効になっているAPIサーバの場合、EvansはAPI定義ファイルがなくてもどのRPCを呼び出せるかを知ることができます。ロードされたAPI定義（descriptor）はたとえば**表1.4.1**のような種類があります[注10]。

注9　https://github.com/jhump/protoreflect
注10　descriptorの一覧はGoDocから確認できます。https://pkg.go.dev/github.com/jhump/protoreflect/desc

▼表 1.4.1　descriptor の種類

名前	保持する情報
FileDescriptor	読み込まれたファイル名、属しているパッケージ名、サービスの情報、トップレベルで定義されたメッセージ型、依存している FileDescriptor の情報など
ServiceDescriptor	サービス名、サービスが持つ RPC の情報など
MethodDescriptor	RPC 名、ストリーム方式、リクエストとレスポンスの型情報など
MessageDescriptor	メッセージ名、メッセージが持つフィールド、メッセージ内で定義されたメッセージ型の情報など
FieldDescriptor	フィールド名、あるメッセージに含まれるフィールドに関する情報など

インタラクティブなプロンプト

　Evans を REPL モードで実行すると REPL が起動し、リクエストを送りたい RPC を選択できます。RPC を選択すると**図 1.4.1** のようなプロンプトが表示され、リクエストの各フィールド値の入力をインタラクティブに行えます。

▼図 1.4.1　REPL モードの実行例

```
$ evans --reflection

api.Example@127.0.0.1:50051> call UnaryMessage
name::first_name (TYPE_STRING) => foo
name::last_name (TYPE_STRING) => bar
{
  "message": "hello, foo bar"
}

api.Example@127.0.0.1:50051>
```

　入力が終わるとリクエストが API サーバに送信され、レスポンスを JSON 形式で出力します[注11]。
　プロンプトや、補完候補を表示するために github.com/c-bata/go-prompt を使っています。たとえば、パッケージ名の一覧を表示する package コマンドの場合、**リスト 1.4.3** のようなコードを書くことで補完候補を表示できます。

注11　GitHub リポジトリの README では、実際に入力している様子を GIF イメージで見ることができます。
https://github.com/ktr0731/evans/blob/master/README.md

▼リスト 1.4.3　補完候補を表示するためのコード

```go
// 重複したパッケージ名の追加を防ぐためのマップ
encountered := make(map[string]interface{})

// 補完として表示する候補のスライス
var pkgNames []prompt.Suggest
for _, fd := range fileDescriptors {
  pkgName := fd.GetPackage()
  if _, ok := encountered[pkgName]; !ok {
    // 重複していなければパッケージ名を候補に追加する
    pkgNames = append(pkgNames, prompt.Suggest{Text: pkgName})
    encountered[pkgName] = nil
  }
}

// プロンプトを表示し、入力を受け付ける
// 第2引数で補完関数を登録する
prompt.Input("> ", func(d prompt.Document) []prompt.Suggest {
  args := strings.Split(d.TextBeforeCursor(), " ")

  // "package"と入力されていたらパッケージ名の一覧を
  // 候補として表示する
  if len(args) == 1 && args[0] == "package" {
    return pkgNames
  }
  return nil
})
```

メッセージの動的な構築

　gRPCのGo実装であるgoogle.golang.org/grpc[注12] では、proto.Marshal関数[注13] が自動生成された型のインスタンスを受け取りシリアライズを行います。proto.Marshal関数は、引数をproto.Messageインタフェース型として取ります。

　しかし、汎用クライアントの場合は自動生成された型が手に入らないため、動的にメッセージを構築する必要があります。Evansで使用しているgithub.com/jhump/protoreflectのdynamicパッケージでは、動的にメッセージを構築するためにdynamic.Message[注14] という型を提供しています。プロンプトから得られた各フィールドに対応する入力値をdynamic.Messageが内部で保持し、Marshal メソッドが呼ばれたときにシリアライズをしています。

　Marshal関数はリスト 1.4.4 に示しているように、その内部で型アサーションを行い、渡された引数がproto.Marshaler[注15] を実装している場合、Marshal メソッドを呼び出しています。

注12　https://github.com/grpc/grpc-go
注13　https://pkg.go.dev/github.com/golang/protobuf/proto#Marshal
注14　https://pkg.go.dev/github.com/jhump/protoreflect/dynamic#Message
注15　https://pkg.go.dev/github.com/golang/protobuf/proto#Marshaler

▼リスト1.4.4　Marshal関数（型アサーションを行っている箇所）

```
func Marshal(pb Message) ([]byte, error) {
  /* （略）*/
  if m, ok := pb.(Marshaler); ok {
    return m.Marshal()
  }
  /* （略）*/
```

　そのため、dynamic.Messageのインスタンスをproto.Marshalへ渡すと、自身のMarshalメソッドによりシリアライズが行われます。

1.4.5　E2Eテスト

　Go製のソフトウェアのユニットテストにまつわるテクニックは多くの書籍やWebページで見かけますが、E2Eテストのテクニックはあまり見かけないように思います。EvansのE2Eテストは、ユニットテストと同様にテスティングフレームワークは使用せずに、ほぼtestingパッケージでのみで記述されています。以下ではE2Eテストを行う際のテクニックを紹介します。

os.Argsへの依存を取り除く

　Goのコマンドラインフラグを扱うflagパッケージのパッケージ関数にはParseという、コマンドライン引数をパースする関数が用意されています。しかし、Parse関数はその内部でグローバル変数であるos.Args[1:]をパースしているため、これを使用するとE2Eテストを書くのが難しくなります。

　そのため、EvansではNewFlagSetで*flag.FlagSetインスタンスを生成し、そのParseメソッドを使ってフラグをパースしています。Parseメソッドはその引数に単純なstringのスライスを取るため、テストが非常に容易となります。たとえば、**リスト1.4.5**の例ではただのstringのスライスを引数として受け取り、インスタンス化した*flag.FlagSetでパースしています。

▼リスト1.4.5　コマンドライン引数をパースするコード

```
func parseFlags(args []string) *flags {
  var flags flags
  fs := flag.NewFlagSet("main", flag.ExitOnError)
  fs.StringVar(&flags.value, "value", "default value", "a value")

  // do something
```

```
  fs.Parse(args)
  return &flag
}
```

この関数は os.Args に依存していないため、容易にテストを書くことができます。

出力の抽象化

　os.Args のケースと同様に、標準出力の利用をコード内で強制しているとテストを行うのが非常に難しくなります。そのため、出力を抽象化し、テスト時に実装を切り替えられるようにしておくべきです。Evans の場合、デフォルトの出力とエラー用の出力それぞれを io.Writer で抽象化し、オプションによって任意の実装を渡せるようになっています。

```go
type Option func(*basicUI)

func Writer(w io.Writer) Option {
  return func(u *basicUI) { u.writer = w }
}

func ErrWriter(ew io.Writer) Option {
  return func(u *basicUI) { u.errWriter = ew }
}

func New(opts ...Option) UI {
  // デフォルトのUI実装
  ui := &basicUI{
    /* （略）*/
  }
  for _, opt := range opts {
    opt(ui)
  }
  return ui
}
```

　E2E テスト時には bytes.Buffer を実装として使い、出力された内容を取得できるようにします（リスト 1.4.6）。

▼リスト 1.4.6　E2E テスト時に出力内容を取得するコード

```go
w, ew := new(bytes.Buffer), new(bytes.Buffer)
```

```
ui := cui.New(cui.Writer(w), cui.ErrWriter(ew))

// 上記で作成したUIを指定し、アプリケーションを実行
code := app.New(ui).Run(args)

// テストを行う
// w.String()で出力された内容を取得可能
```

出力がシンプルである場合は単純な文字列比較により期待している出力が得られているかをテストしますが、コマンドヘルプの内容のテストや、複数行にわたる出力など、複雑な出力が行われる場合はしばしばゴールデンファイルテストパターンを使っています。このパターンは、Goのトップカンファレンスである GopherCon の Mitchell Hashimoto 氏の講演 "Advanced Testing with Go"[注16] で紹介されています。

期待する出力が書き込まれたファイルをゴールデンファイルと呼び、テスト実行時に -update フラグが指定されている場合、ゴールデンファイルをテストによって得られた出力で上書きします。その後、テストを実行した人が上書きされたゴールデンファイルを見て期待している出力が得られているかをチェックします。期待どおりであれば、そのゴールデンファイルをバージョン管理システムにコミットします。

このパターンは、期待する出力がファイルとしてコードとは隔離された状態で保存されているため、テストコードが汚染されず、見通しが良くなるといった利点があります。

ゴルーチンリークを検出する

E2Eテストを書く際には、必ずゴルーチンがリークしていないかをテストしています。ゴルーチンリークとはその名のとおり、起動したゴルーチンが何らかの原因で終了せずに残ってしまう状態のことです。ゴルーチンが増えるたびにリソースが確保され、ずっと解放されないと、どんどんアプリケーションのパフォーマンスが落ちていくことになります。

APIサーバなどの長期間動き続けるアプリケーションとは異なり、CLIツールは起動している時間が短いため、ゴルーチンリークによる問題が表面化するケースは少ないです。しかし、ゴルーチンがリークしているということは、適切にゴルーチンをハンドリングできていないということです。将来的にバグの原因となる可能性があるため、テストで検出すべきでしょう。

ゴルーチンの数や状態は runtime パッケージを使って取得できますが、go.uber.org/goleak[注17] を使うとより簡単に検出できます（**リスト 1.4.7**）。

[注16] https://speakerdeck.com/mitchellh/advanced-testing-with-go?slide=19
[注17] https://github.com/uber-go/goleak

▼リスト 1.4.7　go.uber.org/goleak を使ったゴルーチンリークの検出

```
func TestMain(m *testing.M) {
    // do something

    // 実際のテストを実行し、すべてのテストが正常に
    // 終了したあとにゴルーチンリークをチェックする
    goleak.VerifyTestMain(m)
}
```

1.4.6　アプリケーションの配布

複数のプラットフォームへの配布

　Evansは、クライアントサイドエンジニア／サーバサイドエンジニア、プログラミング言語、実行するプラットフォームを問わずあらゆる人が使うことを想定しています。そのため、多くの人が簡単にインストールできるような配布方法を考えなければいけません。

　Go製ツールの統一的なインストール方法であるgo getやgo installはユーザー環境にgoコマンドがインストールされている必要があるため、Go開発者以外が実施するのは少し大変かもしれません。

　そのため、EvansはGitHub ReleasesとHomebrewで配布しています。Releasesはバイナリやリリースノートをパッケージ化して提供するためのGitHubの機能で、EvansではバージョンごとにmacOS、Windows、Linux向けにバイナリを配布しています。

　マルチコンパイルはgoコマンド単体でも行えますが、GoReleaser[注18] を使うと、マルチコンパイル、GitHub ReleasesやHomebrewでの配布までを1コマンドで実行できます。**リスト 1.4.8** はGoReleaserの設定ファイル.goreleaser.ymlの設定例です。

▼リスト 1.4.8　.goreleaser.yml の設定例

```
builds:
-
  goos:
    - darwin
    - linux
    - windows
  goarch:
    - amd64
    - arm
```

[注18]　https://goreleaser.com/

```
     - '386'
changelog:
  sort: asc
brews:
  -
    tap:
      owner: ktr0731
      name: homebrew-evans
    url_template: "http://github.com/ktr0731/evans/releases/download/{{ .Tag }}/{{
.ProjectName }}_{{ .Os }}_{{ .Arch }}.tar.gz"
    install: |
      bin.install "evans"
```

　対象の OS は macOS、Linux、Windows で、それぞれ AMD64、ARM、386 向けにバイナリを生成します。また、brew の項目では Homebrew tap を更新するための設定が記述されています。

バージョニング

　アプリケーションをリリースする際は、互換性の観点から厳密にバージョニングをするべきです。Go では v1.11 から Go Modules というシステムが導入されました。Go Modules は関連のあるパッケージをまとめたものをモジュールと名付け、1 つの単位としてセマンティックバージョンを用いてバージョニングをします。Go 製ツールを作成する場合でもセマンティックバージョニングを採用するのが良いでしょう。

　Go v1.16 からは go install でモジュールバージョンを指定して $GOPATH/bin への実行可能ファイルのインストールが行えるようになりました。そのため、Go Modules でバージョニングをしておけば、ツールのユーザーは任意のバージョンを go install コマンドだけでインストールできるようになりました。

```
$ go install github.com/ktr0731/evans@v0.9.0
$ evans -v
evans 0.9.0

$ go install github.com/ktr0731/evans@latest
$ evans -v
evans 0.9.3
```

1.4.7 まとめ

　本節では、汎用gRPCクライアントのEvansの実装をgRPCやProtocol Buffersの説明も交えながら紹介しました。マルチコンパイル、シングルバイナリ化、豊富なOSSの存在など、GoはCLIツールを作るのに非常に適しているプログラミング言語です。ぜひGoでCLIツールを作ってみて、その簡単さや楽しさを実感していただければと思います。

■ 本節で紹介したパッケージ、ライブラリ、ツール

- flag （https://pkg.go.dev/flag）
- github.com/c-bata/go-prompt （https://pkg.go.dev/github.com/c-bata/go-prompt）
- github.com/jhump/protoreflect （https://pkg.go.dev/github.com/jhump/protoreflect）
- go.uber.org/goleak （https://pkg.go.dev/go.uber.org/goleak）
- testing （https://pkg.go.dev/testing）
- GoReleaser （https://goreleaser.com/）

■ ステップアップのための資料

- Advanced Testing with Go （https://speakerdeck.com/mitchellh/advanced-testing-with-go?slide=19）
- コマンドラインツールについて語るときに僕の語ること

（https://speakerdeck.com/tcnksm/komandorainturunituiteyu-rutokinipu-falseyu-rukoto-number-yapcasia）

1.5 複数のアルゴリズムに対応した チェックディジットライブラリ

Author 主森 理

Repository checkdigit (https://github.com/osamingo/checkdigit)

Keywords チェックディジット、ライブラリ作成、インタフェース、アルゴリズム、Example テスト、CLI

1.5.1 身近なしくみを発見する

　プログラミング言語の学習が、ある程度進んでくると誰しもが何かしらのライブラリを作りたいと考え出すものです。しかし、何を目的としたライブラリを作成すればいいのか悩むことが往々にしてあります。着想したアイデアが良いものだと感じでも、落ち着いて GitHub を検索すると同じアイデアで良いライブラリが存在していたりします。

　本節で取り扱う筆者が作成したライブラリ[注1] では、チェックディジット（Check Digit）を扱います。このアイデア自体は日々の業務の中で発見したものです。さまざまな種類の商品を扱うアプリケーションを実装していたときに書籍を管理する ISBN[注2] というしくみや、CD などの商品を扱うときは JAN[注3] コードに出会いました。また、別の業務では FinTech の知識を得ていく中で、正しいクレジットカード番号かどうかを検査する Luhn アルゴリズムに出会いました。

　もちろん、GitHub にそれぞれのしくみで計算し検証するライブラリはありましたが、ISBN のみを扱うなどそれぞれのしくみごとのライブラリに分かれていました。また、それらのライブラリで提供されているインタフェースが利用者として使いにくいと感じました。本節では、それぞれのしくみに特化することなくチェックディジットという枠組みにし、利用者に使いやすいライブラリを再設計した過程を紹介します。

注1 https://github.com/osamingo/checkdigit
注2 International Standard Book Number：国際標準図書番号
注3 Japan Article Number：日本における商品識別番号

1.5.2　チェックディジットとは

　チェックディジットは、符号の入力誤りを検出するために付与する数値のことを指し、検査数字とも呼ばれます。バーコードや、クレジットカード番号など、何らかの意味を持つ数値の列を表現するときに利用されることが多いです。与えられた符号から一定の計算式によって数値を算出し、与えられた符号に付与して使用します。チェックディジットが付与された数値の列を用いることで、容易にその数値の列が誤りかどうかを判定することが可能になります。

1.5.3　利用する側に寄り添う

　すべてのライブラリに共通することですが、ライブラリの利用者が迷うことなく利用したい機能を判断できるかどうか、ライブラリの導入は容易にできるかを考え抜くことが大切です。難しいことですが、Goではこれらの事項をサポートするようなしくみが備わっています。

ライブラリとフレームワークの違い

　ライブラリを作成している間にアイデアが壮大なものになり、あれもこれも取り入れた結果よくわからないものができあがるというのはよくある話です。着想していたアイデアを実現する方法は、ライブラリではなくフレームワークとして考えたほうが適切であったという場合があります。そもそも、ライブラリとフレームワークは何が違うのでしょうか。

　明確な違いを定義することは難しいですが、多くの場合では次のような考え方が当てはまるでしょう。ライブラリは、Goの標準パッケージと同じような感覚でアプリケーションの部品としてAPIを提供します。それに対しフレームワークは、アプリケーションがフレームワークの世界観に入り込み、フレームワーク自体の内側から利用することが多いと感じます。たとえば、Webアプリケーションフレームワークや、BDDテストフレームワークなどが該当します。

インタフェースを定義する

　Goのライブラリを利用するに際し、どのような機能が提供されるのかはインタフェース名からある

程度想像することができます。より詳細に知りたい場合はGoDoc[注4]を読むことで理解を深めることができます。この考え方はGoの標準パッケージでも用いられている表現方法でもあり、ioパッケージで定義されているio.Readerや、io.Writer（**リスト 1.5.1**、**リスト 1.5.2**）は、代表的なインタフェースになります。

▼リスト 1.5.1　io.Reader インタフェースの定義

```
type Reader interface {
  Read(p []byte) (n int, err error)
}
```

▼リスト 1.5.2　io.Writer インタフェースの定義

```
type Writer interface {
  Write(p []byte) (n int, err error)
}
```

　Goのインタフェースでは、それぞれの機能ごとに細分化されたインタフェースを定義する傾向があります。また、命名においても提供する機能名の動詞を名詞に変換して表現する習慣があります。筆者が作成したチェックディジットのライブラリでは、2つの機能を提供します。1つめは、入力された符号から一定の計算式を用い、チェックディジットを生成する機能です。2つめは、入力された符号が一定の計算式において正しいかどうかを確認できる機能です。

　1つめの機能である与えられた符号から、チェックディジットを生成する機能をGoのインタフェースに定義すると**リスト 1.5.3**のように表せます。

▼リスト 1.5.3　checkdigit.Generator インタフェースの定義

```
// A Generator generates a check digit by implemented algorithm or calculator.
type Generator interface {
  Generate(seed string) (int, error)
}
```

　与えられた符号が正しいかどうかを確認する機能をGoのインタフェースに定義すると、**リスト 1.5.4**のように表せます。

▼リスト 1.5.4　checkdigit.Verifier インタフェースの定義

```
// A Verifier is verifying to code by implemented algorithm or calculator.
```

注4　Go が提供する API ドキュメンテーションのしくみの総称です。

```
type Verifier interface {
  Verify(code string) bool
}
```

この2つの機能を同時に提供するインタフェースも定義すると、**リスト1.5.5**のように表せます。

▼リスト1.5.5 checkdigit.Provider インタフェースの定義

```
// A Provider has Verifier and Generator interfaces.
type Provider interface {
  Verifier
  Generator
}
```

Goの埋め込みのしくみを用いることで、簡潔にインタフェースを定義することができました。それぞれのしくみにおいて計算方法が違ったとしても、Providerインタフェースを満たす実装を行うことで利用者にとって扱いやすいしくみを提供することが可能になります。

1.5.4 さまざまなチェックディジットの生成方法

チェックディジットの生成にはさまざまな方法がありますが、大きく次の2つに分類されます。

- アルゴリズムと対照表などが定義されており、これらを用いて数値列からチェックディジットを算出する方法。Luhnアルゴリズムや、Dammアルゴリズムなど
- 用途ごとに数値列の桁数などが指定されており、一定の計算式でチェックディジットを算出する方法。たとえば、JAN（8、13桁）、UPC（12桁）は利用される国は違うが、GTINと呼ばれる識別コードの一種であるためチェックディジットの計算式は同じものを用いることができる

筆者が作成したライブラリでは、Luhnアルゴリズム、Verhoeffアルゴリズム、Dammアルゴリズムや、ISBN/EAN/JAN/ITF/UPC/SSCCといった用途別に識別番号が定義されている方法に対して、チェックディジットの生成機能と確認機能を提供しています。その中からLuhnアルゴリズムとGTINの計算方法を紹介します。

Luhnアルゴリズムを用いた計算

Luhnアルゴリズムは、もっとも有名なチェックディジットの生成方法といっても過言ではありません。クレジットカード番号や、IMEI（携帯電話などの端末識別番号）などで利用されており、パブリックドメインにもなっているアルゴリズムです。例として、「545762389823411」からLuhnアルゴリズムでチェックディジットを算出する手順を示します。

① 与えられた数値の下1桁に求めるべきチェックディジット（Xとおく）を仮定で追加し、右端から左に向けて桁番号を振る

　　545762389823411X（Xが1桁目、1が2桁目となる）

② すべての偶数桁番目の数値に対し2を乗算する。ただし、2を乗算した結果が2桁の数値の場合は、1桁ずつに数値を分け加算する（10の場合は1＋0＝1となる）

　　5×2＝10 …1、5×2＝10 …1、6×2＝12 …3、3×2＝6、9×2＝18 …9、2×2＝4、4×2＝8、1×2＝2

③ ②で得られた結果をすべて加算する

　　1＋1＋3＋6＋9＋4＋8＋2＝34

④ すべての奇数桁番目の数値を加算する

　　4＋7＋2＋8＋8＋3＋1＝33

⑤ ③と④で得られた結果を加算する

　　34＋33＝67

⑥ 10から、⑤で得られた結果の下1桁の数値を減算した結果が、チェックディジットとなる

　　10－7＝3

Providerインタフェースの実装例としては、**リスト1.5.6** のようになります。

▼リスト1.5.6　Luhnアルゴリズムの実装

```go
package checkdigit

type luhn struct{}

// Verify implements checkdigit.Verifier interface.
func (l luhn) Verify(code string) bool {
  if len(code) < 2 {
    return false
  }
  i, err := l.Generate(code[:len(code)-1])

  return err == nil && i == int(code[len(code)-1]-'0')
}
```

```go
// Generate implements checkdigit.Generator interface.
func (l *luhn) Generate(seed string) (int, error) {
  if seed == "" {
    return 0, ErrInvalidArgument
  }

  sum, parity := 0, (len(seed)+1)%2
  for i, n := range seed {
    if isNotNumber(n) {
      return 0, ErrInvalidArgument
    }
    d := int(n - '0')
    if i%2 == parity {
      d *= 2
      if d > 9 {
        d -= 9
      }
    }
    sum += d
  }

  return sum * 9 % 10, nil
}
```

　この実装では、type luhn をエクスポートしない型として定義しています。そのためライブラリを利用する側から初期化することができないため、**リスト 1.5.7** のような関数を用意します。

▼リスト 1.5.7　Luhn アルゴリズムを実装した Provider の取得

```go
// NewLuhn returns a new Provider that implemented the Luhn algorithm.
func NewLuhn() Provider {
  return &luhn{}
}
```

GTIN を用いた計算

　GTIN[注5] を用いた計算を定義することで、EAN/JAN/ITF/UPC/SSCC に対してチェックディジットの生成機能と確認機能を提供することができます。例として「456995111617」を JAN-13 として扱う場合の GTIN を算出する手順を示します。

　① 与えられた数値の下 1 桁に求めるべきチェックディジット（X とおく）を仮定で追加し、右端か

注5　Global Trade Item Number：サプライチェーン用の国際規格を策定する GS1 によって標準化された国際的な商品識別番号のこと。

ら左に向けて桁番号を振る

456995111617X（Xが1桁目、7が2桁目となる）

② すべての偶数桁番目の数値を加算し、その結果に3を乗算する

（5＋9＋5＋1＋6＋7）×3 ＝ 99

③ すべての奇数桁番目の数値を加算する

4＋6＋9＋1＋1＋1 ＝ 22

④ ②と③で得られた結果を加算する

99＋22 ＝ 121

⑤ 10から、④で得られた結果の下1桁の数値を減算した結果が、チェックディジットとなる

10－1 ＝ 9

GTINは定義によって桁数や位置補正の有無が異なるため、**リスト1.5.8**のように実装します。

▼リスト1.5.8　GTINに則した計算機の実装

```
package checkdigit

type gtin struct {
  digit   int
  posCorr bool
}

// Verify implements checkdigit.Verifier interface.
func (g gtin) Verify(code string) bool {
  if len(code) != g.digit {
    return false
  }
  i, err := g.Generate(code[:len(code)-1])

  return err == nil && i == int(code[len(code)-1]-'0')
}

// Generate implements checkdigit.Generator interface.
func (g *gtin) Generate(seed string) (int, error) {
  if len(seed) != g.digit-1 {
    return 0, ErrInvalidArgument
  }

  var oddSum, evenSum int
  for i, n := range seed {
    if isNotNumber(n) {
      return 0, ErrInvalidArgument
    }
    if g.posCorr {
      i++
    }
```

```
  if i%2 == 0 {
    evenSum += int(n - '0')
  } else {
    oddSum += int(n - '0')
  }
}

d := 10 - (evenSum*3+oddSum)%10
if d == 10 {
  d = 0
}

return d, nil
}
```

　この実装を用いて13桁で定義されたJANコードのProviderを提供する関数を**リスト1.5.9**のように実装します。

▼リスト1.5.9　13桁で定義されている JAN コードを実装した Provider の取得

```
// NewJAN13 returns a new Provider that implemented GTIN-13 with position correction  ⏎
calculator.
func NewJAN13() Provider {
  return &gtin{
    digit:   13,
    posCorr: true,
  }
}
```

1.5.5　Exampleテストを用いたドキュメンテーション

　作成したライブラリのREADMEにExampleを記述することは、ライブラリの利用方法を手引きする強力な手段の1つです。GoではExampleテストというしくみが提供されており、Exampleテストを書くことでGoDoc[注6]にExampleの項目が自動生成されるため積極的にこのしくみを利用しましょう。
　Exampleテストは、記述したプログラムの出力に対して期待する出力結果をコメントアウトとして記述します。通常のテストと同じく、期待した結果と異なる出力がされた場合はテスト失敗として扱

注6　今回の osamingo/checkdigit の GoDoc は次の URL を参照してください。https://pkg.go.dev/github.com/osamingo/checkdigit

われます。Luhnアルゴリズムを実装したProviderのExampleテストは、**リスト 1.5.10** のように書くことができます。

▼リスト 1.5.10　Luhn アルゴリズムを実装した Provider の Example テスト

```go
package checkdigit_test

import (
  "fmt"
  "log"
  "strconv"

  "github.com/osamingo/checkdigit"
)

func ExampleNewLuhn() {
  p := checkdigit.NewLuhn()

  const seed = "411111111111111"
  cd, err := p.Generate(seed)
  if err != nil {
    log.Fatalln("failed to generate check digit")
  }

  ok := p.Verify(seed + strconv.Itoa(cd))
  fmt.Printf("seed: %s, check digit: %d, verify: %t\n", seed, cd, ok)

  // Output:
  // seed: 411111111111111, check digit: 1, verify: true
}
```

1.5.6　CLIを実装し利用するハードルを下げる

　作成したライブラリを用いて、容易にCLIを作れることもGoの強みの1つです。利用する側の気持ちになってCLIを作成することで、使い勝手が良いか悪いかを気づくきっかけにもなります。筆者が作成したチェックディジットのライブラリもCLI化をしましたが、Goの標準パッケージを利用し100行ほどで実装することができています。

1.5.7　まとめ

　本節では、身近なしくみの発見からライブラリを作成するまでを紹介しました。実際にライブラリを作ると多くの人に利用してほしくなるものです。最初の一歩として、awesome-go[注7] にプルリクエストを送ってみましょう。そうすることで Go Trending や Golang Weekly といった Twitter アカウントに紹介されやすくなります。また、Go Conference など Go のカンファレンスや、Go の勉強会で発表するのも良いでしょう。注目が集まることで作成したライブラリがあなたの名刺代わりになり、あなたのファンも増えます。Go で作成したライブラリは、GitHub でリポジトリを公開した瞬間に利用可能になります。さぁ、試しに Go でライブラリを作ってみましょう。

■ **本節で紹介したパッケージ、ライブラリ、ツール**

- io （https://pkg.go.dev/io）

注7　Go のライブラリを紹介しているリポジトリの名称です。https://github.com/avelino/awesome-go

1.6 Kubernetesなどの設定ファイルのテストツール

Author　石山 将来
Repository　stein（https://github.com/b4b4r07/stein）
Keywords　HashiCorp Sentinel、Policy as Code、リントツール、HCL、hcl2 パッケージ

1.6.1 インフラの設定ファイルのテストツールを作る

　さまざまなアプリケーションの設定がJSONやYAML、TOMLといったフォーマット（以下、便宜上「設定ファイル言語」と呼びます）で記述されることが多くなってきました。たとえば、peco[注1]のようなCLIツールの設定から、Circle CIなどのSaaS系アプリケーションの設定、さらにはKubernetesを使ったアプリケーションインフラの構築、Terraformを使ったインフラのプロビジョニングといったものまで、数えだしたらきりがありません。

　このように幅広く使われるようになった要因はさまざま考えられますが、その1つにInfrastructure as Codeの浸透があるでしょう。Infrastructure as Codeとは、「インフラのリソース要求をコードで記述することで、ソフトウェア開発ですでに確立されているプラクティスをインフラ領域にも同じように適用することができ、その恩恵を受けることができる」といったものです。それらのプラクティスには次のようなものがあります。

- GitHubなどを使ったコードレビュー
- GitなどのVCS（Version Control System）を用いたバージョン管理
- 自動化
- テスト可能性
- CI/CD（継続的インテグレーション／継続的デプロイ）

ソフトウェア開発で日々実践しているプラクティスがインフラ領域にも同様に適用できるというの

[注1] https://github.com/peco/peco

は非常に有用です。しかしながら、その一方でインフラという特性上ソフトウェア開発で得られる恩恵と比べて薄いものがあります。その1つにテストがあるでしょう。

　まずGoを使ったソフトウェア開発におけるテストについて見てみましょう。一口にテストといっても次の3つのケースが考えられます。

- Goの仕様のもとに正しい構文で書かれているか
- アプリケーションの設計、仕様に沿った実装ができているか
- アプリケーションが正しく応答するか

　1つめはコンパイルや構文チェッカー、リントツール（コードの静的解析ツール）などを用いてチェックすることができます。2つめはユニットテストを書くことで、3つめはE2Eテストによって、それぞれチェックすることができます。しかし、これらをインフラの設定ファイルに置き換えると2つめのテストが難しくなってきます。

- 設定ファイル言語の仕様に基づいて書かれているか（Kubernetesの場合、正しくYAMLが書かれているか）
- 意図したリソース要求が記述されているか（Kubernetesの場合、たとえばレプリカの数が正しいか）
- 設定ファイルに基づいて正しくリソースが作成されたかどうか（Kubernetesの場合、たとえば設定のとおりにPodがデプロイされているか）

　1つめは設定ファイル言語のバリデータを使うことでチェックすることができます。2つめはYAMLなどの任意のフィールドの値が正しいかどうかについてテストを書く必要があるため難しいでしょう。3つめはインフラ構成ツールによってやり方が異なるためここでは深く言及しませんが、可能です。

　このようにインフラの設定に対するテストの難しさはJSONやYAMLといった設定ファイル言語に対する構文チェック以外のテストを書く手段が、ソフトウェア開発におけるプログラミング言語と比較して非常に乏しいことにあります。

　Terraformではこの課題を解決するため、Terraformの開発元であるHashiCorp社が専用のツールとして「HashiCorp Sentinel」[注2]を提供しています。このツールはTerraformのほかに、HashiCorp社が開発・提供するVaultやNomad、Consulといったソフトウェアでも使用することができます。

　本節ではHashiCorp Sentinelの設計思想に着想を得て、任意のJSONやYAMLといった設定ファイルに対してテストするツールをGoで開発し、そしてそれをどのように実装したかについて解説します。

注2　https://www.hashicorp.com/sentinel

1.6.2 HashiCorp Sentinelと Policy as Code

HashiCorp社が開発および提供するプロダクトにおいて、多くの場面でその設定にはHCL (HashiCorp Configuration Language)注3 を用います。HCLはJSON互換であり、ヒューマンフレンドリーな言語として設計されています。HCLにおいてもJSONやYAMLなどと同様に「仕様に基づいて記述されているか」についてはバリデータによってテストすることができます。

しかし、「インスタンスのスケジューリング数を表すフィールドは10以上が指定されているか」といった会社やチームのポリシーしだいで決まるフィールドのテストはできません。これはソフトウェア開発においてユニットテストを書けないことに相当します。HashiCorp社ではHashiCorp Sentinelというテスティングフレームワークを提供することでこれを可能にしています。

HashiCorp Sentinelでは、Sentinel言語注4 という専用言語を用いてTerraformなどの設定に対して任意のルールを記述できるようになっています。**リスト1.6.1** は「AWSインスタンスのタグ指定がされているかどうか」をルールとして定義したものです。

▼リスト1.6.1　Sentinelポリシーの例

```
import "tfplan"

main = rule {
  all tfplan.resources.aws_instance as _, instances {
    all instances as _, r {
      (length(r.applied.tags) else 0) > 0
    }
  }
}
```

aws_instanceリソースのtagsフィールドが空のTerraformコードに対してこのSentinelポリシーを適応して実行した場合、Sentinelはこのルールに違反したコードを見つけたとしてエラーで終了します。Sentinelが失敗した場合、terraform applyを実行させません。これによってソフトウェア開発におけるユニットテストと同様のことを実現しています。

インフラ領域においても設定に対応するユニットテストを書くことは非常に重要です。たとえば、「インスタンスをデプロイするリージョンはどこか」や「デプロイするインスタンス台数は何台か」といった重要なパラメータを設定する一方で、これらの値の正当性をテストとして記述できない場合、コードレビューではとりわけ慎重を期す必要があります。

注3　https://github.com/hashicorp/hcl
注4　https://docs.hashicorp.com/sentinel/language/

また、任意となっているパラメータについて、その設定を書き手に強制させたい場合があります。た とえば、Terraformの`variables`リソースにはその変数の説明を記述できる`description`というフィー ルドがありますが、これは省略することができます。これを省略させたくない場合、Sentinelがない と、省かれているたびにコードレビューで指摘する必要があります。こういった機械的なケースこそ、 ポリシーに基づくルール定義によってテストされるべきです。

　HashiCorp社ではこの考え方をPolicy as Code（図1.6.1）と名付けて提唱しています。

▼図1.6.1　Policy as Code[注5]

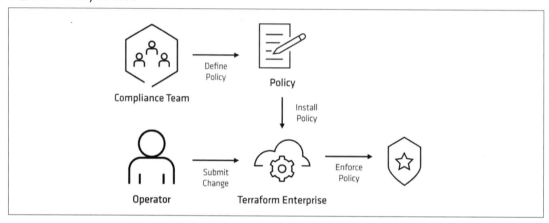

　Infrastructure as Codeはインフラの設定・状態をコードで示すことですが、Policy as Codeで はその設定・状態のあるべき姿（ポリシー）をコードとして示すことを意味します。

　とても有用な考えですが、Sentinelはすべてのプロダクトで利用できるわけではありません。 Sentinelを利用できるのはエンタープライズ契約をしたHashiCorp製品に限定されているため、た とえば、OSS版のTerraformや、HashiCorp製品ではないKubernetesを利用している場合には、 Sentinelを使ったPolicy as Codeを実践することができません。

　筆者はこのPolicy as Codeの考えに着想を得て、JSONやYAMLといった任意の設定ファイル言 語に対して、任意のポリシーとルールに基づいてテストを行うツールを作れないかと考えました。

1.6.3　steinの紹介

　そこでstein[注6] というツールを開発しました。steinはリントツールの一種です。ほかのツールと違

[注5]　出典：https://www.hashicorp.com/blog/why-policy-as-code
[注6]　https://github.com/b4b4r07/stein

う点として、そのリントルールをユーザーが自由に決められる点にあります。Goなどリントにおける作法があるものとは違い、JSONやYAMLといった設定ファイル言語の場合、コンテキストによってリントするルールはまるで変わってくるため、ユーザーが自由にルールを設定できる必要がありました[注7]。

　そのためsteinでは、HCLがTerraformの設定のような独自DSLを提供できる点に着目し、stein専用のDSLを提供することで一種のプログラミング言語のようなカスタマイズ性を可能にしています（**図 1.6.2**）。

▼図 1.6.2　stein のイメージ図

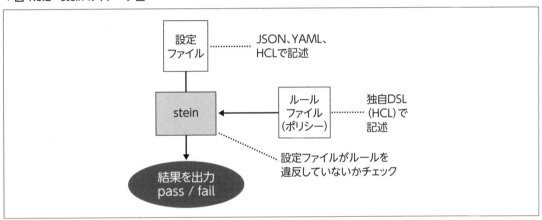

　それでは実際にsteinがYAMLなどの設定ファイル[注8]のルール違反を検知するまでの流れを見ていきましょう。たとえば、**リスト 1.6.2** のようなKubernetesのDeployment（アプリケーションをデプロイするための定義）があったとします。

▼リスト 1.6.2　Kubernetes の Deployment（my-app-deployment.yaml）

```
apiVersion: extensions/v1beta1
kind: Deployment
metadata:
  name: my-app
  namespace: my-app-prod
spec:
  replicas: 1
## （略）##
```

注7　現在は同様のツールとして Open Policy Agent が主導して開発する conftest があります。
https://github.com/open-policy-agent/conftest
注8　現在は JSON、YAML、HCL に対応しています。

spec.replicas は Pod の数（サーバ台数）を意味するフィールドですが、3 以上確保することを強制したいとします。これをチェックする stein ルールの定義は**リスト 1.6.3** のようになります。

▼リスト 1.6.3　stein ルール（spec.replicas が 3 以上であることを強制）

```
rule "replicas" {
  description = "Check the number of replicas is sufficient"

  conditions = [
    "${jsonpath("spec.replicas") > 3}",
  ]

  report {
    level   = "ERROR"
    message = "Too few replicas"
  }
}
```

rule というブロックは stein によって定義されている独自 DSL になっています（Terraform の resource ブロックのようなもの）。conditions というリストが、このルールが pass するか fail するかを判別するフィールドになっています。conditions の中に書かれた式のうち 1 つでも false を返した場合、この Deployment によるデプロイはルール違反となり、stein は fail します（**図 1.6.3**）。

▼図 1.6.3　stein がルール違反を検知し、デプロイを失敗させる

```
$ stein apply my-app-deployment.yaml
my-app-deployment.yaml
  [ERROR]  rule.replicas  Too few replicas

====================
1 error(s), 0 warn(s)
```

jsonpath 関数は stein がサポートする組み込み関数の 1 つで、設定ファイルの要素に JSONPATH 形式でアクセスするための関数です。詳しい設計や機能についてはドキュメント[注9]がありますので、そちらをご覧ください。

このワークロードを CI などに組み込むことにより継続的なテストが可能になります。

[注9] https://b4b4r07.github.io/stein

1.6.4 steinの実装

それでは具体的な実装を見ていきます。

HCL2 の機能

HashiCorp Sentinelでは、ポリシーを書くためにSentinel言語と呼ばれる専用言語を提供し、それによってユーザーによる自由なルールの定義を可能にしていますが、steinではこれにHCLを採用しています。その理由として次のようなことが挙げられます。

- 専用言語と比べて学習コストが低い点
- アプリケーション（stein）側でJSON/YAMLと同様にデータ構造として扱える点
- アプリケーション（stein）側であらかじめ予約語の設定や式の評価ができる点

とりわけ「式を評価できる」という特徴は複雑なルールの記述が可能になるため、HCLを採用する大きな理由になっています。たとえば、アプリケーション側で「指定された書式の文字列に変換する関数であるformat関数」をサポートすることで、format("%s.txt", "file")という文字列は"file.txt"に評価することができます。これによりプログラミング言語のような側面がもたらされるため、設定ファイルにおけるテストのような「ユースケースによって異なるルールを定義したい場合」に最適です。

また、HCLエンジンにはHCL1ではなくHCL2を使用しています。HCL1と比べて仕様がより明文化され、機能の整理・拡充が行われています。HashiCorp社のプロダクトでもHCL2が使われはじめており、steinでもその流れを汲んで採用しました。github.com/hashicorp/hcl2（以下、hcl2）[10]では、github.com/zclconf/go-cty[11]というライブラリによって動的な型システムを実装しています。Goが提供する型システムではなくあえて再実装している理由は、値が未定であるUnknown Valuesと、型も未定であるDynamic Pseudo-typeを扱えるようにするためです[12]。

JSONやYAMLのパーサでは、バイト列をGoの構造体に落とし込むことで、各設定ファイルのデータ構造をGoプログラム内で扱えるようにしています。HCLでも同様ですが、内部で中間表現として別のGo構造体に落とし込んでいます。具体的にデコード（HCLファイルからGo構造体に落とし込む）までの流れを見てみます（**図1.6.4**）。

[10] https://github.com/hashicorp/hcl2
[11] https://github.com/zclconf/go-cty
[12] https://github.com/hashicorp/hcl2/blob/master/hcl/spec.md#unknown-values-and-the-dynamic-pseudo-type

▼図 1.6.4　設定ファイル（HCL/JSON）をデコードするまでの流れ

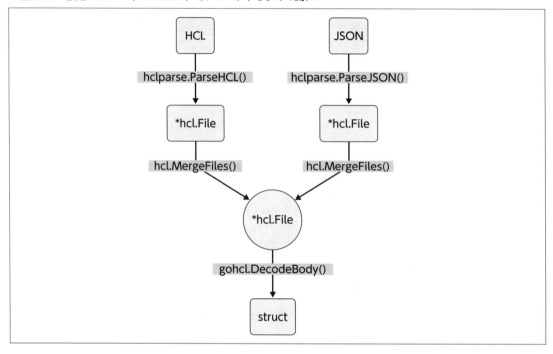

　HCLはJSONと互換性を持つので、hcl2は両ファイル形式をサポートします。HCLが読み込まれるとhclparse.ParseHCL()[注13]によって*hcl.File[注14]に変換されます。また、HCLは複数のファイルを1つのデータ構造にマージして扱えるため、hcl.MergeFiles()[注15]によって複数の*hcl.Fileをマージして構造体に落とし込めます。そのあと、実際にデコード処理の部分として、gohcl.DecodeBody()[注16]を使って任意の構造体（struct）に変換できます。

　ここからがhcl2のおもしろい部分の1つです。中間表現を持つことで、デコード前にいろいろな処理を挟めるようになっています。その1つにhcl.EvalContext[注17]があります（**リスト 1.6.4**）。

▼リスト 1.6.4　hcl.EvalContext

```
type EvalContext struct {
  Variables map[string]cty.Value
  Functions map[string]function.Function
  parent    *EvalContext
}
```

注13　https://pkg.go.dev/github.com/hashicorp/hcl2/hclparse#Parser.ParseHCL
注14　https://pkg.go.dev/github.com/hashicorp/hcl2/hcl#File
注15　https://pkg.go.dev/github.com/hashicorp/hcl2/hcl#MergeFiles
注16　https://pkg.go.dev/github.com/hashicorp/hcl2/gohcl#DecodeBody
注17　https://pkg.go.dev/github.com/hashicorp/hcl2/hcl#EvalContext

　hcl.EvalContextは変数マップと関数マップを定義した構造体になっていて、gohcl.DecodeBody()に渡すことができます。これによって任意の文字列をデコードするときに、スキーマ（独自DSLの構文をGoで定義したもの）側で定義済みの変数、もしくは関数として展開することができます。つまり、**リスト1.6.5**のようなコンテキスト情報をもとに、デコードのときに文字列（"upper"など）に置換してマップのvalueとして評価することができます（**リスト1.6.6**）。

▼リスト1.6.5　hcl.EvalContext の一例

```
ctx := &hcl.EvalContext{
  Variables: map[string]cty.Value{
    "name": cty.StringVal("babarot"),
  },
  Functions: map[string]function.Function{
    "upper":  stdlib.UpperFunc,
    "lower":  stdlib.LowerFunc,
    "min":    stdlib.MinFunc,
    "max":    stdlib.MaxFunc,
    "strlen": stdlib.StrlenFunc,
    "substr": stdlib.SubstrFunc,
  },
}
```

▼リスト1.6.6　デコード時にスキーマに定義した関数に展開・実行される

```
message = "HELLO, ${upper(name)}!"
# ==> "HELLO, BABAROT!"
```

　このような関数式のサポートは、Terraformユーザーにはお馴染みの機能かと思いますが、hcl2ライブラリを使用することで誰でも自由にHCLをベースにした自分のDSLに対して、式や予約語といったプログラミング言語のような表現を持たせることができます。

HCL2を使った独自DSLの定義

　リスト1.6.3でも示したとおり、steinではruleというブロックを実装し提供しています。これはTerraformのresourceブロックに相当するもので、ユーザーはこのruleというシンタックスに従いさえすれば、強制したいルールを自由に表現することができます。
　まず、steinがHCLを使用してどのように設定ファイルを扱っているのか見てみましょう（**図1.6.5**）。

▼図1.6.5 steinでの設定ファイルのチェック（イメージ図）

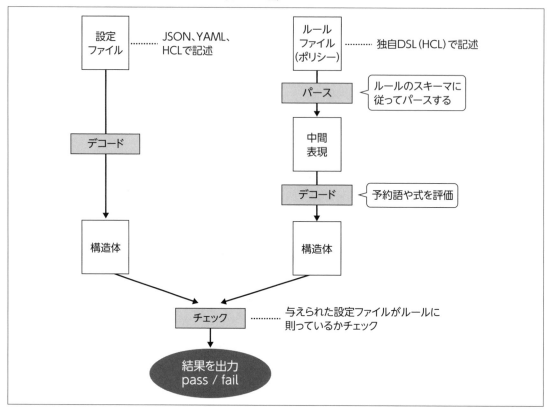

steinではインプットとしてリント対象となる設定ファイル（JSONなど）と、適応するルールファイル（HCLによる独自DSL）を受け付けます。設定ファイルはそれぞれの言語に応じたデコーダーによってGoの構造体に落とし込まれます。ルールファイルについてもJSONなどの設定ファイルのデコードと同様に、HCLライブラリを用いてデコードされGoの構造体に落とし込まれます。

ただし、リント対象となる設定ファイルのデコードと違い、ルールファイルはsteinが定義した独自DSLに従ってパースするために、「スキーマ（独自DSLの構文をGoで定義したもの）」を用いてパースします。これはHCLとしてデコードできるかどうかをチェックすると同時に、独自DSLとしてもデコードできるかどうかをチェックしています。このときスキーマ違反（独自DSLに従ってパースできないなど）があった場合はシンタックスエラーになります。スキーマに問題がない場合はデコードされますが、そのときsteinでサポートしている組み込み関数や予約語などを評価し、Goの構造体にマッピングします。

そしてGoの構造体に落とし込まれたあと、それぞれの構造体から入力された設定ファイルがルールに違反していないかをチェックし、passまたはfailの結果を出力し終了します。

ルールファイル（独自DSLで書かれたファイル）のパースとデコードに焦点を当てて見ていきましょう。

　はじめに、パースする前に独自DSLの構文に従ってルールが書かれているかをチェックする必要があります。そこでDSLの構文を定義したスキーマ（`hcl.BodySchema`）が使われます（**リスト1.6.7**）。

▼リスト1.6.7　DSLの構文を定義したスキーマ

```
var policySchema = &hcl.BodySchema{
  Blocks: []hcl.BlockHeaderSchema{
    {
      Type:       "rule",
      LabelNames: []string{"name"},
    },
    {
      Type: "config",
    },
    {
      Type:       "function",
      LabelNames: []string{"name"},
    },
    {
      Type:       "variable",
      LabelNames: []string{"name"},
    },
  },
}
```

　たとえば、「configブロックはlabel（ブロック横の名付け）を取らない」や「ruleブロック内のreportブロックのlevelフィールドは必須項目である」などが挙げられます。スキーマに従ってパースできない場合、構文エラーとしてerrorインタフェースを実装する`hcl.Diagnostic`型でレポートされます。

　次はデコードです。スキーマをもとにパースされたHCLは、`*hcl.File`という中間表現に落とし込まれます。最終的にruleブロックに対応するGo構造体にマッピングされるのですが、その際に中間表現を介することでコンテキストの注入が可能になっています。**リスト1.6.8**のBuildContextメソッドはsteinが扱う組み込み関数や予約語（filenameといった与えられた設定ファイルへのパスを示す定数）などの評価を行っています。

▼リスト1.6.8　組み込み関数や予約語を評価し、Go構造体にデコードする

```
ctx, diags := l.policy.BuildContext(l.body, file.Path, file.Data)
if diags.HasErrors() {
  return policy, diags
}

decodeDiags := gohcl.DecodeBody(l.body, ctx, &policy)
```

　そして、DecodeBody メソッドによって実際の Go 構造体へマッピングされます。**リスト 1.6.9** の Policy 構造体が実際に Go プログラム内で扱うものになります。JSON/YAML などでも使用される構造体タグでバインドの設定をしています。

▼リスト 1.6.9　Policy 構造体

```
type Policy struct {
  Config  *Config  `hcl:"config,block"`
  Rules   Rules    `hcl:"rule,block"`
  Remain hcl.Body  `hcl:",remain"`
}
```

　こうしてユーザーが定義したルールが Go 内で扱えるデータ構造（Policy 構造体）に落とし込まれることで、入力された設定ファイルの構造体と比較し、リントを実行できるようになっています。

1.6.5 まとめ

　本節では、Infrastructure as Code の課題とそれを解決する Policy as Code という考え方について触れ、Go と HCL を使って開発した stein というツールの紹介とその実装について解説しました。

　JSON との互換性を持つ HCL ですが、HCL2 の実装からは表現力の高い構文のサポートに加えて、独自 DSL や組み込み関数の提供など本来の設定ファイル言語の域を超えた実装が可能となっています。今回は HCL2 の独自 DSL を使ってテストツールを実装した話を紹介しましたが、これに限らずその自由度を活かしてさまざまなユースケースに応用できるのではないかと考えています。みなさんもぜひ Go と HCL を使って新しいツールを開発してみてください。

■ 本節で紹介したパッケージ、ライブラリ、ツール

　・github.com/hashicorp/hcl2 (https://pkg.go.dev/github.com/hashicorp/hcl2)

■ ステップアップのための資料

　・Why Policy as Code? (https://www.hashicorp.com/blog/why-policy-as-code)

1.7 Cloud Spanner用データベーススキーマ管理ツール

Author 伊藤 雄貴
Repository Wrench（https://github.com/cloudspannerecosystem/wrench）
Keywords Cloud Spanner、DBスキーマ、ビルドツール、Bazel

1.7.1 Cloud Spannerの利点と難点

インフラ環境のクラウド化が進むとともに、そのニーズを満たすようにクラウドベンダー各社からさまざまなデータベース製品が提供されています。筆者が業務で利用しているCloud Spanner[注1] もそのうちの1つです。Cloud SpannerはGoogle Cloud[注2] が提供しているフルマネージドなリレーショナルデータベース（RDB）製品です。特徴としては、強整合性を保ちつつ既存のRDBでは難しかった水平スケールが容易に行える点やフルマネージドゆえにメンテナンスのためのコストが低い点が挙げられ、公式サイトで謳われているようにRDBと非RDBの良い部分を組み合わせたようなデータベース製品となっています。

このような点からCloud Spannerはデータベースとして申し分のない性能を持っており、採用される機会も多くなってきていますが、比較的新しい製品なので既存のデータベース用のツールを利用できない、といった難点もあります。そこで筆者はCloud Spanner用のDBスキーマ管理ツールをGoで実装することにしました。

本節では、上述したCloud Spanner用のCLIツールである「Wrench」について、それを実装するにあたって工夫した点、とくにBazelを用いたビルド方法に焦点を当てながら紹介します。

[注1] https://cloud.google.com/spanner/
[注2] https://cloud.google.com

1.7.2 DBスキーマ管理ツール「Wrench」

Wrench[注3] はCloud Spanner用に開発したDBスキーマ管理ツールです。先行するツールとしては、Cloud Spannerを含むさまざまなデータベースのマイグレーションを行うためのgithub.com/golang-migrate/migrate（以下、golang-migrate/migrate）[注4] が存在しますが、スキーマのダンプなどのマイグレーション以外のオペレーションも同一ツールで行いたい、Partitioned-DML[注5] などのCloud Spanner特有の機能を利用したい、という理由からスクラッチで開発することを決めました。

Goを採用した理由としては、本書のほかの節でも触れられていますが、クロスコンパイルとバイナリの生成を容易に行える点が大きいです。Wrenchは日々の開発でデータベースを操作するときには開発者のローカルPC環境から実行され、本番環境に対するオペレーションではCI/CD環境から実行されるため、これらのGoの利点が活きてくると考えました。

Wrenchの実装にはgithub.com/spf13/cobra（以下、spf13/cobra）[注6] を利用しています。spf13/cobraはCLIツールの作成をサポートするパッケージであり、Istio[注7] などの著名なOSSでも利用されています。spf13/cobraを導入することで、フラグのハンドリングやサブコマンドの追加といったCLIツールに必要なさまざまな機能を手軽に実装できます。

Wrenchはデータベースの作成、削除やスキーマのダンプなど、データベースのオペレーションに関するさまざまな機能をサブコマンドとして実装しています。その中でも核となるのが、テーブルへのカラム追加やカラムへの制約追加といったスキーマ変更を行うためのマイグレーション機能です。このマイグレーション機能について解説します。

Wrenchでは、「ALTER TABLE ……」のようなスキーママイグレーションを行うためのクエリを、次のような形式で1ファイル1マイグレーションバージョンとしてSQLファイルに記述していきます。このファイル名の数値がマイグレーションのバージョンとして扱われます。

```
./migrations
├── 000001.sql
├── 000002.sql
├── 000003.sql
└── /* （略）*/
```

注3 https://github.com/cloudspannerecosystem/wrench
注4 https://github.com/golang-migrate/migrate
注5 https://cloud.google.com/spanner/docs/dml-partitioned
注6 https://github.com/spf13/cobra
注7 https://istio.io

　Wrenchには、現在のマイグレーションファイル一覧を読み込んで新しいバージョンに対応する名前でSQLファイルを生成する「migrate create」というコマンドが存在するので、基本的にはこのコマンドを用いてSQLファイルを作成していきます。

　また、Wrenchは表1.7.1のようなスキーマ管理用のテーブルをデータベースに作成し、現在のスキーマのバージョンをレコードとして保持することで、どのマイグレーションを実行するかを決定しています。

▼表1.7.1　スキーマ管理用のテーブル

カラム名	型
Version	INT64
Dirty	BOOL

　このテーブルには現在のマイグレーションバージョンを保持するレコードが常に1つだけ挿入された状態となります。Wrenchはこのレコードとマイグレーション用のSQLファイルの一覧を照らし合わせることで、実行するべきマイグレーションがどれになるのかを解釈しています。たとえば、挿入されているレコードのVersionが3で、マイグレーションファイルが000001.sqlから000006.sqlまで存在している場合、000004.sqlから000006.sqlまでのマイグレーションが実行され、その後レコードのVersionが6で更新されます。Dirtyカラムはマイグレーションが何らかの理由で失敗したときのみTrueになり、この状態では以降のマイグレーションが失敗するようになります。マイグレーションが失敗したときは、原因を特定し、別途スキーマが正しい状態になるように対応を施したあとでこのDirtyフラグをFalseに戻す必要があります。このようなマイグレーションを行うためのコマンドが「migrate up」としてWrenchに実装されています。マイグレーションのしくみ自体は前述したgo-migrate/migrateのしくみを参考にしており、互換性も持っています。

1.7.3 Bazelを用いたビルド

　WrenchではビルドにBazel[注8]を用いています。本項ではBazelと、それを用いたGoでのビルドについて解説します。

Bazel とは

Bazel は Google が開発したオープンソースのビルドツールです。さまざまな言語・プラットフォームに対応しており、C++ などで書かれたソフトウェアのバイナリの生成のみならず、iOS や Android のビルドもサポートしています。Starlark[注9] という Bazel のためにデザインされた Python の方言を用いてビルドのルールを記述するのが特徴で、コンパイラの呼び出しのような低レベルな処理を記述する Make などの既存のビルドツールに比べて、高レベルな言語を用いてルールを記述できるのが強みの 1 つです。

Go で書かれたソフトウェアのビルド

Bazel を用いてソフトウェアをビルドするためには、まずはプロジェクトのルートディレクトリに WORKSPACE というファイルを配置する必要があります。これにより Bazel がそのディレクトリをワークスペースとして認識するようになります。この WORKSPACE ファイルに加えて、作成した各パッケージのディレクトリに BUILD.bazel というファイルを配置する必要があります。このファイルに、作成したソフトウェアのビルド方法をルールとして記述していきます。たとえば、Wrench の場合だと図 1.7.1 のようなディレクトリ構成になっています。

▼図 1.7.1　Wrench のディレクトリ構成

```
├── BUILD.bazel
├── WORKSPACE
├── cmd
│   ├── BUILD.bazel
│   ├── apply.go
│   └── /* （略） */
├── main.go
├── pkg
│   ├── spanner
│   │   ├── BUILD.bazel
│   │   ├── client.go
│   │   └── /* （略） */
└── /* （略） */
```

Wrench を例に、Bazel を用いて Go で書かれたソフトウェアをビルドする方法について見ていきましょう。まずは WORKSPACE ファイルについて解説します。**リスト 1.7.1** は Wrench の WORKSPACE ファイルの一部です。

load 文は extension を読み込むための記述です。1 行目の load 文では Bazel 本体に同梱されている

注9　https://github.com/bazelbuild/starlark

http.bzl extension から http_archive という命令を読み込んでいます。http_archive はほかのリポジ
トリをアーカイブファイルとしてダウンロードし、それを解凍してビルドルールで使えるようにする
ための命令です。このように Bazel では、extension として再利用可能な命令がいくつも公開されて
います。このしくみを用いて自身で extension を作成することも可能です。

　リスト 1.7.1 のコードでは、http_archive を使って github.com/bazelbuild/rules_go（以下、rules_
go）をダウンロードしています。

▼リスト 1.7.1　Wrench の WORKSPACE ファイル（一部抜粋）

```
load("@bazel_tools//tools/build_defs/repo:http.bzl", "http_archive")

http_archive(
    name = "io_bazel_rules_go",
    sha256 = "69de5c704a05ff37862f7e0f5534d4f479418afc21806c887db544a316f3cb6b",
    urls = [
        "https://mirror.bazel.build/github.com/bazelbuild/rules_go/releases/download/↵
v0.27.0/rules_go-v0.27.0.tar.gz",
        "https://github.com/bazelbuild/rules_go/releases/download/v0.27.0/rules_go-↵
v0.27.0.tar.gz",
    ],
)

load("@io_bazel_rules_go//go:deps.bzl", "go_register_toolchains", "go_rules_dependencies")

go_rules_dependencies()

go_register_toolchains(
    go_version = "1.16.2",
)
```

　rules_go[注10] は Go で書かれたソフトウェアのビルドのために必要なルール群をまとめたリポジトリ
です。

　2回目の load 文では、この rules_go から go_register_toolchains と go_rules_dependencies を読み
込み、その後、それら2つの命令を呼び出しています。前者の go_register_toolchains はビルドで用
いる Go のツールチェインを登録するための命令であり、後者の go_rules_dependencies は Go のビル
ドルール自体が必要としている外部依存を登録するためのルールです。Go で書かれたソフトウェア
を Bazel でビルドする場合、基本的にはこの2つの命令の呼び出しを WORKSPACE ファイルに記述
する必要があります。

　Bazel を用いてソフトウェアをビルドするためには、各パッケージに BUILD.bazel ファイルを配置
し、そのパッケージが依存しているパッケージを記述する必要があります。これにより依存関係を鑑

注10　https://github.com/bazelbuild/rules_go

みた効率的なビルドが可能となるのですが、この依存関係をすべてのパッケージに対して手で書き下すのは労力がかかります。そこで、Bazel公式からGoで書かれたソフトウェアに対してBUILDファイルを自動生成するためのgithub.com/bazelbuild/bazel-gazelle（以下、gazelle）[注11] が提供されています。gazelleもextensionとして提供されており、**リスト1.7.2**のような内容をWORKSPACEファイルに記述することで利用できます。

▼リスト1.7.2　gazelleを利用する（WORKSPACEファイルへの記述内容）

```
http_archive(
    name = "bazel_gazelle",
    sha256 = "62ca106be173579c0a167deb23358fdfe71ffa1e4cfdddf5582af26520f1c66f",
    urls = [
        "https://mirror.bazel.build/github.com/bazelbuild/bazel-gazelle/releases/↗
download/v0.23.0/bazel-gazelle-v0.23.0.tar.gz",
        "https://github.com/bazelbuild/bazel-gazelle/releases/download/v0.23.0/bazel-↗
gazelle-v0.23.0.tar.gz",
    ],
)

load("@bazel_gazelle//:deps.bzl", "gazelle_dependencies")

gazelle_dependencies()
```

ここでは前述したhttp_archiveとloadを用いてgazelleを読み込み、gazelle_dependenciesを用いてgazelle自身が必要としている外部依存を登録しています。これに加えて、**リスト1.7.3**のような記述を、プロジェクトのルートディレクトリに配置したBUILD.bazelファイルに記述します。

▼リスト1.7.3　gazelleを利用する（BUILD.bazelファイルへの記述内容）

```
load("@bazel_gazelle//:def.bzl", "gazelle")

# gazelle:prefix github.com/cloudspannerecosystem/wrench
gazelle(name = "gazelle")
```

その後、次のコマンドを実行すると、作成した各パッケージのディレクトリにそのパッケージの依存パッケージが記述されたBUILD.bazelファイルが自動生成されます。

```
// (1) gazelleでBUILD.bazelを自動生成
$ bazel run //:gazelle
```

[注11] https://github.com/bazelbuild/bazel-gazelle

たとえば、Wrench内のgithub.com/cloudspannerecosystem/wrench/pkg/spannerパッケージには**リスト1.7.4**のような内容を含んだBUILD.bazelファイルが自動生成されます。

▼リスト1.7.4　gazelleで自動生成されたBUILD.bazelファイル

```
go_library(
    name = "go_default_library",
    srcs = [
        "client.go",
        /*（略）*/
    ],
    importpath = "github.com/cloudspannerecosystem/wrench/pkg/spanner",
    visibility = ["//visibility:public"],
    deps = [
        "@com_google_cloud_go//spanner:go_default_library",
        /*（略）*/
    ],
)
```

Goではgo.modを用いて依存モジュールを管理してビルドに用いますが、BazelでのビルドではBazel自体が依存モジュールを管理するので、go.modの内容をBazelに認識させる必要があります。gazelleはこれを自動化する機能も提供しています。次のようなコマンドを実行することで、go.modから依存モジュールを読み込み、WORKSPACEファイルに書き出せます。

```
// （2）依存モジュールの書き出し
$ bazel run //:gazelle -- update-repos -from_file=go.mod
```

これにより、WORKSPACEファイルにgo_repositoryというGoの依存モジュールを登録するための命令が記述されます。WORKSPACEファイルに全依存モジュールが記述されることになり可読性が低くなってしまうことが懸念される場合は、前述したgazelleのupdate-reposコマンドの引数にto_macro引数を与えることで、別ファイルにextensionとして書き出すことも可能です。

先述の（1）のgazelleの実行によりmain.goと同じディレクトリに存在するBUILD.bazelに**リスト1.7.5**の命令が追記されます。

▼リスト1.7.5　Goの依存モジュールを登録する命令が追記される

```
go_library(
    name = "go_default_library",
    srcs = ["main.go"],
    importpath = "github.com/mercari/wrench",
```

```
    visibility = ["//visibility:private"],
    deps = [
        "//cmd:go_default_library",
        "//pkg/spanner:go_default_library",
    ],
)

go_binary(
    name = "wrench",
    embed = [":go_default_library"],
    visibility = ["//visibility:public"],
)
```

go_binaryがバイナリを生成するためのルールです。これをもとに次のコマンドを実行することで実行可能なバイナリがbazel-binディレクトリ配下に生成されます。

```
$ bazel build //:wrench
```

1.7.4 まとめ

本節では、Cloud Spanner上のDBスキーマを管理するために自作したWrenchとその実装について解説しました。BazelはEnvoy Proxy[注12]などの著名なOSSでも採用されてきており、近年では複数のプロジェクトを1つのリポジトリにまとめて管理するMonorepoの文脈でも利用されることが多くなってきています。みなさんもぜひ、Bazelを使ってGoのプログラムをビルドしてみてください。

■本節で紹介したパッケージ、ライブラリ、ツール

- Bazel（https://bazel.build）

- github.com/bazelbuild/bazel-gazelle（https://pkg.go.dev/github.com/bazelbuild/bazel-gazelle）

- github.com/bazelbuild/rules_go（https://pkg.go.dev/github.com/bazelbuild/rules_go）

注12　https://www.envoyproxy.io

1.8 ビットコインメッセージの変換関数の生成

Author 十枝内 直樹

Repository bitcoin-coding (https://github.com/t10471/bitcoin-coding)

Keywords ビットコイン、コード自動生成、抽象構文木、AST、go/astパッケージ

1.8.1 コードの自動生成

Goは Stringer[注1] をはじめ、プログラムでソースコードの自動生成を行う文化があります。自動生成できるようになると、Goにおける開発の可能性が広がります。

筆者は、Bitcoinプロトコルのメッセージ構造体の AST（Abstract Syntax Tree、抽象構文木）を解析してデコード関数を自動生成する機能を作成しましたので、本節ではその実装と処理内容を解説します。紙面の都合上省略した箇所がありますが、完全なプログラムはGitHub[注2] 上にあります。

1.8.2 ビットコイン（Bitcoin）とは

Bitcoinと言われる暗号資産（暗号通貨）は、Bitcoinの送金ログ（トランザクション）をコンセンサスプロトコルで承認し、ブロックチェーンという構造で保存することで資産として成り立っています（参考にBitcoinの用語を**表1.8.1**に整理します）。

注1 定数の定義から定数名の文字列を取得する関数を自動生成するコマンド。
https://pkg.go.dev/golang.org/x/tools/cmd/stringer?tab=doc
注2 https://github.com/t10471/bitcoin-coding

▼表 1.8.1　Bitcoin 用語

用語	意味
トランザクション	送金のログ
ブロック	トランザクションをまとめたもの、最大サイズは 1MB
ブロックチェーン	ブロックのハッシュを次のブロック内に持つことでチェーンのように連結されたデータ構造
コンセンサスプロトコル	どのブロックを次のブロックに連ねるかを合意するプロトコル

　Bitcoin は Peer to Peer アプリケーション（分散アプリケーション）であり、TCP プロトコルの上に独自のプロトコルを定義してメッセージを送受信することで成り立っています。メッセージにはノードの同期やトランザクションの伝播などがあります。それらはプロトコル仕様書になっています[注3]。メッセージはバイナリでやりとりされるため、メッセージの送信受信を行うには、エンコード／デコード関数を記述する必要があります。執筆時点で、Bitcoin では 27 種類のメッセージがあります[注4]。

　Bitcoin でのノード接続からブロックの取得までは**表 1.8.2** に挙げたメッセージが使われます。

▼表 1.8.2　代表的なメッセージ

メッセージタイプ	目的
version	自ネットワークアドレス情報（IP など）や、どのブロックまで保持しているかを伝える
getaddr	接続先ノードに既知のノード一覧を問い合わせる
getblocks	接続先ノードからブロックのハッシュ一覧を取得する
inv	getblocks を送った相手が知らないブロックのハッシュの配列を送る
getdata	接続先ノードにほしいブロック情報を伝える
block	接続先ノードが getdata でリクエストした block 情報を返す

1.8.3　Bitcoin のプロトコルの特徴

プロトコル仕様書によると、Bitcoin のメッセージには次の特徴があります。

- エンディアンが型によって異なる（数値型はリトルエンディアンでほかはビッグエンディアン）
- 数値は整数型のみ（浮動小数点型は存在しない）
- ほかのフィールドによって長さが指定される可変長配列が存在する

[注3] https://en.bitcoin.it/wiki/Protocol_documentation
[注4] 執筆時点での、プロトコルドキュメントの最終更新日時は 2021/4/12 19:28。

・ var_intというサイズが変わる特殊な数値型がある

表1.8.3はプロトコル仕様書に書かれているblockメッセージの構造になります。フィールド名と型はリファレンス実装[注5]で使われているもので、C言語（C99）の形式です。

▼表1.8.3　blockメッセージ構造

フィールド名	型	コメント
version	int32_t	ブロックを生成したソフトウェアのversion
prev_block	char[32]	前のブロックのハッシュ
…省略…		
txn_count	var_int	ブロックにあるトランザクションの数
txns	tx[]	ブロックの配列

表1.8.3のblockメッセージの構造体にはtx[]型などさまざまな型が存在しますが、各型はさらに別の型から構成されており、最小分解単位はuint32_tやbyte[]などになります。また、txn_countフィールドがtxnsフィールドの配列の長さを示すことで可変長配列を表現しています。

var_int型は、値の大きさによりバイト数が変わる型になります。

1.8.4　実装

今回作成した機能は次のようなものです。

```
$ go generate -run "coding -t MsgBlock"
```

上記コマンドを実行すると、カレントディレクトリにあるパッケージのASTを取得します。さらにその中から-tオプションで指定した構造体（上記例ではMsgBlock構造体）のASTを取得し、その情報をもとにデコード関数を自動生成します。

構成

ディレクトリ構成は**図1.8.1**としました。

注5　https://en.bitcoin.it/wiki/Original_Bitcoin_client

▼図 1.8.1　ディレクトリ構成

```
├── cmd              // go generateのメイン関数とテンプレート
│   ├── main.go
│   ├── info.go
│   └── tpl.go
├── basetype         // 元となる型のエンコード・デコード関数
│   └── types.go
└── message          // メッセージの構造体と自動生成される関数
    ├── block.go
    └── msg_block.go // 自動生成されたソース
```

cmd が go generate のメイン関数とテンプレートです。

今回は AST 解析の対象を message パッケージだけとして、ほかに使用するパッケージも basetype だけとしています。

message 配下には自動生成元になるメッセージ構造体があります。構造体中で使っている basetype. VarInt は basetype 配下にあります。

生成されるプログラム

MsgBlock という構造体を定義します（リスト 1.8.1）。

▼リスト 1.8.1　自動生成元になる構造体（message/block.go）

```
//go:generate coding -t MsgBlock
type MsgBlock struct {
    Header   BlockHeader
    TxnCount basetype.VarInt
    Txn      []MsgTx `coding-count:"TxnCount"`
}
```

Header フィールドは表 1.8.3 の version や prev_block を含む別の構造体です。この MsgBlock 構造体からデコード関数を生成します。

リスト 1.8.2 に MsgBlock から生成されるデコード関数を提示します。

▼リスト 1.8.2　自動生成されるデコード関数（message/msg_block.go）

```
func (m *MsgBlock) Decode(b_ *bytes.Buffer) error {
    // Header
    if err := m.Header.Decode(b_); err != nil {
        return err
    }
    { // TxnCount
```

```
      var err error
      m.TxnCount, err = basetype.DecodeVarInt(b_)
      if err != nil {
        return err
      }
    }
    { // Txn
      m_ := int(m.TxnCount)
      m.Txn = make([]MsgTx, m_)
      for i_ := 0; i_ < m_; i_++ {
        if err := m.Txn[i_].Decode(b_); err != nil {
          return err
        }
      }
    }
    return nil
}
```

　Headerフィールドのデコードは、別に自動生成した構造体のデコード関数を呼び出します。TxnCount
フィールドはbasetypeに定義しているDecodeVarIntを呼び出します。Txnフィールドも別に自動生成
されたTxnのDecode関数をTxnCountの値分呼び出します。

パッケージのASTを取得する

　冒頭で紹介したStringer（golang/tools/cmd/stringer/stringer.go）を参考に、ソースコードを
パースしASTを手に入れる処理を書いてみます（リスト1.8.3）。

▼リスト1.8.3　パッケージのAST取得処理（cmd/info.go）

```
type packageInfo struct {
  name  string
  files []*ast.File
}

func makePackageInfo(path string) (*packageInfo, error) {
  cfg := &packages.Config{
    Mode:  packages.NeedName | packages.NeedSyntax,
    Tests: false,
  }
  packageList, err := packages.Load(cfg, path)
  // エラー処理
  // 実用のコードではpackageListの長さチェックをすること
  p := packageList[0]
  return &packageInfo{name: p.Name, files: p.Syntax}, nil
}
```

golang.org/x/tools/go/packagesにあるpackages.Load関数を使うと、パッケージ全体のASTが取得できます。packages.Load関数の引数のpackages.Configは次のとおりに設定します。

- Mode: packages.NeedName | packages.NeedSyntax：**パッケージ名とファイルごとのASTを取得**
- Tests: false：**関連するtestパッケージを取得しない**

makePackageInfo関数の引数には解析したいパッケージのパスが渡されます。ここで、取得されるパッケージは1つを想定しているので、1つではない場合はエラーとします。取得した情報をpackageInfoとして保持します。

構造体のASTを取得する

次に構造体のASTを取得します（**リスト1.8.4**）。

▼リスト1.8.4　構造体情報取得処理（cmd/info.go）

```
type typeInspector struct {
  typeName string
  typeSpec *ast.TypeSpec
}

func (p *packageInfo) findTypeSpec(typeName string) (*ast.TypeSpec, error) {
  ti := &typeInspector{typeName: typeName}
  for _, file := range p.files {
    if file == nil {
      continue
    }
    ast.Inspect(file, ti.inspect)
    if ti.typeSpec != nil {
      return ti.typeSpec, nil
    }
  }
  return nil, errors.New("not found type")
}
```

構造体の情報はTypeSpecというtype宣言の情報を保持しているASTノードにあります。目的のASTを見つけるためにast.Inspectという関数を使用します。ASTに関する構造体やインタフェースは標準のgo/astパッケージにあります。

　ast.Inspect関数の引数としてルートのASTノードとASTを調べる関数を渡すと、再帰的にノードを巡回します。ast.Inspect関数で発見した情報を保存しておくためにtypeInspectorという構造体を定義します。この構造体はinspect関数と見つけたTypeSpecを保持します。findTypeSpec関数では、このtypeInspector構造体を活用してファイル別にast.Inspectを実行します。そして、引数

typeNameで指定した名称の構造体を見つけたら*ast.TypeSpecを返します。

inspect関数

inspect関数を見ていきます（**リスト1.8.5**）。

▼リスト1.8.5　inspect関数（cmd/info.go）

```go
func (t *typeInspector) inspect(node ast.Node) bool {
  decl, ok := node.(*ast.GenDecl)
  if !ok || decl.Tok != token.TYPE {
    return true
  }
  for _, spec := range decl.Specs {
    typeSpec, ok := spec.(*ast.TypeSpec)
    if !ok {
      continue
    }
    if typeSpec.Name.String() != t.typeName {
      continue
    }
    t.typeSpec = typeSpec
    return false
  }
  return true
}
```

　渡される引数はast.Nodeです。ast.Nodeは抽象構文木の各ノードです。今回は構造体宣言を抽出したいので、*ast.GenDecl（generic declaration node）かどうかをキャストで判定し、TokがTYPEである宣言ノードを抽出します。Tokはtokenパッケージに定義されているToken型です。TYPEはtype宣言であることを意味します。GenDeclでTYPEであれば、SpecsにSpecと言われる単一のノード情報のスライスを保持しています。その中から目的のTypeSpecを見つけます。

フィールド情報を取得する1

　次に取得した構造体情報からフィールド情報を取得していきます（**リスト1.8.6**）。

▼リスト1.8.6　フィールド情報を取得する処理1（cmd/info.go）

```go
type StructureInfo struct {
  TypeName      string
  ReceiverChar  string
  FieldInfoList []*fieldInfo
```

```
}

func makeStructureInfo(ts *ast.TypeSpec, typeName string) (*StructureInfo, error) {
  structType, ok := interface{}(ts.Type).(*ast.StructType)
  if !ok { /* エラー処理 */ }
  si := &StructureInfo{
    TypeName:       typeName,
    ReceiverChar:   string(strings.ToLower(typeName)[0]),
    FieldInfoList: make([]*fieldInfo, 0, len(structType.Fields.List)),
  }
  for _, fi := range structType.Fields.List {
    fi, err := makeFieldInfo(fi)
    if err != nil { /* エラー処理 */ }
    si.FieldInfoList = append(si.FieldInfoList, fi)
  }
  return si, nil
}
```

　まず、構造体情報を保持するための構造体とフィールドのタイプを定義します。構造体情報として
は、構造体名とレシーバとして使用する文字とフィールド情報の配列を保持します。レシーバとして
使用する文字は構造体名の頭文字とします。

　TypeSpec が構造体ではない場合があるので（type Hoge int など）、その場合はエラーとします。構
造体であれば、フィールドを保持しているので Fields.List でフィールド情報を取得します。

フィールド情報を取得する 2

　fieldInfo にフィールドの情報を保存します（**リスト 1.8.7**）。

▼リスト 1.8.7　フィールド情報を取得する処理 2（cmd/info.go）

```
type FieldType int

//go:generate stringer -type=FieldType
const (
  FieldTypeSlice FieldType = iota
  FieldTypeStructure
  FieldTypeBaseType
)

type fieldInfo struct {
  FieldName       string
  TypeName        string
  FieldType       FieldType
  SliceCountName string
  BaseTypeName    string
```

```
}
func makeFieldInfo(field *ast.Field) (*fieldInfo, error) {
  typeName, err := exprToTypeName(field.Type)
  if err != nil { /* エラー処理 */ }
  // 構造体の埋め込みの場合エラーにする処理を省略
  fi := &fieldInfo{
    TypeName:  typeName,
    FieldName: field.Names[0].String(),
    FieldType: FieldTypeStructure,
  }
  tg := &tag{}
  if err := tg.parse(field.Tag); err != nil { /* エラー処理 */ }
  if _, isSlice := field.Type.(*ast.ArrayType); isSlice {
    fi.FieldType = FieldTypeSlice
    if tg.countName == "" { /* エラー処理 */ }
    fi.SliceCountName = tg.countName
  } else if isBaseType(fi.TypeName) {
    fi.FieldType = FieldTypeBaseType
    s := strings.ReplaceAll(fi.TypeName, "basetype.", "")
    fi.BaseTypeName = s
  }
  return fi, nil
}
```

FieldTypeとして、スライス、構造体、ベース型の3種類を定義します。スライスはSliceCountNameが必須で、ベース型はデコード関数を持っている型でBaseTypeNameを必須とします。

　紙面の都合上、exprToTypeName関数とtg.parse関数のコードの掲載は省略します。exprToTypeName関数は、型を文字列に変換する関数です。今回は構造体の埋め込み対応をしないため、フィールド名がなければエラーとします。

　次にtagのparse関数でタグをパースします。タグにいろいろな情報を付加することで、複雑な自動生成ができるようになります。今回は、スライスの長さ保持するcoding-countタグ定義します。coding-countタグの値はSliceCountNameに代入します。

　そして、FieldTypeの判定をします。スライスならFieldTypeSlice、ベース型ならFieldTypeBaseType、それ以外はFieldTypeStructureとします。*ast.ArrayTypeに変換できればスライスとしています。isBaseTypeは単純にTypeNameが"basetype.Uint32"などベース型の文字列かどうか判定している処理なので、コードの掲載は省略します。

ベース型のデコード関数を定義する

　ベース型のデコード関数は**リスト1.8.8**のようになります。紙面の都合上DecodeUint32のみ掲載します。

▼ リスト 1.8.8　ベース型のデコード（basetype/types.go）

```
type (
  Uint32    uint32
)

func DecodeUint32(buf *bytes.Buffer) (Uint32, error) {
  b := make([]byte, 4)
  if _, err := io.ReadFull(buf, b); err != nil { /* エラー処理 */ }
  rv := binary.LittleEndian.Uint32(b)
  return Uint32(rv), nil
}
```

テンプレート

生成するプログラムはテンプレートを使って生成します（**リスト 1.8.9**）。

▼ リスト 1.8.9　テンプレート（cmd/tpl.go）

```
var tpl = `
{{- $gStructureInfo := .StructureInfo }}
{{- $gTypeName := $gStructureInfo.TypeName }}
{{- $r := $gStructureInfo.ReceiverChar }}

// Code generated by "cofing -t {{ $gTypeName }}"; DO NOT EDIT.
package {{ .PackageName }}

/* import省略 */

func ({{ $r }} *{{ $gTypeName }}) Decode(b_ *bytes.Buffer) error {
  {{- range $gStructureInfo.FieldInfoList }}
  // {{ .FieldName }}
  {{- if eq .FieldType.String "FieldTypeSlice" }}
  {
    m_ := int({{ $r }}.{{ .SliceCountName }})
    {{ $r }}.{{ .FieldName }} = make({{ .TypeName }}, m_)
    for i_ := 0; i_ < m_; i_++{
      if err := {{ $r }}.{{ .FieldName }}[i_].Decode(b_); err != nil {
        return err
      }
    }
  }
  {{- else if eq .FieldType.String "FieldTypeStructure" }}
  if err := {{ $r }}.{{ .FieldName }}.Decode(b_); err != nil {
    return err
  }
  {{- else if eq .FieldType.String "FieldTypeBaseType" }}
  {
    var err error
```

```
    {{ $r }}.{{ .FieldName }}, err = basetype.Decode{{ .BaseTypeName }}(b_)
    if err != nil {
      return err
    }
  }
  {{- end }} {{ /* .if */ }}
  {{- end }} {{ /* .FieldInfoList */ }}
  return nil
}
`
```

　テンプレートにはパッケージ名と前に作成したStructureInfoを渡します。テンプレートではおもにFieldType別にデコードする処理を記述します。

メイン関数

　リスト1.8.10は、これまでに記載したプログラムを実際に呼び出す処理になります。

▼リスト1.8.10　メイン関数（cmd/main.go）

```
package main

/* import省略 */

var pathValue = "."
var typeName *string

func main() {
  /* フラグパース省略 */
  /* 各エラー判定は省略 */
  pkg, err := makePackageInfo(pathValue)
  ts, err := pkg.findTypeSpec(typeName)
  si, err := makeStructureInfo(ts, typeName)
  // テンプレートのレンダリングとファイル出力
  t, err := template.New("coding").Parse(tpl)
  src := new(bytes.Buffer)
  st := struct {
    PackageName   string
    StructureInfo *StructureInfo
  }{pkgName, si}
  if err := t.Execute(src, st); err != nil { /* エラー処理 */ }
  /* 出力ファイル名を作成する処理は省略 */
  err = ioutil.WriteFile(fname, src.Bytes(), 0644)
}
```

　その後、テンプレートのレンダリングとファイル出力を行います。

以上でプログラムが完成しました。**図1.8.2**の手順でビルドしてgo generateを実行すると、**リスト1.8.2**のデコード関数が生成されます。

▼図1.8.2　バイナリの生成とデコード関数の生成

```
$ go install github.com/t10471/bitcoin-coding/cmd/coding
$ cd message
$ go generate -run "coding -t MsgBlock"
```

1.8.5　まとめ

本当は、もっと複雑な自動生成処理を書きたかったのですが、紙面の都合上、書くことができず一番シンプルなものだけとなってしまいました。ただ、ASTを解析して自動生成するプログラムの雰囲気はつかめたのではないでしょうか？

一度、ASTを扱ったプログラムを記述すると、自動生成のコードを書くハードルが下がると思いますので、ぜひ試してみてください。

■ 本節で紹介したパッケージ、ライブラリ、ツール
- go/ast（https://pkg.go.dev/go/ast）
- golang.org/x/tools/go/packages（https://pkg.go.dev/golang.org/x/tools/go/packages）

■ ステップアップのための資料
- GoのAST全部見る（https://monpoke1.hatenablog.com/entry/2018/12/16/110943）
- プログラミング言語Go完全入門　14. 静的解析とコード生成（https://tenn.in/analysis）

1.9 条件を柔軟に変えられる リトライライブラリ

Author　田村 弘

Repository　Retry（https://github.com/rossy0213/retry）

Keywords　リトライ、ライブラリ作成、functional-options pattern、コンテキスト、contextパッケージ、冪等性、Exponential Backoff、Jitter、リトライストーム、サーキットブレッカー、マイクロサービス、サービス安定化

1.9.1 リトライの意義

　昨今では、マイクロサービスアーキテクチャがトレンドになり、弊社（株式会社メルペイ）もそれを採用しています。マイクロサービスにおいて、各マイクロサービスのサーバが点となり、ネットワークを構成してリクエストを捌いています。1つの処理で利用する点が多ければ多いほど、予測困難な障害が起きやすいです。その中で代表的なものとして、サービスが高負荷時の不調や、リクエストの損失による一時的障害が挙げられます。一時的障害は時間が経てばシステムは自動的に正常に戻ります。その後、失敗したリクエストをリトライすれば成功する可能性が高いです。

　本節では、一時的障害が起きた際によく採られる対応方法であるリトライ実行時の注意点や弊社におけるリトライの応用例について述べながら、Goで対応ライブラリをどう実装するのかを紹介します。なお、紙面の都合上で本節に書かれるソースコードは一部を省略して提示しています。全体のソースコードはGitHub[注1]を参照してください。

　本節は次のような方にお勧めです。

- Goで何かサービスを開発している方
- より安定したサービスを作りたい方

[注1]　https://github.com/rossy0213/retry

1.9.2　リトライとは

　ここでのリトライは処理の再実行のことを指しています。たとえば、サーバにリクエストをし、500 internal server errorが返ってきたとき、もう一度サーバに同一のリクエストを行うことをリトライと言います（**図1.9.1**）。

▼図1.9.1　シンプルなリトライ例

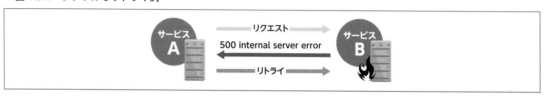

リトライの注意点

　処理が失敗したならばすべて再実行すればいいというわけではありません。障害が起きたサービスに対して計画なしでリトライすることは、そのサービスが依存するさまざまなサービスに高い負荷をかけ続けることになります。

　たとえば、**図1.9.2**の構成のサービスにおいて、サービスAは失敗したリクエストをクライアントに返す前にすべてリトライをすると、通常のリクエスト＋リトライ分のリクエストをサービスBとその依存先に対して送ることになり、負荷をかけてしまいます。

▼図1.9.2　リトライで広範囲の障害を起こすイメージ図

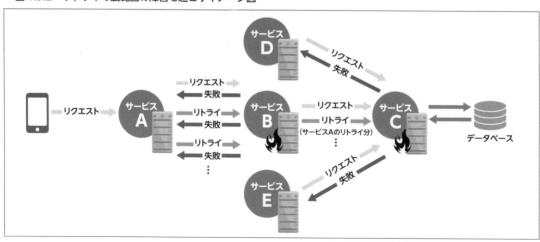

ここで、サービスBに何らかの長時間の障害が発生したとします。リトライしても失敗するので、リトライによるリクエスト数が増え続けます。やがてサービスCも増えたサービスBからのリクエストによって高負荷になり、ほかにサービスCに依存するサービスD、Eにも影響を与える可能性があります。

このように、性急過ぎるリトライによりサービスBの障害がサービス全体に影響を与えてしまうことを防がなければなりません。解決方法として、障害が発生しているサービスを検知して、アクセスを遮断するサーキットブレーカーというしくみもありますが、本節では割愛し、負荷になり過ぎないようにリトライする方法を紹介します。

1.9.3　うまくリトライするためのポイントと実装

この項ではうまくリトライする際のやり方について紹介しながら、Goでリトライするライブラリを作成していきます。

リトライを導入する前の注意点

リトライをする前に、まず注意しないといけないことが2つあります。

外部サービスのSDK（Software Development Kit）を利用している場合、SDKの中にはあらかじめそのサービスに適したリトライを備えていることが多いです。自前のリトライ処理とSDKのリトライ処理を重ねるとリトライする回数が定数倍に増えるので、自分たちでリトライを入れる際に、一度利用するSDKの中身を確認する必要があります。

もう1つはリクエスト先が二重処理を許していないにもかかわらず、冪等性（べきとうせい）に対応していない場合です。冪等性というのは、一度処理したリクエストに対して、同じリクエストが来た際に、一度処理した結果をそのまま返すという性質です。たとえば、**図1.9.3**のように1回目のリクエストでリクエスト先は正常の失敗結果を返したが、ネットワークの障害でクライアントに届かなかった場合、同じ内容でリトライすると二重処理エラーが発生します。

▼図1.9.3　二重処理エラーが起きるイメージ図

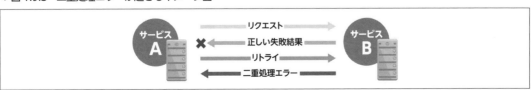

　これでは期待していない結果が返ってくるので、不整合が起きたり、うまくエラーハンドリングできなくなったりします（本題から少し逸れますが、筆者の経験上、二重処理を許さないシステムなら、冪等性を担保すべきです）。

リトライする基準

　リトライをする際に、そもそも一時的障害であるかどうかを確認する必要があります。たとえば、リクエスト先が長時間のメンテナンス中であれば、リトライしても成功しません。予測できる限りのエラーをあらかじめ定義し、メンテナンス中のエラーならリトライしない、タイムアウトエラーならリトライする、というように定義すれば良いのです。

作成するライブラリについて

　筆者の業務においては、タイムアウトやリクエストの衝突エラーなど複数種類の一時的障害に対応することが多く、かつ処理内容によってはリトライすべき条件も変わるため、ライブラリ内部で条件を共通化することは難しいです。そのため、使い手がリトライ処理を定義するたび、リトライ条件をそれに合わせて設定できるようにライブラリを作成しています（**リスト 1.9.1**）。

▼リスト 1.9.1　retry.go

```go
// 使い手に定義してもらうリトライ可能かを判別する関数
type checkRetryable func(error) bool
// リトライでカバーしたい処理
type retryableFunc func() error

func Do(fn retryableFunc, ops ...Option) error {
  eb := DefaultExponentialBackoff()
  for _, op := range ops {
    op(eb)
  }

  if ctx == nil {
    ctx = context.Background()
  }
  be := withContext(ctx, eb)
  /* （略） */

  for {
    /* （略） */
    // 処理にエラーが発生していなければその処理を終了
    if err = fn(); err == nil {
      return nil
    }
    // リトライできない場合はerrを返して処理終了
    if !be.checkRetryable(err) {
```

```
        return err
    }
    // リトライできるならこのまま継続
    /*（略）*/
  }
}
```

ライブラリ内部では使い手から提供された判別関数の判別結果を利用しています。使い手が決めたリトライ可能かを判別する関数やリトライ回数などを含めたすべてのパラメータは、functional-options[注2]という実装パターンでライブラリ内部に反映できるようにしています。

使い方は**リスト 1.9.2**のように、リトライすべきエラーとリトライ可能かを判別する関数（1）を定義して、リトライでカバーしたい処理（2）とともにDoメソッドに渡します。

▼リスト 1.9.2　example.go

```
retryableErr1 := errors.New("timeout")
retryableErr2 := errors.New("abort")

// リトライ可能なエラーを判別する関数を定義する …(1)
func isRetryable(err error) bool {
  if err == retryable1 || err == retryable2 {
    return true
  }
  return false
}

func getString() (got string, err error) {
  err = retry.Do(
    // リトライでカバーしたい処理 …(2)
    func() error {
      got, err = doSomething()
      return err
    },
    // リトライ可能かを判別する関数
    retry.CheckRetryable(isRetryable),
  )
  /*（略）*/
}
```

（2）の結果がエラーだった場合、エラーは（1）の判別関数に渡されて、（1）の判別結果に従って（2）のリトライが行われます。

注2　https://github.com/tmrts/go-patterns/blob/master/idiom/functional-options.md

リトライの間隔

前述したように、リトライは障害が起きているサービスにさらに負荷を加える可能性があります。システムに復旧する時間を与えるために、リトライする前に待機時間を入れることで成功する可能性が高くなります。また、復旧にかかる時間は予測できないため、リトライした回数に合わせて待機する間隔を延ばすことで、適切な復旧時間を模索することができます。

間隔の増やし方

以下はよく利用される間隔の増やし方です。

- 加算方式：一定の規律で待機時間に加算をする（n はリトライした回数）
  - 例 1：100ms, 300ms, 500ms,……
    （一般項 $200n + 100$ の数列のように）（$n = 0, 1, 2, 3,$……）
  - 例 2：100ms, 100ms, 300ms, 700ms,……
    （一般項 $100 \times (n^2 - n + 1)$ の数列のように）（$n = 0, 1, 2, 3,$……）
- 指数関数的後退（Exponential backoff[注3]）：乗数倍で待機時間を増やしていく
  - 例：50ms, 100ms, 200ms, 400ms,……
    （一般項 $100 \times 2^{(n-1)}$ の数列のように）（$n = 0, 1, 2, 3,$……）

しかし、これではまだ問題があります。たとえば、同時に多くのリクエストが失敗した際、同じ戦略で待機時間が計算されるので、図 1.9.4 のグラフのように、同じタイミングにリトライされて、一気にリクエスト先に負荷をかけてしまいます。

▼図 1.9.4　jitter なしの場合待機時間（点の色が明るいほど密度が高い）

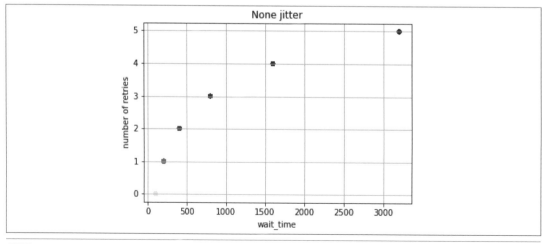

注3　https://en.wikipedia.org/wiki/Exponential_backoff

　間隔の算出にjitter（タイミングのずれ）を取り入れて待機時間に揺らぎをもたせることで、これを緩和することができます。要は待機時間を一定の振れ幅の中でランダムに増減させて、リトライのタイミングをずらすということです。jitterを導入することで、**図1.9.5**のように、同時に失敗した複数のリクエストのリトライのタイミングが分散されることが期待できます。

▼図1.9.5　jitterありの場合の待機時間（点の色が明るいほど密度が高い）

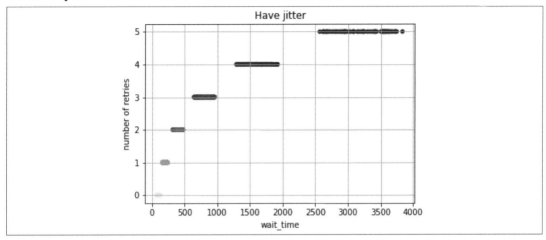

作成するライブラリについて

　間隔の増やし方は業務でおもに利用しているExponential backoffとjitterを組み合わせたものを組み込んでいます（**リスト1.9.3**）。

▼リスト1.9.3　exponential_backoff.go

```go
// 算出に必要なパラメータ
type exponentialBackoff struct {
  interval        time.Duration
  maxJitterInterval time.Duration
  maxInterval     time.Duration
  /*（略）*/
}

// デフォルトの値で作った構造体を返す
func DefaultExponentialBackoff() *exponentialBackoff {
  return &exponentialBackoff{
  /*（略）*/
  }
}
/*（略）*/
```

　また、間隔の算出方法を追加できるように、間隔算出メソッドNext()を持つインタフェースを定義

して利用しています（**リスト 1.9.4**）。

▼リスト 1.9.4　backoff.go

```
type Backoff interface {
  Next() time.Duration
}
```

　使い方を**リスト 1.9.5** に示します。変更したいパラメータを渡すことで待機時間を自由に調節できます。

▼リスト 1.9.5　example.go（リトライの間隔を指定する例）

```
func getString() (got string, err error) {
  err = retry.Do(
    /* （略） */
    // 変更が必要なパラメータを調節する
    retry.Interval(100 * time.Microsecond),
    retry.MaxJitterInterval(100 * time.Microsecond),
  )
  /* （略） */
}
```

リトライする回数

　リトライに成功しないと無限にリトライされて処理資源を占有し続けるため、リトライする上限数を決めるべきです。ここでは、タイムアウトをしない場合、つまりリトライ回数で処理をあきらめる方針について検討します。

　タイムアウトを持つ処理ならば、タイムアウト後にキャンセル処理が入ることで、多少リトライする数を大きくしても問題はありません。

　筆者は業務において、リトライの待機時間の合計値がクライアントのタイムアウト値と近い数値になるように設定しています。

作成するライブラリについて

　リトライの待機時間を計算する際に、実はリトライできる回数とリトライした回数も必要なため、先述した構造体に入れています（**リスト 1.9.6**）。

▼リスト 1.9.6　exponential_backoff.go

```go
type exponentialBackoff struct {
  maxRetryTimes uint
  /* (略) */
}
```

また、無限にリトライしないように、デフォルトで 10 を入れるようにしています。

待機時間を決めるパラメータと同じように、リトライ回数の上限も同じ渡し方で設定できます（**リスト 1.9.7**）。

▼リスト 1.9.7　example.go（リトライする回数を指定）

```go
func getString() (got string, err error) {
  // リトライの最大回数を定義する
  maxRetryTimes := uint(100)
  err = retry.Do(
    /* (略) */
    retry.MaxRetryTimes(maxRetryTimes)
  )
  /* (略) */
}
```

リトライの応用例

　筆者が業務において、全リクエストのレスポンス時間を大きい順に並べたときに、上位 1% は極端に遅く平均 1s（秒）かかり、残り 99% は平均 200ms 以内であることがわかりました。このとき、あるリクエストが 400ms 経っても処理が終わらなかった場合、とくに遅い 1% のリクエストになる可能性が高いと考えられます。このようなレスポンスが比較的に遅いリクエストを少しでも早く返すために、リトライの処理を応用することがあります。具体的には、処理に 400ms 以上かかっているリクエストを切り上げて、99% の処理のように平均 200ms 以内に返ってくることを期待して先にリトライを行います。

　この戦略を行う際に次の注意点があります。

- リトライの待機時間もレスポンス時間に加算されるので、待機時間を短くしたりする必要がある。これにより短時間でリトライが増えるので、濫用してはいけない
- 処理が遅いのは単純に処理内容が多い可能性もあるので、効果があるかどうかのモニタリングが必要

作成するライブラリについて

タイムアウトとキャンセル処理を扱うため、標準ライブラリのcontext注4を利用します。間隔の算出については、exponentialBackoffとContextを両方持つ構造体を作成し、インタフェースBackoffを満たすようにメソッドNext()を追加して、Next()内でexponentialBackoffに含まれるパラメータとContextに含まれるTimeoutの値を利用して求めます（**リスト 1.9.8**）。

▼リスト 1.9.8　context.go

```
type backoffWithContext struct {
  *exponentialBackoff
  ctx context.Context
}

func (bc *backoffWithContext) Next() time.Duration {
  /* （略） */
}
```

あとはチャネルを利用すれば、待機している間にcontextのキャンセル処理が入っても、リトライ処理をうまく中断できます（**リスト 1.9.9**）。

▼リスト 1.9.9　retry.go（リトライの中断）

```
func DoWithContext(ctx context.Context, fn RetryableFunc, cfs ...Config) error {
  /* （略） */
  for {
    /* （略） */
    select {
    case <-ctx.Done():
      return ctx.Err()
    case <-timer.C():
    }
  }
}
```

上で述べた戦略の実装例

リトライを含めた全体の処理に制限時間を入れるため、タイムアウト値を持つparentCtxを生成します。次に、parentCtxで短めのタイムアウト値を持つreqCtxを生成してリクエストを行います。リクエスト先でのタイムアウト値はreqCtxに依存しているため、早めのリトライに入ります。短めのタイムアウトを入れているため、リトライするたびにサービスの平均レスポンス時間に合わせてタイム

注4　https://pkg.go.dev/context

アウト値を延ばしていきます。**図1.9.6**のように、最終的なレスポンス時間はリトライする間の待ち時間も含まれるため、リトライする間隔を短くしています。

▼図1.9.6　レスポンス時間の内訳

また、リトライしている間に、parentCtxが先にキャンセル処理に入る可能性があるため、parentCtxも渡しています。

リスト1.9.10で示したgetString()では、リトライを含めた処理全体の制限時間を30s（秒）として、最初のリクエストが400ms経ってもレスポンスがない場合、リクエストを切り上げてリトライを行います。

▼リスト1.9.10　example.go（リクエストを切り上げてリトライする処理を実装）

```go
func getString() (got string, err error) {
  // 短めの待機時間を設定する
  interval := 20 * time.Millisecond
  maxJitterInterval := 10 * time.Millisecond
  // 親Contextを作成する
  parentCtx, cancel := context.WithTimeout(
    context.Background(),
    30 * time.Second,
  )
  defer cancel()
  timeout := 400 * time.Millisecond
  err = retry.DoWithContext(
    parentCtx,
    func() error {
      // タイムアウトを持つ子Contextを取得する
      reqCtx, cancel := context.WithTimeout (parentCtx, timeout)
      defer cancel()
      // 失敗するたびタイムアウト値を増やす
      timeout = timeout * 2
      got, err = getFromAPI(reqCtx)
      return err
```

```
      },
      retry.Retryable(func(err error) bool {
        if err == DeadlineErr {
          Return true
        }
        return false
      }),
      retry.Interval(interval),
      retry.MaxJitterInterval(maxJitterInterval),
    )
    if err != nil {
      return nil, err
    }
    return got, nil
  }

  // リクエスト先の模擬実装
  func getFromAPI(ctx context.Context) (got string, err error) {
    t := time.NewTimer(500 * time.Millisecond)
    select {
    case <-ctx.Done():
      return got, ctx.Err()
    // 0.5秒経つと発火するので、1回目のリクエストでは発火しない
    case <-t.C:
      return "got", nil
    }
  }
```

　最初の待機時間は 20 − Jitter［ms］と 20 ＋ Jitter［ms］間でランダムに決められた値になります。失敗するたびにreqCtxのタイムアウトを定数倍、待機時間を乗数倍して増やしていてリトライを繰り返します。そして、全体で 30s（秒）が経っても処理が正常に完了しなければ、タイムアウトエラーをgetString()の呼び出し元に返します。

　最終的に、図1.9.7のようなフローチャートで動くライブラリになりました（待機時間算出以降をパラレルで表現していますが、実際はtimer.C()とcontext.Done()のどちらか先にメッセージを受信したほうが発火します）。

▼図1.9.7　作成したライブラリのフローチャート

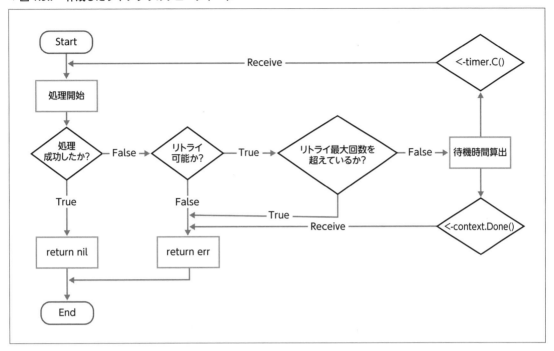

1.9.4　まとめ

　本節では、サービスを開発している方なら誰でも一度は悩まされるであろう一時的障害に対して、効果的なリトライについて紹介しました。

　作成したライブラリの汎用性はまだ低いですが、利用するサービスに特化したリトライライブラリを作るための参考になるのではないかと思います。また、もし何かご意見やご指摘がありましたらぜひissueをいただきたいです。

　みなさんもぜひ、リトライを入れて、サービスの安定化につながるか試してみてください。

■本節で紹介したパッケージ、ライブラリ、ツール

・context（https://pkg.go.dev/context）

第2章

Go エキスパートたちの実装例 2
API 連携、他機能連携

2.1 Nature Remoによる家電の操作

Author	上田 拓也
Repository	Nature Remo API Client for Go （https://github.com/tenntenn/natureremo）
Keywords	Nature Remo、CLIツール、Web API連携、LINE Bot、Dialogflow、Cloud Datastore、Google App Engine、net/httpパッケージ

2.1.1 Nature Remoを使って家電を操作する

Nature Remoとは

Nature Remo[注1]は登録した家電をインターネット経由で操作可能にするスマートリモコンです（**写真 2.1.1**）。外出先から専用アプリを使ってエアコンなどを操作できます。エアコンだけではなく、テレビなどの赤外線で操作可能な家電であれば登録できます。また、Google HomeやAmazon Echoに対応しており、スマートスピーカー経由で音声操作をすることができます。

▼写真 2.1.1　Nature Remo を設置している様子

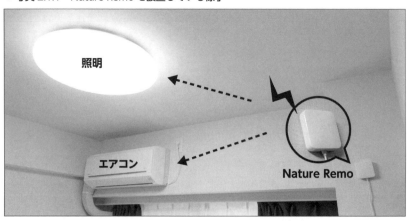

注1　https://nature.global/

　公式アプリからも時間や室温によって家電を操作できます。しかし、さらにもっと細かい設定をしたい場合や、自身で作成したアプリケーションに組み込みたい場合は、公式に提供されているNature Remo APIを用いる必要があります。そこで本節では、APIを用いてGoから家電を操作する方法について解説します。

Nature Remo API

　Nature Remoは開発者が利用できるAPI[注2]が公開されており、個人利用なら無償で使えます。HTTPクライアントからNatureのサーバへHTTPSのリクエストを送ることで、Nature Remoに登録されている家電を操作できます。

　Nature Remo APIには、インターネット経由で利用するためのCloud APIと、同じネットワーク内で利用するためのLocal APIがありますが、本節では、Cloud APIを用いて解説を行います。Cloud APIを利用するには、アクセストークンが必要になります。アクセストークンは、home.nature.globalより取得できます。

　なお、Nature Remo APIは5分以内に30回以上のリクエストを送るとリクエスト制限がかかるので、リクエストを送る頻度には注意しましょう。

GoのAPIクライアント

　Nature Remo APIはHTTPクライアントからNatureのサーバへリクエストを送ることで利用できますが、本節ではもっと簡単に利用するために、筆者が開発したGoのAPIクライアントを利用します。ソースコードは、筆者のGitHubのリポジトリで公開してあります。このAPIクライアントでは、Local APIも含め執筆時に公開されているAPIはすべて対応しています。本節で使用するAPIクライアントのバージョンはv0.3.0です。インストールするには、次のようにgo getで取得します。

```
$ go get github.com/tenntenn/natureremo
```

　詳細な説明はGoDoc[注3]に任せますが、ここでNature Remo APIに登場するいくつかの用語を簡単に解説します。

- Device

　Deviceは、Nature RemoやNature Remo Miniを表す。Nature Remoは赤外線信号が届く範囲の家電しか操作できないため、複数の部屋に設置することが考えられる。そのため、ユー

注2　https://developer.nature.global/
注3　https://pkg.go.dev/github.com/tenntenn/natureremo

ザーアカウントごとに複数のDeviceを登録できるようになっている

- Appliance

  Applianceは、エアコンやテレビなどDeviceに登録できる家電を表す。1つのDeviceに複数のApplianceが登録できる。Applianceの中でもエアコンは温度や風量など、より細かな設定や情報が取得できるようになっている

- Signal

  Signalは、Applianceに関連付けられている赤外線信号。たとえば、テレビの場合は、電源や音量のようにリモコンのボタンを押すと送られる赤外線信号に対応している。Signalは1つのApplianceに複数登録できる

- Client

  Clientは、APIクライアント上の概念で、Nature Remo APIに対するAPIクライアントを意味する。Clientには、アクセストークンの登録などの設定を行える

- Service

  Serviceは、APIクライアント上の概念で、Nature Remo APIのエントリポイントをDeviceやApplianceごとにまとめたものであり、DeviceServiceやApplianceServiceなどがある。各ServiceはClient経由でアクセスできる

2.1.2　コマンドラインツールから家電を操作する

Nature Remoからセンサー情報を取得する

　Nature Remo APIを用いてコマンドラインツールを作成し、家電を操作してみましょう。まずはNature Remoが持つセンサーの情報を取得してみます。Nature Remoは温度センサー、湿度センサー、照度センサー、人感センサーが搭載されています。なお、使用するNature Remoのバージョンによっては情報を取れないセンサーがある場合もあるので、ご注意ください。

　センサーの情報はDeviceに関連付けられた情報のため、APIからDeviceの情報を取得しましょう。Userに紐づけられたDeviceの情報は、DeviceServiceのGetAllから取得できます。

　まずはリスト2.1.1のように、Clientを作成して、Nature Remo APIにリクエストを送る準備をしましょう。

▼リスト2.1.1　natureremoパッケージのNewClient関数の引数にアクセストークンを渡してクライアントを作成

```
cli := natureremo.NewClient(accessToken)
```

　次に、DeviceServiceのGetAllメソッドを呼び出し、Userに関連付けられているDeviceをすべて取得しましょう（**リスト2.1.2**）。

▼リスト2.1.2　Userに関連付けられているDeviceの情報をすべて取得

```
ctx := context.Background()
ds, err := cli.DeviceService.GetAll(ctx)
if err != nil {
  /* エラー処理 */
}
```

　GetAllメソッドには、引数としてcontext.Contextが渡せるようになっているため、タイムアウトなどを設定したい場合などに利用できます。GetAllは第2戻り値でエラーも返す可能性があるため、適切にエラー処理を行う必要があります。しかし、ここでは紙面の関係上、省略しています。

　GetAllメソッドが第1戻り値で返す値は、*Deviceのスライスです。Device型は構造体で、**リスト2.1.3**のように定義されています。

▼リスト2.1.3　Deviceの定義

```
type Device struct {
  DeviceCore
  NewestEvents map[SensorType]SensorValue `json:"newest_events"`
}
```

　Device型に埋め込まれているDeviceCore型にはIDやDeviceの名前などがフィールドとして保持されていますが、ここでは用いません。一方ここでは、NewestEventsフィールドで提供されているセンサーの情報を用います。

　NewestEventsフィールドは、SensorTypeをキーとし、SensorValueを値とするマップです。SensorTypeは文字列をベースにした型で、**リスト2.1.4**のように"te"、"hu"、"il"、"mo"などの値が入ります。それぞれ、温度、湿度、照度、人感センサーの値を意味しています。

▼リスト2.1.4　SensorTypeの定義

```
type SensorType string
const (
  SensorTypeTemperature  SensorType = "te"
  SensorTypeHumidity     SensorType = "hu"
  SensorTypeIllumination SensorType = "il"
  SensorTypeMovement     SensorType = "mo"
)
```

SensorValueは、**リスト2.1.5**のようにセンサーから得た値と取得した日時を保持した構造体になっています。

▼リスト2.1.5 SensorValue の定義

```
type SensorValue struct {
  Value     float64   `json:"val"`
  CreatedAt time.Time `json:"created_at"`
}
```

これらの値を使ってDeviceごとのセンサー情報を取得できます（**リスト2.1.6**）。

▼リスト2.1.6 Device ごとのセンサー情報を取得

```
for _, d := range ds {
  te := d.NewestEvents[natureremo.SensorTypeTemperature].Value
  fmt.Println("温度:", te, "度")

  hu := d.NewestEvents[natureremo.SensorTypeHumidity].Value
  fmt.Println("湿度:", hu, "%")

  il := d.NewestEvents[natureremo.SensorTypeIllumination].Value
  fmt.Println("照度:", il)

  mo := d.NewestEvents[natureremo.SensorTypeMovement].Value
  fmt.Println("人感センサー:", mo)

}
```

うまくセンサーの情報を取得できると次のような実行結果が得られます。

```
$./sensors アクセストークン
温度: 22.2 度
湿度: 40 %
照度: 25.2
人感センサー: 1
```

このように簡単にセンサーの情報を取得できますが、連続で取得する場合は前述のリクエスト制限にご注意ください。リクエスト制限の情報はClientのLastRateLimitフィールドから取得できます。もし、リクエスト制限にかからないように処理をスリープしたい場合は、**リスト2.1.7**のようにスリープすれば良いでしょう。

▼リスト 2.1.7　リクエスト制限にかからないためのスリープ処理

```
t := cli.LastRateLimit.Reset.Sub(time.Now())
time.Sleep(t / time.Duration(cli.LastRateLimit.Remaining))
```

テレビを操作する

　次にテレビを操作する方法を解説します。登録されている Appliance の一覧からテレビに対応する
ものを見つけ、そこに登録されている Signal を Nature Remo に送るように指示をすれば、テレビを
つけられます。

　Appliance や Signal の登録は、Nature Remo API からも可能ですが、公式アプリを使って行うほ
うが簡単でしょう。ここでは、Appliance としてテレビが登録されており、そこにテレビのチャンネ
ルや電源に対応する Signal があらかじめ登録されているものとします。

　Appliance を取得するには、ApplianceService の GetAll メソッドを用います。GetAll メソッドは、
登録されているすべての Appliance のスライスを返します。その中から Appliance の登録名である
Nickname が "テレビ" になっているものを探します。これらの処理を getAppliance という関数にまと
めると**リスト 2.1.8** のようになります。

▼リスト 2.1.8　Appliance を取得（該当の Appliance を探すための Nickname は引数で指定する）

```
func getAppliance(ctx context.Context,
    cli *natureremo.Client,
    name string) (*natureremo.Appliance, error) {

  as, err := cli.ApplianceService.GetAll(ctx)
  if err != nil {
    return nil, err
  }

  for _, a := range as {
    if a.Nickname == name {
      return a, nil
    }
  }

  return nil, errors.New("Applianceが見つかりません")
}
```

　Appliance を取得したら、その Appliance 構造体の Signals フィールドから登録されている Signal を
スライスで取得できます。Signals フィールドから該当する Signal を見つけるには、**リスト 2.1.9** の
getSignal 関数のように Signal 構造体の Name フィールドを用います。

▼リスト 2.1.9　Signal を取得（該当の Signal を探すための Name は引数で指定する）

```
func getSignal(ss []*natureremo.Signal,
               name string) *natureremo.Signal {

  for _, s := range ss {
    if s.Name == name {
      return s
    }
  }

  return nil
}
```

　Signal に対応する赤外線信号を Nature Remo からテレビに送信するには、SignalService の Send メソッドを用います。**リスト 2.1.10** のように第 2 引数で送りたい Signal を指定することで、対応する赤外線信号を送信できます。このようにして、API 経由で簡単に登録された家電に対して赤外線信号を送れます。

▼リスト 2.1.10　Signal に対応する赤外線信号を送信

```
err := cli.SignalService.Send(ctx, s)
if err != nil {
  /* エラー処理 */
}
```

2.1.3　LINE でエアコンを予約する

作りたいもの

　Nature Remo の公式アプリのルール機能を使えば、曜日ごとに決まった時間にエアコンをつけたり消したりすることが可能です。しかし、特定の日時を指定してエアコンを操作することはできません。そこで、Nature Remo API と LINE Bot を用いて指定した時間にエアコンがつくようにしてみましょう[注4]。

　図 2.1.1 に簡単な構成図をまとめました。

注4　https://pkg.go.dev/github.com/tenntenn/natureremo/_example/airconbot

▼図 2.1.1 LINE でエアコンの操作を予約する

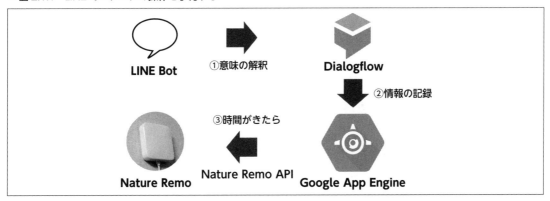

まず、LINE Botに対して「暖房を明日の9時につけて」メッセージを送ります。LINE Botは送られたメッセージをDialogflowに送り意味の解釈を行います（①）。Dialogflowにて自然言語で入力された情報をコンピュータが解釈できる形に変換し、Google App Engine上にデプロイしたWebサーバへ送り記録します（②）。Google App Engine上のWebサーバでは、1分に1回予約された操作がないか調べ、あった場合にはNature Remo APIを用いてNature Remoにエアコンを操作するようにリクエストが送られます（③）。

エアコンを操作する

まずはエアコンを操作する方法を解説していきましょう。エアコンはApplianceの中でも特別な設定を持ちます。エアコン特有の設定は、Appliance構造体のAirConSettingsフィールドから取得できます。なお、Applianceがエアコンではない場合は、AirConSettingsフィールドがnilになっています。
AirConSettings構造体は**リスト 2.1.11** のように定義されています。

▼リスト 2.1.11　AirConSettings の定義

```
type AirConSettings struct {
  Temperature    string        `json:"temp"`
  OperationMode  OperationMode `json:"mode"`
  AirVolume      AirVolume     `json:"vol"`
  AirDirection   AirDirection  `json:"dir"`
  Button         Button        `json:"button"`
}
```

Temperatureフィールドが温度、OperationModeフィールドが冷房や暖房を、AirVolumeフィールドとAirDirectionフィールドが風量と風向きを保持します。なお、エアコンの電源のオン／オフはButtonフィールドに保持されます。それぞれの値はApplianceをAPIから取得した時点の状態です。

エアコンを暖房モードでつけたい場合は、**リスト 2.1.12** のように AirConSettings 構造体の OperationMode フィールドを暖房に対応する OperationModeWarm に、Button フィールドを ButtonPowerOn に変更します。

▼リスト 2.1.12　エアコンを暖房モードでつけるために AirConSettings の値を変更

```
// aはエアコンに対応するAppliance
settings := *(a.AirConSettings)
// 暖房にする
settings.OperationMode = natureremo.OperationModeWarm
// 電源をONにする
settings.Button = natureremo.ButtonPowerOn
```

更新した AirConSettings 構造体の値を API に送り更新するには、ApplianceService の UpdateAirConSettings メソッドを呼び出します（**リスト 2.1.13**）。引数には、エアコンに対応する Appliance と更新した AirConSettings 構造体のポインタを指定します。

▼リスト 2.1.13　変更した AirConSettings の値を API 経由で更新

```
err := cli.ApplianceService.UpdateAirConSettings(ctx, a, &settings)
if err != nil {
  /* エラー処理 */
}
```

このように、簡単にエアコンを操作する Go のプログラムを書くことができます。このプログラムをコマンドラインツール化し、自宅に設置してある Raspberry Pi の cron に設定して定期的に実行するようにしても良さそうです。次のように、Go は簡単にクロスコンパイルができるため、Raspberry Pi 上に Go の開発環境を用意する必要がありません。GOOS で Linux や Windows などの OS、GOARCH に ARM などのアーキテクチャを指定することができます。

```
$ GOOS=linux GOARCH=arm GOARM=7 go build -o aircon main.go
```

Dialogflow を設定する

次に Dialogflow を設定しましょう。新しく Dialogflow のエージェントを作成し、Intents タブからインテントを作成します。インテントは Bot との会話の文脈に対応しており、エアコンの予約 Bot の場合であれば、予約を行う Reserve、予約の一覧を表示する List、予約を削除する Remove を用意すれば十分でしょう。

　インテントごとにユーザーから送られたメッセージを解釈し、アクションを行います。メッセージの中からパラメタという形で、コンピュータで処理しやすい形式に変換します。Dialogflowに対して、**図 2.1.2** のようにトレーニングフレーズを与えておくと学習し、多少の表記ゆれであれば、入力データをうまく正規化してくれます。

▼**図 2.1.2**　Dialogflow のトレーニングフレーズ

　たとえば、「リビングの暖房を明日の 19 時につけて」というフレーズを登録しておき、次のようにパラメタに対応させます。

- リビング：aircon
- 暖房：mode
- 明日：date
- 19 時に：time
- つけて：button

　トレーニングフレーズは複数登録できるため、考え得るパターンはすべて登録しておくと良いでしょう。また、パラメタごとに必須にするか設定ができ、必須のパラメタを省略した場合はあらかじめ設定した「何時にしましょう？」のようなメッセージをBotが返し、不足しているパラメタの入力を促します。エアコンの予約であれば、時間は最低限必要であるため必須としておくと良いでしょう。
　パラメタにはプログラミング言語の型に対応するエンティティという情報が関連付けられています。たとえば、予約時間を表すパラメタtimeにはDialogflowがあらかじめ用意している日時を表す@sys.timeを設定すると良いでしょう。エンティティはEntitiesタブから登録もできます。表記ゆれも登録できるため、パラメタmodeにおいて、「冷房」に対して「クーラー」、「暖房」に対して「ヒーター」などを設定しておくと良いでしょう。

　DialogflowとGoogle App Engine上のWebサーバを接続するために、Fulfillmentタブから
WebhookにURLを登録しましょう。また、本節ではLINE Botを用いていますが、Integrationsタ
ブからSlackやFacebookメッセージなどと接続できます。

予約情報を登録する

　Dialogflowから送られてきた予約情報を保存するWebサーバを作りましょう。Goでは標準で用意
されているnet/httpパッケージを用いることで簡単にWebサーバをたてられます。ここではGoogle
App Engineにデプロイすることを想定していますが、詳細については割愛します。

　リスト2.1.14では、Dialogflowから送られてきたリクエストに対してBasic認証を行い、リクエ
ストボディをJSONとしてデコードし、その後インテントごとに処理を分岐しています。デコードに
用いるデータ型はDialogflow Go Webhook[注5]というライブラリのRequest構造体を用います。

▼リスト2.1.14　DialogflowのリクエストをJSONとしてデコード

```go
func handleBotMessage(w http.ResponseWriter, r *http.Request) {

  // Basic認証
  user, pass, ok := r.BasicAuth()
  if !ok ||
    user != os.Getenv("BASIC_AUTH_USER") ||
    pass != os.Getenv("BASIC_AUTH_PASS") {
    code := http.StatusUnauthorized
    http.Error(w, http.StatusText(code), code)
    return
  }

  // リクエストボディのデコード
  var dfr dialogflow.Request
  if err := json.NewDecoder(r.Body).Decode(&dfr); err != nil {
    code := http.StatusBadRequest
    log.Println("Error:", err)
    http.Error(w, http.StatusText(code), code)
    return
  }

  ctx := r.Context
  switch dfr.QueryResult.Intent.DisplayName {
  case "Reserve": // 予約
    reserve(ctx, w, &dfr)
  case "List": // 予約一覧
    list(ctx, w, &dfr)
  case "Remove": // 予約の削除
    remove(ctx, w, &dfr)
  }
}
```

注5　https://pkg.go.dev/github.com/leboncoin/dialogflow-go-webhook

リスト 2.1.15 は、ReserveインテントのパラメタをDialogflowParam構造体としてデコードしています。

▼リスト 2.1.15　ReserveインテントのパラメタをDialogflowParam構造体にデコード

```go
type DialogflowParam struct {
  AirCon string `json:"aircon"`
  Mode   string `json:"mode"`
  Button string `json:"button"`
  Date   string `json:"date"`
  Time   string `json:"time"`
}

func reserve(ctx context.Context, w http.ResponseWriter, r *dialogflow.Request) {
  var param DialogflowParam
  if err := json.Unmarshal([]byte(r.QueryResult.Parameters), &param); err != nil {
    code := http.StatusBadRequest
    log.Println("Error:", err)
    http.Error(w, http.StatusText(code), code)
    return
  }
  /* （略） */
}
```

リスト 2.1.16 はDialogflowParam構造体からSchedule構造体に変換し、Cloud Datastore[注6] に保存しています。Cloud DatastoreはGoogleが提供するスケーラビリティの高いNoSQLデータベースです。詳細については公式ドキュメントに任せますが、Cloud DatastoreのクライアントのPutメソッドでSchedule構造体の情報を保存しています。なお、Cloud Datastore上では、構造体タグで指定された名前で各フィールドが保存されます。実装の詳細はここでは省きますが、*DialogflowParam.ToScheduleメソッドで*Schedule型への変換を行っています。

▼リスト 2.1.16　予約情報の保存

```go
type Schedule struct {
  ScheduledAt   int64                    `datastore:"scheduled_at"`
  ApplianceName string                   `datastore:"appliance_name"`
  ApplianceID   string                   `datastore:"appliance_id"`
  Button        natureremo.Button        `datastore:"button"`
  Mode          natureremo.OperationMode `datastore:"mode"`
}

func register(ctx context.Context, p *DialogflowParam) error {
  client, err := clouddatastore.FromContext(ctx)
  if err != nil {
    return err
```

注6　https://cloud.google.com/datastore?hl=ja

```
}
defer client.Close()

key := client.IncompleteKey("Schedule", nil)
// *DialogflowParam型から*Schedule型への変換
sh := p.ToSchedule()
if _, err := client.Put(ctx, key, sch); err != nil {
  return err
}

log.Println(sch)

return nil
}
```

時間がきたらエアコンを操作する

Google App Engineでは定期的な処理をcronジョブで動かせます。**リスト2.1.17**のようにcron.yamlに設定を書いてデプロイを行うだけで、一定の間隔で指定したエントリポイントにリクエストが送られてきます。urlにエントリポイント、scheduleにリクエストを送る間隔を指定します。

▼リスト2.1.17　cronジョブの設定

```
cron:
- description: "check schedule and run"
  url: /cron/checkAndRun
  schedule: every 1 minutes
```

リスト2.1.18は、cronジョブからのリクエストを処理するhandleCheckAndRun関数を定義しています。リクエストにX-AppEngine-Cronヘッダがない場合は、cronジョブから送られたリクエストではないため、Forbiddenなどでエラーを返すと良いでしょう。なお、cronジョブ以外からX-AppEngine-Cronヘッダを付けてリクエストを送信してもGoogle App Engineによって削除されます。

▼リスト2.1.18　cronジョブを処理するハンドラ

```
func handleCheckAndRun(w http.ResponseWriter, r *http.Request) {
  // cronジョブとしてリクエストが来たかチェック
  if r.Header.Get("X-AppEngine-Cron") == "" {
    code := http.StatusForbidden
    http.Error(w, http.StatusText(code), code)
    return
  }
```

```
    ctx := r.Context()
    if err := runAll(ctx, time.Now().Unix()); err != nil {
      code := http.StatusInternalServerError
      log.Println("Error:", err)
      http.Error(w, http.StatusText(code), code)
      return
    }
}
```

　runAll関数は**リスト2.1.19**のように定義します。指定した時刻を過ぎたスケジュールをCloud Datastoreから取得し、予約されたエアコンの操作を実行します。なお、処理が終わったスケジュールを残しておくと再度実行されてしまうため、Cloud Datastoreから削除しています。削除は途中でエラーが起こることを考慮し、defer文で実行しています。

　定義は省略しますが、getAircon関数はスケジュールに記録されたIDからApplianceを取得します。予約された情報をAirConSettings構造体に設定し、Nature Remo APIで反映しています。

　runAll関数は複数のリクエストを受けて同時に複数回実行されることを考慮していません。そのため、デバッグのためにX-AppEngine-Cronヘッダの確認を省き、ブラウザなどからリクエストを送る際は複数回リクエストが送られないように注意してください。

▼**リスト2.1.19　予約の確認とエアコンの操作**

```
func runAll(ctx context.Context, now int64) error {
  client, err := clouddatastore.FromContext(ctx)
  if err != nil { return err }
  defer client.Close()

  // 開始時刻をすぎている予約を取得
  var schedules []*Schedule
  q := client.NewQuery("Schedule").Filter("scheduled_at <=", now)
  keys, err := client.GetAll(ctx, q, &schedules)
  if err != nil { return err }

  // 操作が終わったスケジュールを消す
  done := make(datastore.Key, 0, len(schedules))
  defer func() {
    err := client.DeleteMulti(ctx, done)
    // 他にエラーがなければrunAllの戻り値にする
    if rerr == nil && err != nil { rerr == err }
  }()

  for i, sch := range schedules {
    a, err := getAircon(ctx, sch.ApplianceID)
    if err != nil { return err }

    as := *(a.AirConSettings)
```

```
    as.Button = sch.Button

    // 指定のない場合はデフォルト
    if sch.Mode != "" { as.OperationMode = sch.Mode }

    // ncli: *natureremo.Client
    err := ncli.ApplianceService.UpdateAirConSettings(ctx, a, &as)
    if err != nil { return err }

    done = append(done, keys[i])
  }

  return nil
}
```

　本節で紹介した方法はあくまで自宅の家電を操作することを想定しています。執筆時点ではNature
Remo APIには認可を行うためのしくみがないため、アクセストークンがあれば自由に操作できてし
まいます。そのため、アクセストークンを他人に知られたり、または他人のトークンを預かってシス
テムを作ったりしないほうが良いでしょう。

2.1.4　まとめ

　本節では、Nature Remo APIをGoから利用することで簡単に家電を操作する方法について解説し
ました。Goは簡単にコマンドラインツールを作ったり、そのツールをRaspberry Pi用にクロスコン
パイルしたりできます。また、net/httpパッケージを使えばWebサーバを簡単に作れます。ぜひ、
みなさんもご自宅をGoでカスタマイズしてみてください。

■本節で紹介したパッケージ、ライブラリ、ツール

- github.com/leboncoin/dialogflow-go-webhook （https://pkg.go.dev/github.com/leboncoin/dialogflow-go-webhook）

- github.com/tenntenn/natureremo （https://pkg.go.dev/github.com/tenntenn/natureremo）

- net/http （https://pkg.go.dev/net/http）

Raspberry PiによるCO₂、温湿度、気圧のモニタリング

Author	森本 望
Repository	mhz-19-bme280（https://github.com/nozo-moto/mhz19-bme280-go）
Keywords	Raspberry Pi、IoT、センサー、UART、I²C、システムプログラミング、osパッケージ

2.2.1　センサーを使ったIoTデバイスを作成する

　2019年に発生した新型コロナウイルス感染症をきっかけに行われた外出自粛により自宅で作業することが主になり、部屋の中で過ごすことが多くなりました。部屋の作業空間を快適にするべく調べていたところ、部屋の二酸化炭素（CO_2）濃度が高くなると眠気や集中力に大きく影響してきそうだということがわかりました。自宅のCO_2濃度の監視をするために、CO_2濃度を測れるセンサーを導入したいと思ったのですが、その手のIoTデバイスはそこそこいい値段がするため、今回はセンサーを買ってきてデバイスを自作します。

　今回はRaspberry Piと、CO_2濃度を測定するためにMH-Z19、温湿度・気圧を測るためにBME280というセンサーを使い、Goでデータを読み取り部屋の環境をモニタリングできるIoTデバイスを作成します。また、スマートフォンなどで測定結果を見られるように、HTTPでアクセスできるようにします[注1]。

2.2.2　センサーからデータを読み取る

　今回使うCO_2濃度センサーはランフィーMH-Z19という赤外線でCO_2濃度を0～5,000ppmの範囲で測れるものです。このセンサーはCO_2濃度のデータをPWM（パルス幅変調）または非同期シ

注1　本節で紹介するコードの全体はGitHubで公開しています。https://github.com/nozo-moto/mhz19-bme280-go

リアル通信（UART）で取得することができます。今回はUART通信を使ってCO_2の濃度を取得していきます。

　また、温湿度・気圧センサーであるBME280は温湿度・気圧のデータをI^2C通信で取得することができます。

Raspberry Pi側の設定

　今回使うRaspberry Piは、Raspberry Pi 4 4GBモデルで、OSは**図2.2.1**のとおりです。

▼図2.2.1　Raspberry Pi の OS の種類およびバージョン

```
$ lsb_release -a
No LSB modules are available.
Distributor ID: Raspbian
Description:    Raspbian GNU/Linux 10 (buster)
Release:        10
Codename:       buster
```

　MH-Z19のデータを取得する際に、シリアル通信（UART）とI^2Cを使うために、/boot/config.txtに以下の（1）を追記します[注2]。

```
enable_uart=1        ← (1)
dtparam=i2c_arm=on   ← (2)
```

　また、I^2C通信も使うため、I^2Cの設定（上記の（2））を追加します。上記の設定はRaspberry Piの設定ツールであるraspi-configから追加できます。

配線とその他

　MH-Z19は5V、BME280は3.3Vの電源を要求します。

　UART通信では送信用のTXD、受信用のRXDという2つの信号線を使用して通信を行います。UARTを許可したことでデータ送受信用の8（TXD）、10（RXD）番のピンが使えるようになっています。

　I^2C通信ではデータ通信用のSDAとクロック信号用のSCLという信号線を使います。3（SDA）、5（SCL）番のピンが使えます。**図2.2.2**のように配線してください。

[注2] https://www.raspberrypi.org/documentation/configuration/uart.md

▼図 2.2.2　Raspberry Pi と各センサーの配線（Fritzing[注3]で作図）

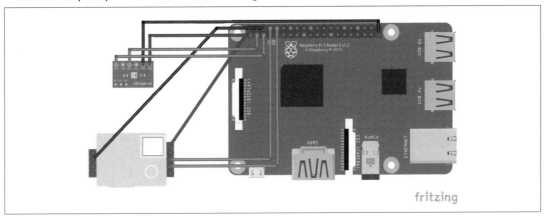

　また、外部からアクセスできるようにしたいので、ポートを解放します。今回はポート 8080 番で
サーバにアクセスさせようと思うので開けておきます。以下ではufwというファイアウォールの設定
を行うためのコマンドを導入して設定しています。

```
$ sudo apt update
$ sudo apt install ufw
$ sudo ufw allow ssh
$ sudo ufw allow 8080
```

データの読み取り

　MH-Z19ではPWM（パルス幅変調）か非同期シリアル通信（UART）によってセンサーのデータ
を取得することができます。今回は比較的簡単な非同期シリアル通信を使って値を読み取ります。Go
でシリアル通信をするためにいろいろなライブラリがありますが、今回は標準パッケージを使って書
いていきます。

UART通信

　シリアルインターフェースは/dev/*というデバイスファイルとして扱われていて、Raspberry Pi
の場合は、/dev/serial0 というデバイスファイルに読み書きをすることでシリアル通信を行えます。
Goではosパッケージを使うことで、ファイルに読み書きするようにMH-Z19のセンサーの値を取得
することができます。C言語ではioctlやtermiosの関数群を使えるのですが、Goの標準パッケージ
にはそのような関数はありませんので、Pythonのpyserialや、先述のC言語の関数群の実装を参考

注3　https://fritzing.org/

に一から実装してみました。

　まず UART 用のデバイスファイルを設定します。**リスト 2.2.1** のようにデバイスファイルをオープンします。

▼リスト 2.2.1　デバイスファイルをオープン

```
file, err = os.OpenFile(
  "/dev/serial0",
  syscall.O_RDWR|syscall.O_NOCTTY|syscall.O_NONBLOCK,
  0600,
)
```

　そして、デバイスファイルに読み書きするために ioctl というシステムコールを使い、デバイスを設定してあげます（**リスト 2.2.2**）。

▼リスト 2.2.2　UART 用のデバイスファイルを設定

```
_ = syscall.SetNonblock(int(file.Fd()), false)
r, _, errno := syscall.Syscall(
  syscall.SYS_IOCTL,
  uintptr(file.Fd()),
  uintptr(0x402C542B),
  uintptr(unsafe.Pointer(t)),
)
```

　Go で ioctl システムコールを行う際には、syscall.Syscall() を使います。今回は第 1 引数に syscall.SYS_IOCTL を渡し、第 2 引数にファイルディスクリプタ、第 3 引数にはシリアルポートの設定を変更するためのモードである TCSETS2 の値（0x402C542B）、第 4 引数には termios 構造体（後述）を渡します。

　syscall.Syscall() のエラーは第 3 戻り値にエラー状態を表す数値が入っていますので、それが 0 であるかどうかをチェックしてエラー処理をします（**リスト 2.2.3**）。

▼リスト 2.2.3　Syscall() のエラー処理

```
if errno != 0 {
  return file, fmt.Errorf("faile to syscall.Syscall: %w", errno)
}
if r != 0 {
  return file, errors.New("unknown error from SYS_IOCTL")
}
```

▌Termiosについて

Termiosというターミナル I/O 用の Unix API を使います。Termios とは非同期通信ポートを制御するためのターミナルインターフェースです。シリアル通信による読み書きのために使います。

c_iflag、c_oflag、c_cflag、c_lflag は uint 型で定義しており、Go の実装は**リスト 2.2.4** のようになります。

▼リスト 2.2.4　termios 構造体[注4]

```
type tcflag_t uint
type speed_t uint
type cc_t byte
const NCCS = 19

type termios struct {
  c_iflag  tcflag_t   // 入力
  c_oflag  tcflag_t   // 出力
  c_cflag  tcflag_t   // 制御
  c_lflag  tcflag_t   // local
  c_cc     [NCCS]cc_t // 特殊制御文字
  c_ispeed speed_t    // 入力スピード
  c_ospeed speed_t    // 出力スピード
}
```

リスト 2.2.5 のようにタイムアウトを設定します。

▼リスト 2.2.5　termios 構造体に値を設定

```
c := [NCCS]cc_t{}
c[syscall.VTIME] = cc_t(0)
c[syscall.VMIN] = cc_t(MINIMAMREADSIZE)
t := &termios{
  c_cflag:  syscall.CLOCAL | syscall.CREAD | syscall.CS8,
  c_cc:     c,
  c_ispeed: speed_t(9600),
  c_ospeed: speed_t(9600),
}
```

MH-Z19 では標準的なボーレートが 9,600bps、書き込みデータバイト数が 8 バイトとなっていますので、今回使っている termios 構造体をそのように設定します。

[注4] リスト 2.2.4 は、Linux の C 言語での実装（以下の URL を参照）を参考にしてコードを書きました。
https://github.com/torvalds/linux/blob/master/include/uapi/asm-generic/termbits.h

I²C通信

今回操作したいBME280のアドレスをi2cdetect[注5]などで取得します。今回使っているBME280のアドレスは0x76でしたので、その値をsyscall.Syscall()の第4引数に指定します。また、今回はRaspberry PiをI²C通信のマスター、BME280をスレーブとして扱うため、0x0703[注6]を第3引数に指定し、I²Cのデバイスファイルに設定します（**リスト2.2.6**）。

▼リスト2.2.6　I²C用のデバイスファイルを設定

```
file, _ := os.OpenFile(
  portName,
  os.O_RDWR,
  os.ModeDevice,
)

r, _, errno := syscall.Syscall(
  syscall.SYS_IOCTL,
  uintptr(file.Fd()),
  uintptr(0x0703),
  uintptr(0x76),
)
```

MH-Z19のデータの読み取り

MH-Z19は3バイト目にコマンドを入力でき、0x86はCO₂濃度、0x87、0x88はキャリブレーション用のコマンドとして定義されています。

リスト2.2.7のように0x86（CO₂濃度を読み取るバイト列）を書き込んだあと、**リスト2.2.8**のように9バイト分読み込むことでセンサーの値を取得できます。

▼リスト2.2.7　CO₂濃度を読み取るためのバイト列を書き込む

```
// 0xFF 0x01 0x86 0x00 0x00 0x00 0x00 0x00 0x79
writeN, err := file.Write([]byte{0xff, 0x01, 0x86, 0x00, 0x00, 0x00, 0x00, 0x00, 0x79})
```

▼リスト2.2.8　MH-Z19の値を読み込む

```
// 0xFF 0x01 0x86 0x00 0x00 0x00 0x00 0x00 0x79
for i := 0; i < writeN; i++ {
  buf := make([]byte, 1)
  _, err = file.Read(buf)
}
```

注5　I²Cでつながっているデバイスの一覧とアドレスを表示するコマンド。
注6　参考：I2C_SLAVE　https://mirrors.edge.kernel.org/pub/linux/kernel/people/marcelo/linux-2.4/include/linux/i2c.h

センサーから得られる値には、**表 2.2.1** のようなデータが入っています。

▼表 2.2.1 MH-Z19 から得られる値

バイト位置	データの意味
byte0	StartByte
byte1	Command
byte2	High level concentration
byte3	Low level concentration
byte4	―
byte5	―
byte6	―
byte7	―
byte8	Check Value

▐ CO_2 濃度とチェックサムの計算

表 2.2.1 のとおり CO_2 のデータはバッファの 2 番めと 3 番めに入っていて、「High level concentration × 256 + Low level concentration」を計算することで求まります（**リスト 2.2.9**）。

▼リスト 2.2.9 CO_2 濃度とチェックサムの計算

```
buf := make([]byte, 1)
for i := 0; i < 9; i++ {
  err := m.uart.Read(buf)
  if err != nil {
    return 0, err
  }
  if i != 0 && i != 8 {
    checksum += int(buf[0])
  }
  switch i {
  case 2: // high level concentration
    co2 += int64(buf[0]) * 256
  case 3: // low level concentration
    co2 += int64(buf[0])
  case 8: // calcurate checksum
    checksumBuf := int(buf[0])
    if 256-checksum != checksumBuf {
      return co2, ErrChecksum
    }
  }
}
```

また、センサーの値が正しいかを示すために、「0 番めのデータ」から「1 ～ 7 番めのデータの総和」を引いたものが、8 番めの Check Value と等しいかチェックします。

▌BME280 のデータの読み取り

先ほどのMH-Z19と同じように、I²Cのデバイスファイルに読み書きすることでデータを取得できます（**リスト 2.2.10**）。

▼リスト 2.2.10　BME280 の値を読み込む

```
buf := make([]byte, 8)
if err = b.i2c.ReadReg(0xF7, buf); err != nil {
  err = fmt.Errorf("failed to read data from sensor: %w", err)
  return
}
press = int32(buf[0])<<12 | int32(buf[1])<<4 | int32(buf[2])>>4
temp = int32(buf[3])<<12 | int32(buf[4])<<4 | int32(buf[5])>>4
hum = int32(buf[6])<<8 | int32(buf[7])
```

また、個体差などの補償計算を温度センサーと合わせて行う必要があります。複雑なビット演算を行い、補償計算を行っているのですが、紙面の都合上コードの掲載は省略します[注7]。

2.2.3　サーバとWorkerの作成

値を取得していると、リクエストが返ってこなかったり長時間かかったりするときがあるため、非同期でデータをセンサーから取得してくるWorkerと、データの配信を行うサーバに分けます。サーバのコードは**リスト 2.2.11** です。

▼リスト 2.2.11　データ配信用のサーバ

```
var (
  res string
)
type Res struct {
  Co2       int64     `json:"co_2"`
  Pressure  float64   `json:"pressure"`
  Humidity  float64   `json:"humidity"`
  Temputure float64   `json:"temputure"`
  Date      time.Time `json:"date"`
}
```

注7　補償計算のコードは以下をご覧ください。
https://github.com/nozo-moto/mhz19-bme280-go/blob/master/bme280/bme280.go#L165-L214

```go
func handler(w http.ResponseWriter, r *http.Request) {
  fmt.Fprintf(w, res)
}

func main() {
  w, err := NewWorker()
  if err != nil {
    panic(err)
  }
  go w.Run()
  http.HandleFunc("/", handler)
  http.ListenAndServe(":8080", nil)
}
```

　Workerのコードは**リスト 2.2.12** です。timeパッケージのtickerを用いて5秒ごとにデータを取得してきます。

▼リスト 2.2.12　データ取得用の Worker

```go
func (w *Worker) getSensorData() (err error) {
  if err = w.init(); err != nil {
    return
  }
  var (
    co2              int64
    temp, hum, press uint32
  )
  co2, err = w.Co2.Read()
  if err != nil {
    if !errors.Is(err, mh_z19.ErrChecksum) {
      return
    }
  }
  if co2 == 0 {
    return errors.New("Co2 == 0")
  }

  temp, press, hum, err = w.THP.Read()
  if err != nil {
    return
  }

  r := &Res{
    Co2:       co2,
    Temputure: float64(temp) / 100,
    Humidity:  float64(hum>>12) / 1024,
    Pressure:  float64(press / 25600),
    Date:      time.Now().In(jst),
  }
```

```go
  b, err := json.Marshal(r)
  if err != nil {
    return
  }
  res = string(b)
  w.close()
  return
}

func (w *Worker) Run() {
  ticker := time.NewTicker(time.Second * 5)
  defer ticker.Stop()
  for {
    select {
    case <-ticker.C:
      if err := w.getSensorData(); err != nil {
        log.Printf("Error %+v", err)
      } else {
        log.Println("Co2 is ", res)
      }
    }
  }
}
```

外部からアクセスする

　このように、CO_2 濃度の値を定期的に取得する Worker と、リクエストを投げると CO_2 濃度を返してくれるサーバを作成しました。今回は 8080 のポートを開けていますので、外部から**図 2.2.3** のようにアクセスできます。

▼図 2.2.3　サーバにリクエストを送ってセンサーの値を得る

```
$ curl raspberrypi.local:8080 | jq
{
  "co_2": 436,
  "pressure": 1013,
  "humidity": 46.671875,
  "temputure": 28.92,
  "date": "2020-08-03T10:15:29.910870521+09:00"
}
```

　これを iOS のショートカットに登録することで、Siri に話しかけると部屋の CO_2 濃度、温湿度、気圧の計測ができるようになります。

まとめ

　以上で部屋のモニタリングを行うことができました。実際にこれを使ってグラフを作ってみたところ、当たり前ですが、部屋を締め切っているとCO_2濃度が上がり、集中力もだんだん下がるように思えました。そのため、サーキュレーターを買ったり窓を開けっ放しにしたりすることで部屋の空気を循環させるようにしてみたところ、かなりの改善が見られました。

　また、今回Goでセンサーの値を取得することで、syscallやfileなどのシステムプログラミングの勉強になりました。みなさんもぜひ部屋の環境をモニタリングして、WFH（Work from Home）の環境を改善してみてください！

■ 本節で紹介したパッケージ、ライブラリ、ツール

・os （https://pkg.go.dev/os）

・time （https://pkg.go.dev/time）

■ 参考文献

・MH-Z19 データシート （https://www.winsen-sensor.com/d/files/PDF/Infrared%20Gas%20Sensor/NDIR%20 CO2%20SENSOR/MH-Z19%20CO2%20Ver1.0.pdf）

・BME280 データーシート （https://www.bosch-sensortec.com/media/boschsensortec/downloads/datasheets/ bst-bme280-ds002.pdf）

・渋川よしき （著）、『Go ならわかるシステムプログラミング』、ラムダノート、2017 年

・The Linux man-pages project （https://www.kernel.org/doc/man-pages/）

・github.com/torvalds/linux （https://github.com/torvalds/linux）

・Raspberry Pi Documentation （https://www.raspberrypi.org/documentation/configuration/uart.md）

2.3 Kubernetes の Job 実行ツール

Author	杉田 寿憲
Repository	jctl （https://github.com/toshi0607/jctl）
Keywords	Kubernetes、CI/CD、CLIツール、GitHub Actions、E2Eテスト、go-containerregistryパッケージ、client-goパッケージ、kind

2.3.1 Kubernetes を用いた開発の現状と課題

　大規模分散システムの開発にKubernetes[注1]（以下、K8s）は欠かせない存在となりました。K8sはコンテナベースのアプリケーションのデプロイ、スケール、管理を自動化するためのOSSです。Amazon Web ServicesのAmazon Elastic Kubernetes Service[注2]、Google CloudのGoogle Kubernetes Engine[注3]、Microsoft AzureのAzure Kubernetes Service[注4]などクラウドプロバイダからもマネージドKubernetesサービスが提供されており、さまざまな環境で利用が進んでいます。K8s上でアプリケーションを稼働させるためにはアプリケーション自体の開発に加え、次のステップが必要です。

- アプリケーションのビルド
- コンテナイメージのビルド
- ビルドしたコンテナイメージのレジストリへのプッシュ
- K8sへのデプロイ

　これらを、各ステップのためのコマンドを使って毎回手作業で行うことは非効率であるため、GitOps[注5]と呼ばれる手法やCI（継続的インテグレーション）／CD（継続的デリバリー）サービスを利用してパイプラインを構築するのが一般的です。一方で、開発環境用のKubernetesクラスタで動作を確認する際には、GitHubなどへのソースコードのプッシュを起点とせずに即座にデプロイし

[注1] https://kubernetes.io/
[注2] https://aws.amazon.com/jp/eks/
[注3] https://cloud.google.com/kubernetes-engine/
[注4] https://azure.microsoft.com/ja-jp/services/kubernetes-service/
[注5] https://www.weave.works/technologies/gitops/

たいケースもあります。

　本節では、Go で書いたアプリケーションを K8s の Job[注6] として手軽に実行するためのツールである「jctl」[注7] と、その jctl で採用している Kubernetes クライアントツールのテスト手法を紹介します。次のような方はぜひ読んでみてください。

- ・ Go アプリケーションの CI/CD ワークフローを手軽に構築したい方
- ・ K8s の CLI 開発に入門したい方
- ・ Kubernetes クラスタを利用するテストを書きたい方

2.3.2　Go アプリケーションの Job 実行ツール 「jctl」

　jctl は Go で書いたアプリケーションを K8s の Job として実行することに特化した Command Line Interface（CLI）で、Go で実装されています。次のように Go アプリケーションの main パッケージへの相対パスまたは import パスを指定して実行します。

```
$ jctl ./testdata/cmd/hello_world
$ jctl github.com/toshi0607/jctl/testdata/cmd/hello_world
```

　コマンドを実行すると以下のステップが実行されます。最初のステップは Go アプリケーションのビルド[注8] です。os/exec パッケージを利用して go build を実行し、一時ディレクトリにバイナリを保存します。

　次のステップはコンテナイメージのビルド[注9] です。これには github.com/google/go-containerregistry パッケージ[注10]（以下、go-containerregistry）を利用しています。go-containerregistry では crane や gcrane といった、リモートリポジトリとやりとりをする CLI が提供されています。それらで利用されているコードをライブラリとして利用しています。ローカル環境でアプリケーションバイナリなどを tar でアーカイブしてレイヤを重ね、イメージを作成します。

　そして、コンテナイメージのレジストリへのプッシュです。これにも go-containerregistry を利用しているため、Google Container Registry と Docker Hub へのプッシュに対応しています。レジス

注6　https://kubernetes.io/docs/concepts/workloads/controllers/jobs-run-to-completion/
注7　https://github.com/toshi0607/jctl
注8　https://github.com/toshi0607/jctl/blob/v0.3.3/pkg/gobuild/build.go
注9　https://github.com/toshi0607/jctl/blob/v0.3.3/pkg/build/build.go
注10　https://github.com/google/go-containerregistry

トリへのアクセスにはdocker loginとJCTL_DOCKER_REPO環境変数へのパス設定が必須です。

　最後に、K8sでのJob実行です。これにはk8s.io/client-goパッケージ[注11]（以下、client-go）を利用します。K8sのAPIとやりとりを行うツールとして、公式にkubectl[注12]が提供されていますが、そのkubectl内でもclient-goは利用されています。Kubernetes APIの認証に関してもclient-goを利用します。jctlもkubectlと同様のルール[注13]で認証情報を取得するため、次の3つの方法で認証情報を設定できます。

- kubeconfigフラグで指定したパス
- KUBECONFIG環境変数に指定したパス
- ~/.kube/configファイル（デフォルト）

client-goについては次の項で詳しく説明します。

2.3.3　Kubernetesのクライアント

　kubectlをはじめ、K8sのAPIを利用するクライアントアプリケーションはさまざまです。図2.3.1をイメージしながら読み進めてください。

▼図2.3.1　Kubernetes の全体像

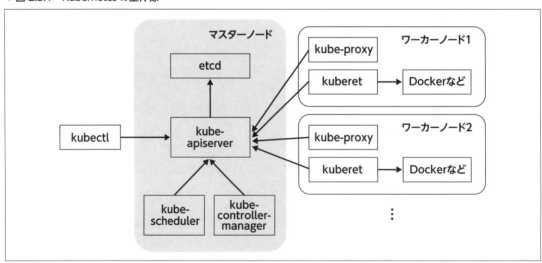

注11　https://github.com/kubernetes/client-go
注12　https://kubernetes.io/docs/reference/kubectl/kubectl/
注13　https://kubernetes.io/docs/concepts/configuration/organize-cluster-access-kubeconfig/

先ほど登場したJobや、デプロイを管理するDeployment[注14]、コンテナを管理するPod[注15]、Podのまとまりとそれらへの通信ポリシーを管理するService[注16]などはKubernetesオブジェクト[注17]と呼ばれ、各オブジェクトの理想とする状態と現在の状態がetcd[注18]というストレージに保存されています。

Kubernetesオブジェクトは唯一APIサーバ（kube-apiserver）を介して操作されます。K8sの利用者はkubectlを利用してKubernetesオブジェクトの理想状態を設定したり、定義した理想状態や現在の状態を確認したりします。

kube-controller-manager内の各コントローラはKubernetesオブジェクトの理想状態と現在の状態を比較し、理想状態になるように調整を行います。これらのコンポーネントを実装するうえで重要な役割を果たすのがclient-goです。

client-go

client-goはK8sのAPIサーバの公式Goクライアントライブラリです。K8sの組み込みオブジェクトにはすべて対応しており、次の操作ができます。

- Create
- Update
- Delete
- DeleteCollection
- Get
- List
- Watch
- Patch
- Apply

jctlではJobオブジェクトの作成にCreateを、作成したJobオブジェクトの状態監視にWatchを利用しています。次項ではjctlが具体的にどのようにclient-goを利用してAPIサーバとやりとりを行うのかを紹介します。

APIクライアントの構築

APIサーバにアクセスするクライアントは**リスト2.3.1**のように構築します。

[注14] https://kubernetes.io/docs/concepts/workloads/controllers/deployment/
[注15] https://kubernetes.io/docs/concepts/workloads/pods/pod/
[注16] https://kubernetes.io/docs/concepts/services-networking/service/
[注17] https://kubernetes.io/docs/concepts/
[注18] https://etcd.io/

▼リスト 2.3.1　クライアントの構築

```
kubeConfig, err := getKubeConfig(kc)
if err != nil {
  return nil, errors.Wrap(err, "failed to get kubeconfig")
}
config, err := clientcmd.BuildConfigFromFlags("", kubeConfig)
if err != nil {
  return nil, errors.Wrap(err, "failed to build config")
}
clientset, err := kubernetes.NewForConfig(config)
if err != nil {
  return nil, errors.Wrap(err, "failed to create clientset")
}
```

　getKubeConfigで前述の3種類の認証情報ファイルへのパスを記載順にチェックし、最初に見つかったものを取得します。ファイルには接続先クラスタ情報（clusters）、認証情報（users）、接続先と認証情報の組み合わせ（contexts）、現在の設定情報（current-context）などが含まれます。これを利用してrestclient.Configを組み立て、kubernetes.Clientsetを構築します。Clientsetには各組み込みKubernetesオブジェクトが所属するグループとバージョンごとに生成されたすべてのクライアントが含まれます。clientcmdパッケージ[注19]もkubernetesパッケージ[注20]も、いずれもclient-go内のパッケージです。

オブジェクトの作成

　今度は取得したAPIクライアントを利用してAPIサーバにリクエストします（**リスト 2.3.2**）。

▼リスト 2.3.2　API サーバへのリクエスト

```
clientset.BatchV1().Jobs(namespace).Create(&batchv1.Job{
  TypeMeta: metav1.TypeMeta{APIVersion: batchv1.SchemeGroupVersion.String(), Kind: "Job"},
  ObjectMeta: metav1.ObjectMeta{
    GenerateName: jobName,
    Namespace:    namespace,
  },
  Spec: batchv1.JobSpec{
    Template: corev1.PodTemplateSpec{
      Spec: corev1.PodSpec{
        Containers: []corev1.Container{
          {Name:  jobName, Image: image},
        },
        ImagePullSecrets: []corev1.LocalObjectReference{{Name: imagePullSecretName}},
        RestartPolicy:    corev1.RestartPolicyNever,
```

注19 https://github.com/kubernetes/client-go/tree/master/tools/clientcmd
注20 https://github.com/kubernetes/client-go/tree/master/kubernetes

```
      },
     },
    },
 })
```

Job オブジェクトは Batch API グループに属しているので、ネームスペースを指定して clientset か
ら Job 用のクライアントを取得します。そして Job オブジェクトの理想状態（Spec）を定義し、Create
で実際に API サーバにリクエストします。Job オブジェクトは Go 実装上も Job[注21] という構造体で表現
されており、オブジェクトの種類と API バージョンを定義する TypeMeta フィールド、メタデータを定
義する ObjectMeta フィールド、理想状態を定義する Spec フィールド、現在の状態を定義する Status
フィールドを持ちます。Status フィールドは利用者ではなく K8s がオブジェクトの状態に応じて更新
します。

状態監視

作成された Job は Watch メソッドで状態を監視します（**リスト 2.3.3**）。

▼リスト 2.3.3　Job の状態監視

```
w, err := c.Clientset.BatchV1().Jobs(namespace).Watch(metav1.ListOptions{})
if err != nil {
  return nil, errors.Wrap(err, "failed to watch job")
}
defer w.Stop()
ch := w.ResultChan()
for {
  select {
  case <-ctx.Done():
    log.Printf("job execution timeout name: %s\n", jobName)
    return errors.Wrap(ctx.Err(), "job execution timeout")
  case obj := <-ch:
    job, ok := obj.Object.(*batchv1.Job)
    if !ok {
      c.log.Printf("unexpected kind object: %v", obj)
    }
    if createdJob.Name == job.Name && isFinished(job) {
      log.Printf("job finished, name: %s\n", jobName)
      return nil
    }
  }
}
```

[注21] https://github.com/kubernetes/api/blob/master/batch/v1/types.go#L28

Watchは**リスト 2.3.4** のように定義される `watch.Interface` を返します。

▼ リスト 2.3.4　watch.Interface

```
type Interface interface {
  Stop()
  ResultChan() <-chan Event
}

type Event struct {
  Type EventType
  Object runtime.Object
}
```

　オブジェクトに追加、更新などの変更が発生するたびにチャネルにイベントが届くので、Jobオブジェクトの成功／失敗が確定するまでループして待ち受けます。Watchのオプションとしてタイムアウトを設定できますが、K8sのAPIに限らずコンテナのビルドも含め統一的に管理するために、jctlではコンテキストを利用しています。また、jctlでは直接Watchを呼び出していますが、すべてのKubernetesクラスタ内のすべてのコンポーネントがAPIサーバにリクエストするため高負荷になります。そのため、コントローラなどの開発においてはclient-goが提供するキャッシュ機構[注22] を介してリクエストするのが一般的です。jctlでは単一のオブジェクトしか扱わないため直接呼び出しています。

2.3.4　GitHub Actionsとkindを利用したE2Eテスト

　K8sにリクエストするクライアントのテストはどのように行えば良いでしょうか。jctlではテスト用に手軽にKubernetesクラスタを構築できるkindを利用してE2Eテストを行っています。ここからはGitHub Actionsを利用してCI実行時にKubernetesクラスタを構築してテストする方法を紹介します。

GitHub Actions

　GitHub Actions[注23] はGitHubが提供するCI/CDワークフローサービスです。GitHubへのpushやPull Requestなどのイベントをトリガーにビルド、テスト、デプロイなどを実行できます。次のような特徴があり、業務や個人開発で活用できます。

[注22] https://github.com/kubernetes/sample-controller/blob/master/docs/controller-client-go.md
[注23] https://github.com/features/actions

- ワークフローのstepの構成要素としてactionを利用できる
- actionは自分で定義でき、再利用できる
- actionはすでにコミュニティでメンテナンスされているリポジトリ[注24] があり、多数のactionを利用できる
- 実行環境が豊富

Goアプリケーションの場合は、**リスト2.3.5** のようなYAMLファイルをリポジトリの.github/workflows下に置くだけで試せます。

▼リスト2.3.5 ワークフローを定義したYAMLの例

```
on: push
jobs:
  build:
    runs-on: ${{ matrix.os }}
    strategy:
      Matrix:
        os: [ 'ubuntu-latest', 'windows-latest', 'macOS-latest' ]
        go: [ '1.14', '1.15', '1.16' ]
    name: Go ${{ matrix.go }} sample
    steps:
      - uses: actions/checkout@v2
      - name: Setup go
        uses: actions/setup-go@v2
        with:
          go-version: ${{ matrix.go }}
      - run: go run hello.go
```

この例の場合は各OS、各Goバージョンを掛け合わせてマトリックスビルドが可能で、並列実行されます。usesでは公開されているactionを利用でき、runではコマンドを直接実行しています。

kind

kind[注25] はテスト用のKubernetesクラスタをローカル環境に構築するためのツールです。Kubernetes IN Dockerという名のとおり、Kubernetesクラスタの各ノードがDockerコンテナとして実行されます。ローカル環境でKubernetesクラスタを構築するためのツールはほかにもありますが、kindはマルチノードのクラスタ構築に対応していたり、K8sの本体のテストツール[注26] として利用されていたりするのが特徴です。最新版は**図2.3.2** のコマンドで取得／実行が可能です。

注24 https://github.com/actions
注25 https://github.com/kubernetes-sigs/kind
注26 https://github.com/kubernetes/test-infra/tree/master/kubetest

▼図 2.3.2　kind の取得／実行

```
$ brew install kind
$ kind create cluster
```

　作成したクラスタにアクセスするには、**図 2.3.3** のように設定情報を切り替えます。これで kubectl や jctl で API サーバにアクセスできます。

▼図 2.3.3　クラスタにアクセスするために設定情報を切り替え

```
$ kubectl config use-context kind-kind
```

ワークフローの構築

　jctl では GitHub Action と kind を利用して**リスト 2.3.6** のようなワークフローを構築しました。

▼リスト 2.3.6　jctl のテスト用のワークフロー

```
name: CI
on: [push]
jobs:
  test:
    runs-on: ${{ matrix.os }}
    strategy:
      matrix:
        os: [ 'ubuntu-latest' ]
        go: [ '1.15', '1.16' ]
    steps:
      - name: Set up Go
        uses: actions/setup-go@v2
        with:
          go-version: ${{ matrix.goversion }}
        id: go
      - name: Set up Docker
        run: echo ${{ secrets.DOCKER_HUB_TOKEN }} | docker login -u toshi0607 --password-↵
stdin
      - name: Set up Kubernetes cluster with kind
        uses: engineerd/setup-kind@v0.5.0
      - name: Check out code
        uses: actions/checkout@v2
      - name: e2e test
        run: |
          export KUBECONFIG="${HOME}/.kube/config"
          make test_e2e
        env:
          JCTL_DOCKER_REPO: toshi0607
```

　まず、GitHubへのpushをトリガーにOSがubuntu-latestであるGo 1.15とGo 1.16の2つの実行環境を準備しています。次に、Go、Docker、kind、ソースコードを準備し、Makefileに記載しているテストを実行しています。

　kindをセットアップするためのaction[注27]もすでに開発されており利用可能です。クラスタの構築ステップは1分半程度で完了します。このE2EテストではコンテナレジストリにDocker Hubを利用しており、ログインのためのアクセストークンは各リポジトリのSettingsから登録できるSecretストアに保存しています。${{ secrets.DOCKER_HUB_TOKEN }}のような形式で参照可能です。

2.3.5　まとめ

　本節では、GoのアプリケーションをK8sのJobとしてワンコマンドで実行するツールであるjctlを紹介しました。JobのようなKubernetesオブジェクトの状態はetcdに保存され、すべてkube-apiserver経由で操作されます。kube-apiserverに集中する負荷を低減する機構を備えたクライアントライブラリとしてclient-goが存在し、CLIやコントローラで広く活用されています。

　kube-apiserverにリクエストするプロダクトのテストにはkindがうってつけです。kindはDockerコンテナを利用して迅速かつ手軽にローカル環境にクラスタを構築できます。CI/CDワークフローサービスであるGitHub Actionsなどと併せて利用するとさまざまなOS、Goのバージョンに対応したビルド、テスト、デプロイが可能です。

　K8sもGoで書かれているので、コンテナベースのアプリケーション開発をより効率的に行うためのツールを作るなら、ぜひGoで書いてみてください。

■ 本節で紹介したパッケージ、ライブラリ、ツール
- github.com/google/go-containerregistry （https://pkg.go.dev/github.com/google/go-containerregistry）
- k8s.io/client-go （https://pkg.go.dev/k8s.io/client-go）
- kind （https://kind.sigs.k8s.io/）

■ ステップアップのための資料
- Kubernetes Documentation （https://kubernetes.io/docs/home/）

注27　https://github.com/engineerd/setup-kind

第3章

Go エキスパートたちの実装例 3
ソフトウェアやWebサービスの拡張機能

3.1 Goによるプラグイン機能の実装

Author　森 健太
Repository　pluginパッケージを使ったサンプルコード
（https://github.com/zoncoen-sample/software-design-2019-10/tree/master/official）
hashicorp/go-pluginを使ったサンプルコード
（https://github.com/zoncoen-sample/software-design-2019-10/tree/master/third-party）
Scenarigo（https://github.com/zoncoen/scenarigo）
Keywords　プラグイン、pluginパッケージ、go-pluginパッケージ

3.1.1 プラグインとは

　世の中には、さまざまなソフトウェアがありますが、その中には外部のプログラムを追加することで機能を拡張できるものがあります。そのような機能はプラグインやアドオン、エクステンションと呼ばれ、身近なものだと次のようなものがあります。

- ・テキストエディタの見た目を変更するプラグイン
- ・ブラウザをマウスジェスチャで操作できるようにするアドオン
- ・メディアプレイヤーにコーデックを追加するエクステンション

　このほかにもさまざまなソフトウェアでプラグイン機能は実装されていますが、それらはおもに次のような目的で実装されています。

- ・サードパーティー開発者がソフトウェアの機能を拡張可能にする
- ・新機能の追加を容易にする
- ・ソフトウェア自体のサイズを減らす
- ・非互換なライセンスのソースコードをアプリケーションから切り離しておく

　本節では、Goで書かれたソフトウェアをプラグインで拡張できるようにするための方法とその実例を紹介します。

3.1.2 Goでプラグイン機能を実装する方法

　Goで書かれたあるソフトウェアにプラグイン機能を実装するには、一般的に次のような3つの方法があります。

　1つめは、ソフトウェア本体とプラグインをまとめて1つのバイナリにビルドする方法です。この方法は非常に単純で、実装時に特別な制約もありません。しかし、ユーザーにGoの開発環境を要求することになるので、ソフトウェアを導入するハードルは上がってしまいます。また、新しいプラグインを追加する際には、ソフトウェア本体を含むすべてのソースコードを再ビルドする必要があるというデメリットも存在します。

　2つめは、動的ライブラリとしてプラグインを作成する方法です。WindowsのDynamic Link Library[注1]やLinuxのShared Object[注2]は、ソフトウェアの実行時に動的にロードできるのでプラグイン機能として利用できます。この方法であれば、ソフトウェア本体はそのままにプラグインを追加できます。

　3つめは、ソフトウェア本体とプラグインとが別のプロセスとして起動し、お互いに通信することで協調して動作する方法です。通信方法は単純に標準入出力、あるいはHTTPやgRPCなどさまざまなものが利用できます。この方法だとプロセス自体が分かれており、通信インターフェースによって制約が設けられるのでより安全です。ただし、通信することによるオーバーヘッドがあるので、実行速度の面ではほかの方法よりも多少劣ります。

3.1.3 動的ライブラリとしてプラグインを作成する

　それでは、まず動的ライブラリとしてプラグインを作成する方法を見てみましょう。Goでは、動的ライブラリをプラグインとして扱うためのしくみとしてpluginパッケージ[注3]が用意されています。pluginパッケージはGo 1.8[注4]で追加されました。当初はLinuxでしか動かなかったのですが、その後Go 1.10[注5]でmacOS、Go 1.14[注6]でFreeBSDでの動作もサポートされるようになりました。Goのpluginパッケージは、プログラムの実行時に動的ライブラリを読み込むことでプラグイン機能の実

注1　https://support.microsoft.com/en-us/help/815065/what-is-a-dll
注2　http://tldp.org/HOWTO/Program-Library-HOWTO/dl-libraries.html
注3　https://pkg.go.dev/plugin
注4　https://go.dev/doc/go1.8#plugin
注5　https://go.dev/doc/go1.10#compiler
注6　https://go.dev/doc/go1.14#plugin

装を可能にしています。

　実行すると挨拶文を出力するGoのプログラムを例に、pluginパッケージの使い方を見ていきましょう。この例では、多言語対応のためにプラグイン機能を利用します。このソースコードはGitHub[注7]で公開しています。

　まずは動的に読み込まれるプラグインを作成します。**リスト3.1.1**は動的ライブラリとして読み込まれるプラグイン側のソースコードです。

▼リスト3.1.1　英語で挨拶文を表示するプラグイン（plugin/en/plugin.go）

```go
package main

import "fmt"

func Greet() {
  fmt.Println("Hello!")
}
```

　mainパッケージに、Greetという名前の挨拶文を出力する関数を定義しています。このファイルをプラグインとして使える動的ライブラリとしてビルドするには、go buildコマンドに-buildmode=pluginというオプションを渡してビルドします。

```
$ go build -buildmode=plugin -o en.so ./plugin/en
```

　次にpluginパッケージを使ってライブラリを読み込むプログラム本体を作成します。**リスト3.1.2**は引数をもとにプラグインを読み込んで挨拶文を表示するプログラムです。

▼リスト3.1.2　プラグインを利用するコード（greet.go）

```go
package main

import (
  "errors"
  "fmt"
  "os"
  "plugin"
)

func main() {
  if len(os.Args) != 2 {
    exit(errors.New("invalid argument"))
```

```
  }
  if err := greet(os.Args[1]); err != nil {
    exit(err)
  }
}

func exit(err error) {
  fmt.Fprintf(os.Stderr, "error: %s\n", err)
  os.Exit(1)
}

func greet(lang string) error {
  // Open plugin.
  p, err := plugin.Open(lang + ".so")
  if err != nil {
    return err
  }

  // Lookup a symbol named "Greet".
  v, err := p.Lookup("Greet")
  if err != nil {
    return err
  }

  f, ok := v.(func())
  if !ok {
    return errors.New(`Greet must be a "func()"`)
  }
  f()
  return nil
}
```

plugin.Openでプラグインを読み込み、Lookupメソッドで先ほど定義したプラグインのGreet関数を取得します。Lookupメソッドは、プラグインでエクスポートされている変数と関数を名前で取得できます。Lookupメソッドで取得したシンボルは、型アサーションを利用して型を変換して使います。

次のようにビルドして実行すると、pluginのGreet関数が実行されて "Hello!" と表示されます。

```
$ go build -o greet greet.go
$ ./greet en
Hello!  // ←英語で表示される
```

このようにpluginパッケージを使うと、プラグインとして機能を実装してそれをほかのプログラムから利用できます。たとえば日本語で挨拶文を表示できるようにしたければ、**リスト3.1.3**のようなプラグインを用意することでgreet.goに手を入れなくても実現できます。

▼リスト 3.1.3　日本語で挨拶文を表示するプラグイン（plugin/jp/plugin.go）

```
package main

import "fmt"

func Greet() {
  fmt.Println("こんにちは！")
}
```

リスト **3.1.3** のプラグインを指定してビルドし、実行します。

```
$ go build -buildmode=plugin -o jp.so ./plugin/jp
$ ./greet jp
こんにちは！  // ←日本語で表示される
```

　先述したとおりpluginパッケージがサポートしているのは現時点でLinuxとmacOS、FreeBSDのみなので、Windowsでも動作するようにプラグイン機能を実装したい場合は、次に紹介するgo-pluginなどほかの方法を利用する必要があります。

3.1.4　別のバイナリとしてプラグインを作成して RPC 経由で利用する

　Go 1.8でpluginパッケージが追加される以前から、プラグイン機能を実現するためのサードパーティー製パッケージがいくつか開発されてきました。そのほとんどは、ソフトウェア本体とプラグインが別のプロセスで動作してお互いに通信するタイプのものです。次は、その中でもとくに実績のあるgithub.com/hashicorp/go-plugin（以下、go-plugin）[注8] を紹介します。

　go-pluginはHashiCorp社[注9]が中心となって開発しているOSSのパッケージで、今ではPacker[注10]、Terraform[注11]、Nomad[注12]、Vault[注13] といったHashiCorp社のプロダクトなどで使われています。

　go-pluginは通信方法に標準パッケージのnet/rpcとgRPCが利用できます。ここではnet/rpcを使った場合のプラグインの実装方法を、先ほどと同じように挨拶文を出力するプログラムを例に見て

[注8]　https://github.com/hashicorp/go-plugin
[注9]　https://www.hashicorp.com
[注10]　https://www.packer.io
[注11]　https://www.terraform.io
[注12]　https://www.nomadproject.io
[注13]　https://www.vaultproject.io

みます。このソースコードもGitHub[注14]で公開しています。

go-pluginでは、RPCサーバとして振る舞うプラグインのプロセスをソフトウェア本体が起動し、RPCのリクエストを投げることでプラグインと通信します。これを図示すると**図3.1.1**のようになります。

▼図3.1.1　go-pluginを利用したソフトウェアのアーキテクチャ

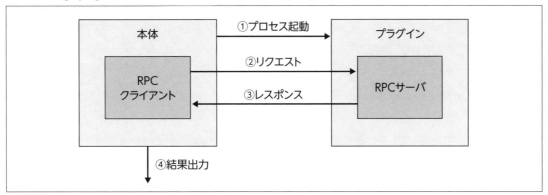

まずは必要なインタフェースを定義して、RPCのクライアントとサーバを実装します（**リスト3.1.4**）。

▼リスト3.1.4　プラグイン用のインタフェースとRPC通信のための構造体（common/common.go（前半））

```go
package common

import (
  "net/rpc"

  "github.com/hashicorp/go-plugin"
)

// Greeter is an interface for plugin.
type Greeter interface {
  Greet() (string, error)
}

// GreeterRPC is a RPC client for plugin.
type GreeterRPC struct{ client *rpc.Client }

func (g *GreeterRPC) Greet() (string, error) {
  var resp string
  err := g.client.Call("Plugin.Greet", new(interface{}), &resp)
  if err != nil {
    return "", err
```

```
  }
  return resp, nil
}

// GreeterRPCServer is a RPC server for plugin.
type GreeterRPCServer struct {
  Impl Greeter
}

func (s *GreeterRPCServer) Greet(args interface{}, resp *string) error {
  var err error
  *resp, err = s.Impl.Greet()
  return err
}
```

そして、plugin.Pluginのインタフェースを満たす構造体を追加します（**リスト 3.1.5**）。

▼リスト 3.1.5　plugin.Plugin インタフェースを満たす構造体（common/common.go（後半））

```
// HandshakeConfig is a configuration for handshake.
var HandshakeConfig = plugin.HandshakeConfig{
  MagicCookieKey:   "BASIC_PLUGIN",
  MagicCookieValue: "hello",
}

// GreeterPlugin implements plugin.Plugin interface.
type GreeterPlugin struct {
  Impl Greeter
}

func (GreeterPlugin) Client(b *plugin.MuxBroker, c *rpc.Client) (interface{}, error) {
  return &GreeterRPC{client: c}, nil
}

func (p *GreeterPlugin) Server(*plugin.MuxBroker) (interface{}, error) {
  return &GreeterRPCServer{Impl: p.Impl}, nil
}
```

　これを利用して、プラグインとそれを利用するプログラム本体を作っていきます。ちなみに
HandshakeConfigはプログラムとプラグインがRPCで通信を始める際のハンドシェイクの設定です。
MagicCookieKeyやMagicCookieValueの値がサーバとクライアントで異なるとプラグインとの接続に失
敗するため、意図しないタイプのプラグインを利用してしまうことを防げます。また、HandshakeConfig
で設定すればプロトコルのバージョニングも行えます。
　次に、プラグインとなるRPCサーバを作ります。**リスト 3.1.6** はプラグインの実装であるGreeter
を、plugin.Serve関数を使ってRPCサーバとして動作させるコードです。

▼リスト3.1.6　プラグインとなるRPCサーバ（plugin/en/plugin.go）

```go
package main

import (
  "github.com/hashicorp/go-plugin"
  "github.com/zoncoen-sample/software-design-2019-10/third-party/common"
)

type Greeter struct{}

func (g Greeter) Greet() (string, error) {
  return "Hello!", nil
}

func main() {
  var greeter Greeter
  plugin.Serve(&plugin.ServeConfig{
    HandshakeConfig: common.HandshakeConfig,
    Plugins: map[string]plugin.Plugin{
      "greeter": &common.GreeterPlugin{Impl: greeter},
    },
  })
}
```

これを単体のバイナリとしてビルドしておきます。

```
$ go build -o en ./plugin/en
```

最後に、プログラム本体を実装します（**リスト3.1.7**）。

▼リスト3.1.7　プラグインを利用するためRPCクライアントを使う（greet.go）

```go
package main

import (
  "fmt"
  "os"
  "os/exec"

  "github.com/hashicorp/go-hclog"
  "github.com/hashicorp/go-plugin"
  "github.com/zoncoen-sample/software-design-2019-10/third-party/common"
)

func main() {
```

```
  logger := hclog.New(&hclog.LoggerOptions{
    Name:   "plugin",
    Output: os.Stdout,
    Level:  hclog.Warn,
  })

  client := plugin.NewClient(&plugin.ClientConfig{
    HandshakeConfig: common.HandshakeConfig,
    Plugins: map[string]plugin.Plugin{
      "greeter": &common.GreeterPlugin{},
    },
    Cmd:     exec.Command("./en"),
    Logger: logger,
  })
  defer client.Kill()

  rpcClient, err := client.Client()
  if err != nil {
    exit(err)
  }

  raw, err := rpcClient.Dispense("greeter")
  if err != nil {
    exit(err)
  }

  greeter := raw.(common.Greeter)
  resp, err := greeter.Greet()
  if err != nil {
    exit(err)
  }
  fmt.Println(resp)
}

func exit(err error) {
  fmt.Fprintf(os.Stderr, "error: %s\n", err)
  os.Exit(1)
}
```

　本体側では、先ほどビルドしたプラグインのプロセスを起動して、そのRPCサーバに対してリクエストを投げることでプラグインを利用します。

　リスト 3.1.7 をビルドして実行してみると、プラグインで実装しているGreet関数の戻り値である"Hello!" という文字列が表示されます。

```
$ go build -o greet greet.go
$ ./greet
Hello!
```

go-pluginは通信のインターフェースを決めて、ソフトウェアとプラグインで通信するクライアントとサーバを実装する必要があるため、標準のpluginパッケージと比べると実装が複雑になるように見えます。しかし、別のバイナリとして動作することで、プラグインのコードに問題がありクラッシュしてしまうような場合でも、本体が影響を受けることはないためより堅牢であると言えます。また、Vaultのように機密情報を扱うソフトウェアの場合、あらかじめ通信インターフェースを決めて制約を設けることで、悪意あるプラグインによるセキュリティリスクを軽減することもできます。

一方で、通信に伴うオーバーヘッドがあるため、pluginパッケージのように動的ライブラリを使った実装には速度面で劣ります。プラグイン機能を導入するソフトウェアの性質によって使い分けるのが望ましいでしょう。

3.1.5 pluginパッケージを利用したscenarigoの実装

先述したように、go-pluginは複数のHashiCorp製品で使われていますが、標準のpluginパッケージを使っているソフトウェアの例はあまり見ることがないと思います。そこで、実際にpluginパッケージを利用してプラグイン機能を実装しているソフトウェアを紹介します。

筆者が開発しているscenarigo[注15]は、YAMLで記述したシナリオに沿ってAPIサーバのE2Eテストを行うためのソフトウェアです。たとえば、リクエストボディのmessageをそのまま返すようなエコーサーバのテストシナリオは、**リスト3.1.8**のように書けます。

▼リスト 3.1.8　エコーサーバのテストシナリオ

```
title: /echo
steps:
- title: POST /echo
  vars:
    message: hello
  protocol: http
  request:
    method: POST
    url: "{{env.TEST_ADDR}}/echo"
    body:
      message: "{{vars.message}}"
  expect:
    code: 200
    body:
      message: "{{request.message}}"
```

注15 https://github.com/zoncoen/scenarigo

scenarigoはもともと次のような点をゴールに定めて開発を始めました。

- 基本的にYAMLだけで簡単にテストシナリオが書けること
- HTTPだけでなくgRPCのAPIサーバのテストにも使えること
- シナリオの再利用ができること
- Goのコードで拡張できること

この中の「Goのコードで拡張できる」を実現するために、scenarigoではpluginパッケージを利用しています。

たとえば、ランダムな文字列が必要だとします。それをGoのコード（**リスト3.1.9**）として実装してYAML（**リスト3.1.10**）の中で使えます。

▼リスト3.1.9　ランダム文字列を返す関数を実装したプラグイン

```
package main

func GenerateRandomeID() string {
  var id string
  // id = generateRandomID()
  return id
}
```

▼リスト3.1.10　プラグインを利用するテストシナリオ

```
title: /echo
plugins:
  # open util.so as a plugin
  util: "util.so"
steps:
- title: POST /echo
  protocol: http
  request:
    method: POST
    url: "{{env.TEST_ADDR}}/echo"
    body:
      # lookup and call GenerateRandomeID
      id: "{{plugins.utilGenerateRandomeID()}}"
```

実装としては、シナリオのpluginsで指定された動的ライブラリをプラグインとして読み込んでmapに保持しておき（**リスト3.1.11**）、テンプレート文字列の中で参照されていればLookupメソッドでシンボルを取得して利用しています（**リスト3.1.12**）。

▼リスト 3.1.11　pluginsで指定されたプラグインの読み込み

```go
func runScenario(ctx *context.Context, s *schema.Scenario) *context.Context {
  if s.Plugins != nil {
    plugs := map[string]*plugin.Plugin{}
    for name, path := range s.Plugins {
      plug, err := plugin.Open(path)
      if err != nil {
        ctx.Reporter().Fatalf("failed to open plugin: %s", err)
      }
      plugs[name] = plug
    }
  }
  /* （略） */
}
```

▼リスト 3.1.12　読み込まれたプラグインの利用

```go
type plug plugin.Plugin

func (p *plug) ExtractByKey(key string) (interface{}, bool) {
  if sym, err := ((*plugin.Plugin)(p)).Lookup(key); err == nil {
    return sym, true
  }
  return nil, false
}
```

　また、デフォルトで利用できるのはHTTPとgRPCのみですが、それ以外のプロトコルを使った
サーバもテストできるようにするしくみにもプラグイン機能を使っています。scenarigoでは、HTTP
やgRPCのような通信プロトコルは**リスト 3.1.13**のようなインタフェースで表現されています。

▼リスト 3.1.13　scenarigoで定義されている通信プロトコルのインタフェース

```go
// Protocol is the interface that creates Invoker and AssertionBuilder from YAML.
type Protocol interface {
  Name() string
  UnmarshalRequest(func(interface{}) error) (Invoker, error)
}

// Invoker is the interface that sends the request and returns response sent from the
server.
type Invoker interface {
  Invoke(*context.Context) (*context.Context, interface{}, error)
}
```

　UnmarshalRequestはYAMLをパースしてリクエストを組み立て、それをサーバに送信してレスポン
スを受け取るInvoker型の値を返します。実際にどのようなプロトコルでリクエストを送信するかは

Invokerインタフェースの実装に任されているので、プラグイン側で好きな通信方法でリクエストを送信するように実装することができます。

　Protocol は Register 関数（**リスト 3.1.14**）で登録できるようになっているので、プラグインの init 関数の中で追加したい Protocol を登録すれば使えるようになります（**リスト 3.1.15、16**）。

▼リスト 3.1.14　Protocol を登録する Register 関数

```
// Register registers the protocol to the registry.
func Register(p Protocol) {
  m.Lock()
  defer m.Unlock()
  registry[strings.ToLower(p.Name())] = p
}
```

▼リスト 3.1.15　新しい通信プロトコルを登録するプラグイン

```
package main

import "github.com/zoncoen/scenarigo/protocol"

func init() {
  protocol.Register(&MyProtocol{})
}

type MyProtocol struct{}

func (p *MyProtocol) Name() string {
  return "myprotocol"
}

func (p *HTTP) UnmarshalRequest(unmarshal func(interface{}) error) (protocol.Invoker, error)
{
  /* （略） */
}
```

▼リスト 3.1.16　プラグインで追加された通信プロトコルを利用するシナリオ

```
title: custom protocol
plugins:
  // load plugin
  myprotocol: "myprotocol.so"
steps:
- title: send request via custom protocol
  // select protocol by name
  protocol: myprotocol
  request:
    /* （略） */
```

　scenarigoはこれ以外にもさまざまな機能を、プラグインを使ってカスタマイズできるようにしています。世の中のAPIサーバにはさまざまな実装があり、そのすべてにscenarigoがあらかじめ対応できるようにしておくのは現実的ではありません。そこでプラグイン機能を用意することで、必要に応じてユーザーがカスタマイズして利用できるようにしています。

3.1.6　まとめ

　本節では、Goで書かれたソフトウェアをプラグインで拡張可能にするいくつかの方法と、実際に標準のpluginパッケージを利用しているscenarigoについて紹介しました。プラグインで拡張可能にすることによって、ユーザーの利便性を向上させたり、新機能の追加を容易にしたりすることができます。みなさんも柔軟でカスタマイズ性の高いソフトウェアを作りたくなったら、ぜひプラグイン機能を実装してみてください。

■本節で紹介したパッケージ、ライブラリ、ツール

- net/rpc （https://pkg.go.dev/net/rpc）
- github.com/hashicorp/go-plugin （https://pkg.go.dev/github.com/hashicorp/go-plugin）
- plugin （https://pkg.go.dev/plugin）
- Scenarigo （https://github.com/zoncoen/scenarigo）

3.2 GitHub Actionsによる自動化

Author	生沼 一公
Repository	create-scheduled-milestone-action (https://github.com/oinume/create-scheduled-milestone-action)
Keywords	GitHub Actions、ユニットテスト、モック、go-githubパッケージ、testingパッケージ

3.2.1 GitHub Actionsとは

2019年11月にGitHub Actions[注1]が正式にリリースされてから、GitHubで発生するイベントをトリガーにしてさまざまな処理を自動化することが可能になりました。その誕生から2年以上経った今、GitHubのMarketplace[注2]を覗いてみると、数々の便利なActionが並んでいます。

本節では、筆者が作ったcreate-scheduled-milestone-action[注3]を題材にして、Goを使ったGitHub Actionsの作り方を解説します。

3.2.2 GitHub Actionsの使い方

GitHub Actionsでは、ワークフローを定義するYAMLファイルを書くことで、GitHubのイベントをフックして任意のアクションを実行できます。**リスト3.2.1**は、GitHubリポジトリに対してpushイベントが発生した際に、そのときのソースコードをcheckoutするだけのActionの例です。

注1　https://github.com/features/actions
注2　https://github.com/marketplace?type=actions
注3　https://github.com/oinume/create-scheduled-milestone-action

▼リスト 3.2.1 push イベントをトリガーする Action

```
# ワークフローに任意の好きな名前を付ける
name: checkout-on-push
on: push
jobs:
  build:
    # ワークフローを実行するDockerイメージ
    runs-on: ubuntu-latest
    steps:
      - uses: actions/checkout@master
```

stepsでusesを使うことでactions/checkoutのactionを実行しています。また、stepsでは任意のシェルコマンドを実行することが可能です。

このように、GitHub Actionsではすでに存在するActionを利用してさまざまな処理を実行できます。次のような、一見プログラムを書かないと実現できなそうなことも、既存のActionを使うことで簡単に実現できます。

- 特定のファイルが変更されている場合に、Pull Requestにラベルを付ける
- 特定のブランチに更新が発生した際に、Slackにメッセージを送る
- Pull Requestがmasterブランチにマージされたら、タグを自動的に作成する

3.2.3 GitHub Actionsの作り方

GitHub Actionsを自作できれば、より自動化できるタスクの幅が広がります。Actionを作る方法にはDockerコンテナ、またはJavaScriptなどがあります。本節ではGoで書いたコードをDockerコンテナで動かします。DockerコンテナのActionは、GitHubがホストしているLinuxサーバ上で実行されます。

DockerコンテナでActionを作って公開するためには、次の作業を行う必要があります。本節ではActionを公開することが主題ではありませんが、Actionを公開するための手順に沿って説明をしていきます。

- action.ymlの作成
- Actionの実装
- Dockerfileの作成

- Actionの公開[注4]

action.ymlの定義

action.ymlは作成するActionの定義ファイルです。**リスト3.2.2**のようなフォーマットになっています。

▼リスト3.2.2　action.yml の例

```
# Actionの名前
name: "Create Scheduled Milestone"
# Actionが何をするものかの説明
description: "Create a new milestone with the given title, state, description and due date"
author: "Kazuhiro Oinuma"
# Actionの入力の定義
inputs:
  title:
    # 入力パラメータの説明
    description: "A title of the milestone."
    # 必須の場合trueにする
    required: true
  state:
    description: "A state of the milestone. Either open or closed. Default: open"
    required: false
  description:
    description: "A description of the milestone."
    required: false
  due_on:
    description: "The milestone due date. This is a timestamp in ISO 8601 format: ↗
YYYY-MM-DDTHH:MM:SSZ."
    required: false
# Actionの出力の定義
outputs:
  number:
    # 出力するパラメータの説明
    description: "The number of the created milestone."
# Actionを実行する環境
runs:
  using: "docker"
  image: "Dockerfile"
# GitHub Marketplaceで表示されるアイコン
branding:
  icon: 'calendar'
  color: 'orange'
```

注4　Action は公開しなくても同じリポジトリ内のワークフローから使えます。詳細は次のドキュメントを参照してください。
https://docs.github.com/en/actions/learn-github-actions/finding-and-customizing-actions#referencing-an-action-in-the-same-repository-where-a-workflow-file-uses-the-action

入出力

　GitHub Actionsではプログラミング言語の関数のように、何かしらの入力を受け取って処理を行い、実行結果として任意の出力を返せます。入力値は環境変数の INPUT_VARIABLE_NAME の形式で渡されます。たとえばaction.ymlで**リスト 3.2.3** のように定義したものは、「INPUT_TITLE」という環境変数でActionに渡されます。

▼リスト 3.2.3　入力の例

```
inputs:
  title:
    description:...
```

　出力に関しては、標準出力に決められた形式で出力することで、呼び出し側に値を返せます。action.ymlで**リスト 3.2.4** のように定義した出力は、標準出力に**リスト 3.2.5** の形式で出力することで、Actionの呼び出し側に出力値を返せます。

▼リスト 3.2.4　出力の例

```
outputs:
  number:
    description:...
```

▼リスト 3.2.5　標準出力への出力形式

```
::set-output name=number::value
```

　ここまでがActionの実装に必要な前提知識になります。

3.2.4 Actionの実装

　Actionの実装の説明をする前に、このActionをどのように使うかを説明します。**リスト 3.2.6** がActionを使うときのワークフローの定義です。

▼リスト 3.2.6　ワークフローの定義

```
name: integration-test
on: push
jobs:
  run:
    runs-on: ubuntu-latest
    steps:
    - uses: actions/checkout@master
    - name: Create milestone
      id: create_milestone
      uses: oinume/create-scheduled-milestone-action@master
      # (1)Actionに渡す入力値
      with:
        title: "v1"
        state: "open"
        description: "v1 release"
        due_on: "2021-06-30T00:00:00+09:00"
      # (2)Actionに渡す環境変数(secrets.GITHUB_TOKEN)を渡している
      env:
        GITHUB_TOKEN: "${{ secrets.GITHUB_TOKEN }}"
    - name: Check outputs
      # (3)Actionの出力値であるnumberを参照
      run: |
        test "${{ steps.create_milestone.outputs.number }}" != ""
```

　次の3つのポイントについて理解すると、その後に説明するActionの実装について理解が深まるはずです。

(1) with によって Action に渡す入力値を定義
(2) env で Action に渡す環境変数を定義
(3) outputs で Action からの出力値を参照

　それでは実際に Issue milestone を作成する Action（create-scheduled-milestone-action）を実装してみましょう。Docker の ENTRYPOINT[注5] となるコマンドを Go で実装するだけなので、特別なことは何ひとつありません。いつもどおり main 関数を書き、その中に必要な処理を書くだけです。これから説明する Action の実装については、注3のURLにソースコードがあるので、参考にしてください。

　リスト 3.2.7 の main 関数では、環境変数 GITHUB_TOKEN を取得して newGitHubClient という関数に渡しています。

注5　https://docs.docker.com/engine/reference/builder/#entrypoint

▼リスト 3.2.7　main 関数

```go
func main() {
  ctx := context.Background()
  githubToken := os.Getenv("GITHUB_TOKEN")
  // *app型の値を生成してrunメソッドを呼び出す
  status := newApp(
    // *github.Client型の値を生成
    newGitHubClient(ctx, githubToken),
    os.Stdout,
    os.Stderr,
  ).run(ctx)
  os.Exit(status)
}

type app struct {
  githubClient        *github.Client
  outStream, errStream io.Writer
}

func newApp(githubClient *github.Client, outStream, errStream io.Writer) *app {
  return &app{
    githubClient: githubClient,
    outStream:    outStream,
    errStream:    errStream,
  }
}

func newGitHubClient(ctx context.Context, token string) *github.Client {
  ts := oauth2.StaticTokenSource(
    &oauth2.Token{AccessToken: token},
  )
  tc := oauth2.NewClient(ctx, ts)
  return github.NewClient(tc)
}
```

　このnewGitHubClient関数ではGitHub APIを呼び出すための*github.Client型の値を生成します。これは、github.com/google/go-githubパッケージ[注6]で定義されているGitHub APIのクライアントです。

　newApp関数は*app型の値を返します。*app型のrunのメソッドの中でGitHubのIssue Milestoneを作成する処理が実装されています。

　次にapp構造体に定義されているフィールドを紹介します。

- githubClient
- outStream

注6　Go の GitHub API 向けクライアントライブラリ。https://github.com/google/go-github

・errStream

githubClientフィールドはGitHubのクライアントです。outStreamフィールドとerrStreamフィールドはmain関数の標準出力、標準エラー出力を意味するもので、通常の処理ではos.Stdoutとos.Stderrがセットされますが、ユニットテストでは違うものをセットします。詳しくはユニットテストの部分で説明します。

次に**リスト 3.2.8**の(*app).runメソッドを見ていきます。

▼リスト 3.2.8　(*app).run メソッド

```go
func (a *app) run(ctx context.Context) int {
  githubRepository := os.Getenv("GITHUB_REPOSITORY")
  title := os.Getenv("INPUT_TITLE")
  state := os.Getenv("INPUT_STATE")
  description := os.Getenv("INPUT_DESCRIPTION")
  dueOn := os.Getenv("INPUT_DUE_ON")

  // 入力値からmilestone型の値を生成
  m, err := newMilestone(githubRepository, title, state, description, dueOn)
  if err != nil {
    fmt.Fprintf(a.errStream, "%v\n", err)
    return 1
  }

  // GitHub APIでMilestoneを作成
  created, err := a.createMilestone(ctx, m)
  if err != nil {
    fmt.Fprintf(a.errStream, "%v\n", err)
    return 1
  }
  // 作成されたMilestoneの番号を出力
  fmt.Fprintf(a.outStream, "::set-output name=number::%d\n", created.GetNumber())

  return 0
}
```

ここでは環境変数にセットされた入力値からnewMilestone関数でmilestone構造体を生成し、(*app).createMilestoneメソッドを呼び出しています。newMilestone関数の中では、環境変数から取得した値、つまりActionのワークフローファイルでセットされた値が入力値として正しいかどうかを検証し、すべての入力値が正しければmilestone構造体を生成しています。

(*app).createMilestoneメソッドではGitHub APIでIssue Milestoneを作成します。戻り値であるcreatedには作成したMilestoneの番号が入っているので、最後にこれをActionの出力として標準出力に出力しています。

3.2.5　ユニットテスト

次にapp構造体に対するユニットテストを書きます。GitHub Actionsをテストする方法としては次の2つがあります。

- Goのユニットテスト
- ワークフローを定義してActionをテストするインテグレーションテスト

まずはユニットテストについて説明します。

Goでは標準ライブラリのtestingパッケージ[注7] を使って簡単にモックを使ったユニットテストを書くことができます。**リスト 3.2.9** が(*app).runメソッドをテストする関数Test_app_runです。

▼リスト 3.2.9　(*app).run のテスト関数

```
func Test_app_run(t *testing.T) {
  type wants struct {
    status int
    out  string
    err  string
  }

  tests := map[string]struct {
    envs map[string]string
    handler http.Handler
    wants   wants
  }{
    "ok": {
      envs: map[string]string{
        "GITHUB_REPOSITORY": "oinume/create-scheduled-milestone-action",
        "INPUT_TITLE":       "v1.0.0",
        "INPUT_STATE":       "open",
        "INPUT_DESCRIPTION": "v1.0.0 release",
        "INPUT_DUE_ON":      "2021-05-10T21:43:54+09:00",
      },
      // httptest.NewServerに渡すGitHub APIのモック
      handler: http.HandlerFunc(func(w http.ResponseWriter, r *http.Request) {
        w.Header().Set("Content-Type", "application/json")
        w.WriteHeader(http.StatusCreated)
        body := `{"number": 111}`
        _, _ = fmt.Fprintln(w, body)
      }),
```

注7　https://pkg.go.dev/testing

```
      wants: wants{
        status: 0,
        out:  "::set-output name=number::111\n",
        err:  "",
      },
    },
  }

  for name, tt := range tests {
    for k, v := range tt.envs {
      _ = os.Setenv(k, v)
    }

    t.Run(name, func(t *testing.T) {
      // (A) httptest.NewServerでGitHub API呼び出しをモック化
      ts := httptest.NewServer(tt.handler)
      defer ts.Close()
      githubClient := newFakeGitHubClient(t, ts.URL+"/")
      // (B) bytes.Buffer型を使って出力をモック化
      var outStream, errStream bytes.Buffer
      a := newApp(githubClient, &outStream, &errStream)
      ctx := context.Background()
      if got := a.run(ctx); got != tt.wants.status {
        t.Fatalf("run() status: got = %v, want = %v", got, tt.wants.status)
      }
      if got := outStream.String(); got != tt.wants.out {
        t.Errorf("run() out: got = %v, want = %v", got, tt.wants.out)
      }
      if got := errStream.String(); got != tt.wants.err {
        t.Errorf("run() err: got = %v, want = %v", got, tt.wants.err)
      }
    })
  }
}
```

ソースコードのコメント（A）（B）として書いている部分を詳細に説明します。

GitHub API呼び出しをモック化

リスト3.2.9のコメントの「(A) httptest.NewServerでGitHub API呼び出しをモック化」の箇所を説明します。標準ライブラリのhttptest.NewServer関数[注8]を使うと、任意のhttp.Handlerインタフェース[注9]のServeHTTPメソッドが呼び出されるHTTPサーバを簡単に作成することができます。つまり、モックの処理を書いたHTTPハンドラとhttptest.NewServer関数を組み合わせれば、簡単にモック化のためのHTTPサーバを作成できます。

---

 https://pkg.go.dev/net/http/httptest#NewServer
注9 https://pkg.go.dev/net/http#Header

　モック化のためのHTTPサーバはURLを持っています。このURLを後続のnewFakeGitHubClient関数に渡すことで、生成するGitHubクライアントがリクエストするURLをモック用のHTTPサーバに変更できます。ここで生成したGitHubクライアントはnewApp関数に渡され、最終的にモック化されたHTTPサーバにリクエストが送られるようになります。

　このように、Goでは標準ライブラリだけで簡単にHTTPアクセスをモック化することが可能です。

bytes.Buffer型を使って出力をモック化

　次にリスト3.2.9のコメントの「(B) bytes.Buffer型を使って出力をモック化」について説明します。*bytes.Buffer型注10はio.Writerインタフェースを実装している型であるため、newApp関数に渡せます。また、os.Stdout変数やos.Stderr変数は*os.File型であり、これもまたio.Writerインタフェースを実装しています。そのため、本当の処理ではnewApp関数にos.Stdout変数やos.Stderr変数を渡し、ユニットテストでは*bytes.Buffer型に差し替えてモックにすることができます。

　リスト3.2.9のTest_app_run関数では、*bytes.Buffer型の値に出力先を切り替えることで、*bytes.Buffer型のStringメソッドで出力された内容を取得し、その内容が想定されたものであるかをチェックしています。

3.2.6 Dockerfileの作成

　GitHub Actionsとして公開するためには、Dockerfileを用意してDockerイメージをビルドできるようにする必要があります。リスト3.2.10のように、golang:1.16のDockerイメージでgo buildコマンドでバイナリを生成し、それをENTRYPOINTに指定します。

▼リスト3.2.10　Dockerfile

```
FROM golang:1.16

WORKDIR /work
COPY . /work
RUN CGO_ENABLED=0 go build -ldflags="-w -s" -v -o app .
ENTRYPOINT ["/work/app"]
```

注10　https://pkg.go.dev/bytes#Buffer

3.2.7 インテグレーションテスト

　Dockerfileまで作成するとActionとしてはもう使える状態になっているので、同じリポジトリで実際にActionを実行してテストします。「Actionの実装」の項で紹介した**リスト3.2.6**の内容で.github/workflows/integration.ymlを作成します。これによって、commitをGitHubにpushするたびにこのワークフローが実行され、GitHub APIを呼び出してIssue Milestoneが作成されるようになります。ユニットテストではGitHub APIの呼び出しはモック化していましたが、インテグレーションテストでは実際にAPIを呼び出しているため、限りなく実際のユースケースに近いテストと言えるでしょう。

3.2.8 Actionの公開

　それでは最後にActionを公開します。Actionを公開するときに、そのActionの使い方が記載されているREADME.mdファイルが必要であるため、公開する前に作成しておきます。GitHubリポジトリのページ（**図3.2.1**）にアクセスすると［Draft a release］というボタンが表示されているので、このボタンをクリックしてactionを公開することができます。

▼図3.2.1　［Draft a release］でActionを公開する

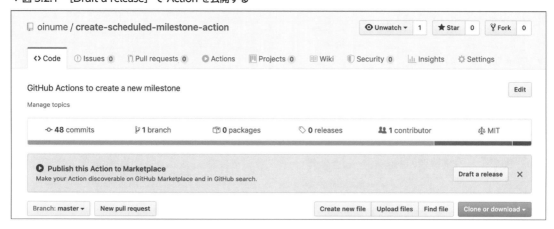

action.ymlに必要な情報が記載されていれば、リリースを作成するだけですぐに公開できます。

まとめ

　駆け足でしたが、Go で GitHub Actions を作る方法について紹介しました。コマンドラインのプログラムを作る場合と同じ要領で GitHub Actions が作れることがわかったのではないかと思います。GitHub Actions は、使いこなすとさまざまな作業を自動化することができるため、ソフトウェアエンジニアにとってはとても魅力的なしくみだと感じています。本節が GitHub Actions を作るきっかけとなれば幸いです。

■ 本節で紹介したパッケージ、ライブラリ、ツール

- bytes （https://pkg.go.dev/bytes）
- github.com/google/go-github （https://pkg.go.dev/github.com/google/go-github/github）
- net/http/httptest （https://pkg.go.dev/net/http/httptest）
- testing （https://pkg.go.dev/testing）

3.3 Kubernetes Custom Controllerで作るCloud Spanner オートスケーラ

Author 三木 英斗
Repository Spanner Autoscaler（https://github.com/mercari/spanner-autoscaler）
Keywords Kubernetes、Custom Controller、Custom Resource、CRD、Kubebuilder、Cloud Spanner

3.3.1 Cloud Spanner オートスケーラ開発の経緯

　昨今の大規模システムの開発ではコンテナオーケストレーションツールの利用はますます増えてきており、Kubernetesはそのデファクトスタンダードとしての地位を確立しています。

　Kubernetesの大きな特長として、「ユーザーがKubernetesリソースのDesired State（望ましい状態）を宣言的に設定し、Kubernetesはそれに合わせてActual State（実際の状態）を変更する」というものがあります。これをReconciliation Loop（Control Loop）と呼びます。これによりImmutable Infrastructureが実現可能になっています。

　Kubernetesの内部ではDeployment ControllerやService Controllerなど多数のコントローラが動いており、自前で実装したCustom ControllerをKubernetesクラスタにインストールすることで、Kubernetesの機能を拡張し、さまざまな自動化を行えます。

　ところで、筆者が所属する（本書執筆時）株式会社メルカリはGoogle Cloud PlatformのCloud Spanner[1]（以下、Spanner）を利用しています。SpannerはRDBとNoSQLの双方の長所を持つデータベースで、強整合性やスケールアウトに対応しています。しかし、本書執筆時の2021年5月29日時点では、ネイティブではオートスケール機能を持ちません[2]。運用上の課題はもちろん、Spannerの利用料金はノード数が多ければ多いほど高額になるため、オートスケーラの大きな需要があります。

　KubernetesにはHorizontal Pod Autoscaler[3]というコントローラがあり、CPU稼働率などから

---

[1] https://cloud.google.com/spanner
[2] mercari/spanner-autoscaler の実装が完了したあとに cloudspannerecosystem/autoscaler という Cloud Functions や Cloud Scheduler を利用したツールが開発されました。本節では詳しく比較しませんが、どちらも一長一短あるのでご興味のある方はそちらもご覧になられると良いと思われます。
[3] https://kubernetes.io/docs/tasks/run-application/horizontal-pod-autoscale

268

Pod[注4]数をオートスケールすることができます。これを参考に、先のSpannerのオートスケーラの課題を解決できるようなCustom Controllerを実装できるのではないか、という着想を得て、mercari/spanner-autoscaler[注5]（以下、spanner-autoscaler）の開発に至りました。

現在メルカリ・メルペイの複数のサービスで使われており、安定性・コストの観点で寄与しています。

本節では、KubernetesのCustom Controllerを用いて、Spannerのオートスケーラをどのように実装したかを紹介します。

3.3.2 Kubernetes Custom Controller

Kubernetesアーキテクチャ

まず、Kubernetesのアーキテクチャについて解説します（図3.3.1）。

▼図3.3.1　Kubernetes のアーキテクチャ

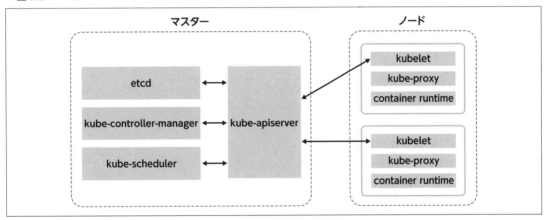

アーキテクチャの全容やすべてのコンポーネントについては解説しないため、詳しくは公式ドキュメント[注6]を参照してください。

Kubernetesはマスターコンポーネントとノードコンポーネントの2つに大きく分かれます。このうち、Custom Controller実装に関連するコンポーネントについて解説します。マスターコンポーネントは、kube-apiserver、etcd、kube-scheduler、kube-controller-managerなどを持ちます。

注4　Kubernetes でデプロイするときの最小単位。1 つの Pod は 1 つ以上のコンテナから成る。
注5　https://github.com/mercari/spanner-autoscaler
注6　https://kubernetes.io/docs/concepts/overview/components

kube-apiserver

- Kubernetes APIを外部に公開するコンポーネント。kubectlなどでKubernetesリソースに対するCRUD操作を行うときはkube-apiserverを介する

kube-controller-manager

- Deployment ControllerやService Controllerなどのコントローラを起動し管理するコンポーネント。各コントローラは1つのバイナリにまとめてコンパイルされる。コントローラもkube-apiserverを通してKubernetesリソースのCRUDを行う

Reconciliation Loop

Kubernetesのコントローラの根幹となる概念のReconciliation Loopについて解説します（図3.3.2）。

▼図3.3.2　Reconciliation Loopのイメージ

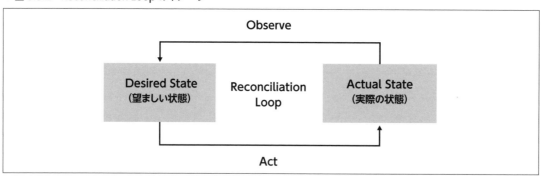

Kubernetes上のそれぞれのコントローラは独立してReconciliation Loopを実行しています。Reconciliation Loopは次の4つのステップをループします。

① Desired Stateを読み込む
② Actual Stateを監視する
③ Desired StateとActual Stateの差分を取る
④ Desired Stateになるように差分をなくす操作を実行する

たとえば、「Podが3つ動いている状態」が宣言的に設定されていれば、Actual Stateがそうなるようにコントローラが動きます。

このReconciliation LoopはCustom Controllerでも同様に行います。Kubernetesでは、素朴なCRUD APIだけでなく、Reconciliation Loopを実現するためのAPIが提供されています。

Custom Controllerについて

　一般に、Kubernetesから提供されず、ユーザーが独自に実装するコントローラをCustom Controllerと呼称します。また、ユーザーは標準リソース以外に独自のリソース（Custom Resource）を定義しクラスタ上で利用することができます。これをCustom Resource Definition（以下、CRD）と呼びます。

　Custom Controllerの中でも、とくにオペレータはCoreOSによって提唱された概念で、ステートフルなアプリケーションの運用の自動化が大きな目的です。Custom ResourceとCustom Controllerから成ることも特徴です。spanner-autoscalerもオペレータとして実装しました。

　Kubernetesを利用する開発者は、Custom ControllerやCRDを利用してKubernetesを拡張することでさまざまな自動化を実現することができます。

Custom Controllerの実装方法

　Kubernetes Custom Controllerの実装方法としていくつかの方法が存在しますが、今回はKubebuilderというSDKを使いました。KubebuilderはKubernetesの準公式から提供されているGo用のSDKであり、公式が提供するGoパッケージのk8s.io/client-go（以下、client-go）とk8s.io/code-generator（以下、code-generator）を利用しているため、先にこちらから解説します。

　client-goとcode-generatorは、Kubernetes公式から提供されているGo用のライブラリです。これらはKubernetes内部のDeployment ControllerやService Controllerでも用いられています。client-goはkube-apiserverへのGoクライアントです。

　code-generatorはリスト3.3.1のようなコメント内タグからCustom Controller実装に必要なコードを自動生成します。

▼リスト 3.3.1　Custom Controller 実装に必要なコードを自動生成するためのコメント内タグ

```
// +k8s:deepcopy-gen:interfaces=k8s.io/apimachinery/pkg/runtime.Object
```

　Kubebuilder自体はCLIを利用してCustom Controller実装に必要な基本的なコードやDockerfile、Makefileなどを生成します。必要に応じてCRDのためのコードも生成できるのでオペレータ実装にも対応できます。Kubebuilderが利用しているパッケージのsigs.k8s.io/controller-runtime（以下、controller-runtime）がclient-goを抽象化し高レベルのAPIを提供しているので、本質的に必要なのはKubebuilderよりcontroller-runtimeでしょう。

3.3.3 spanner-autoscaler

spanner-autoscalerは、オペレータをSpannerオートスケーラとして実装したものです。データベースのオートスケール、つまりステートフルなアプリケーションの運用の自動化というオペレータとしての責務を負っています。

Kubebuilderの前提知識

spanner-autoscalerの実装にはKubebuilderを用いています。Kubebuilderを用いた実装を紹介する前に、前述の内部で依存しているcontroller-runtimeと、sigs.k8s.io/controller-tools（以下、controller-tools）の解説をします。

controller-runtime

controller-runtimeはCustom Controller実装に必要なパッケージ群です。とくにkube-controller-managerと同様にコントローラを管理するためのController Managerを提供するpkg/managerと、Reconciliation Loopを実装するためのインタフェースを提供するpkg/reconcileがCustom Controller実装上の核となります。

controller-tools

controller-toolsはCustom Controller開発に用いるツール群です。中でも、controller-genコマンドは、**リスト3.3.2**や**リスト3.3.3**のようなマーカーに対して、CRDのマニフェストを自動生成したり、バリデーションを設定したり、ロールベースアクセス制御を設定したりすることができます。

▼リスト3.3.2　バリデーションを設定するためのマーカー

```
// +kubebuilder:validation:Minimum=0
// +kubebuilder:validation:Maximum=100
```

▼リスト3.3.3　ロールベースアクセス制御を設定するためのマーカー

```
// +kubebuilder:rbac:groups=spanner.mercari.com,resources=spannerautoscalers,↵
verbs=get;list;watch;create;update;patch;delete
// +kubebuilder:rbac:groups=spanner.mercari.com,resources=spannerautoscalers/↵
status,verbs=get;update;patch
```

Kubebuilder を使って Custom Controller を実装する

それでは実際にKubebuilderを使った開発について解説します。KubebuilderでCustom Controllerを開発するにはまず、kubebuilder initコマンドでプロジェクトを初期化する必要があります。

```
$ kubebuilder init --domain spanner.mercari.com
```

次にkubebuilder create apiコマンドでKubernetes API ObjectとCustom Controllerのボイラープレートを生成します。

```
$ kubebuilder create api --group spanner.mercari.com --version v1alpha1 --kind ↵
SpannerAutoscaler
```

Custom Resource Definition を設計する

今回使用するCustom ResourceであるSpannerAutoscalerのCRDの例を**リスト3.3.4**に示します。

▼リスト 3.3.4　SpannerAutoscaler の CRD

```
apiVersion: spanner.mercari.com/v1alpha1
kind: SpannerAutoscaler
metadata:
  name: spannerautoscaler-sample
  namespace: spannerautoscaler-test
spec:
  minNodes: 1
  maxNodes: 4
  maxScaleDownNodes: 2
  targetCPUUtilization:
    highPriority: 60
  scaleTargetRef:
    projectId: test-project
    instanceId: test-instance
  serviceAccountSecretRef:
    name: spanner-autoscaler-service-account
    namespace: spannerautoscaler-test
    key: service-account
```

specのそれぞれの要素について解説します。

spec.minNodes

- Spannerのオートスケール時の最小ノード数

spec.maxNodes

- Spannerのオートスケール時の最大ノード数

spec.maxScaleDownNodes

- Spannerの一度にスケールダウンする際の最大ノード数

spec.targetCPUUtilization.highPriority

- Spannerのオートスケールの閾値となる、優先度の高いユーザータスクと優先度の高いシステムタスクの合計CPU稼働率

spec.scaleTargetRef

- SpannerのプロジェクトIDおよびインスタンスID

spec.serviceAccountSecretRef

- GCP Service Account Keyを持つKubernetes Secret
- オートスケールには対象となるSpannerインスタンスがあるGCPプロジェクトごとにroles/spanner.adminとroles/monitoring.viewerが付与されたGCP Service Accountを作り、そのService Account KeyをKubernetes Secretからspanner-autoscalerに渡す必要がある

CPU稼働率に応じて、設定された最小ノード数と最大ノード数の間で最適なノード数になるようにReconciliation Loopを実行します。

Reconcilerを実装する

Reconciliation Loopを実行するアーキテクチャは図3.3.3のようになります。

▼図3.3.3　Reconciliation Loopを実行するアーキテクチャ

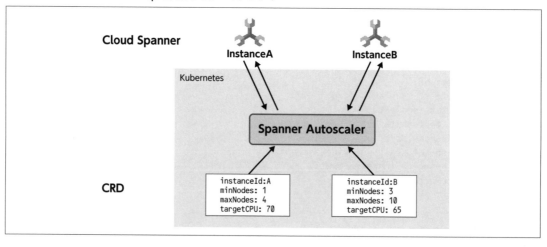

　Reconciliation Loop を 実 行 す る Reconciler が、Custom Resource（ここでは、Spanner Autoscaler）の状態を監視し Cloud Spanner API と Cloud Monitoring API を利用して Spanner イ ンスタンスのノード数を CPU 稼働率に応じた数にオートスケールさせます。spanner-autoscaler 内 では Syncer と呼ぶワーカーが各インスタンスの状態を Custom Resource に反映させます。

　Custom Controller のメインロジックとなる Reconciliation Loop は、`controller-runtime` の `Reconciler` インタフェースを実装し、`Controller Manager` に管理させることで実現できます。 `Reconciler` インタフェースを**リスト 3.3.5** に記載します。

▼リスト 3.3.5　Reconciler インタフェース

```
type Reconciler interface {
    Reconcile(Request) (Result, error)
}
```

　`Request` 構造体の実体はリソースの Namespace ＋ Name です。`Result` 構造体は Reconciliation 失 敗時に再実行するか否かやバックオフの時間を設定します。

　`Reconciler` インタフェースを実装するための `SpannerAutoscalerReconciler` が、Kubebuilder によって生成されるので、これを実装していきます。**リスト 3.3.6** は実際に実装した `Spanner AutoscalerReconciler` です（一部 Field を省略）。

▼リスト 3.3.6　SpannerAutoscalerReconciler

```
import "sigs.k8s.io/controller-runtime/pkg/client"

type SpannerAutoscalerReconciler struct {
    ctrlClient    client.Client
    spannerClient spanner.Client
    syncers       map[types.NamespacedName]syncer.Syncer
    /* （略） */
}
```

　controller-runtime から提供されるリソースへの CRUD を行うための ctrlClient、Spanner インス タンス更新のための spannerClient と、前述した各インスタンスのためのワーカーである Syncer の map を持ちます。Syncer は各リソースに対して別のゴルーチンで動き、チャネルを利用して Reconciler から停止できるようにします。

　実際の Reconciliation Loop のロジックを見ていきましょう。**リスト 3.3.7** は簡略化したコードで す（実際は logging や mutex 処理、エラーハンドリングなども行っています）。

▼リスト 3.3.7　Reconciliation Loop の疑似コード

```
import "sigs.k8s.io/controller-runtime/pkg/reconcile"

func (r *SpannerAutoscalerReconciler) Reconcile(req reconcile.Request) (result reconcile.⏎
Result, err error) {
    var sa spannerv1alpha1.SpannerAutoscaler
    if err = r.ctrlClient.Get(ctx, nn, &sa); err != nil {
        if client.IgnoreNotFound(err) == nil {
            r.stopSyncer(req.NamespacedName)
        }
        return
    }

    _, ok := r.syncers[req.NamespacedName]
    if !ok {
        r.startSyncer(ctx, &sa, req.NamespacedName)
        return
    }

    r.doAutoScaleSpannerInstance()
    return
}
```

① ctrlClient を用いて SpannerAutoscaler を取得する
② NotFound エラーが発生した場合は、Observe 対象のリソースがないということなので、対応する Syncer を停止する
③ Reconciler が Request のリソースに対応する Syncer を持たない場合は、Syncer が起動していないということなので、起動する
④ Spanner インスタンスリソースの Status に応じてオートスケールのロジックを実行する

ここで実装した Reconciler は Controller Manager に登録することで、Controller Manager が起動・管理するようになります（**リスト 3.3.8**）。

▼リスト 3.3.8　Reconciler を Controller Manager に登録

```
import (
    "sigs.k8s.io/controller-runtime/pkg/builder"
    "sigs.k8s.io/controller-runtime/pkg/manager"
)

func (r *SpannerAutoscalerReconciler) SetupWithManager(mgr manager.Manager) error {
    return builder.ControllerManagedBy(mgr).
        For(&spannerv1alpha1.SpannerAutoscaler{}).
        Complete(r)
}
```

Custom Controllerを実行する

　実際にCustom Controllerを動かしてみましょう。コード上ではmain.goで、Managerを初期化したあと前項のSetupManagerでコントローラを登録し、Managerを起動することで実行できます。

　オペレータの実行には、CRDのクラスタへの登録、CRDのapply、コントローラの実行が必要です。基本的にはKubebuilderが生成したMakefileの`make`コマンドを用いて実行できます。

　CRDのクラスタへの登録は、`make install`を実行します。これはKubebuilderで生成されたCRDマニフェストをKustomizeとkubectlを使ってapplyするものです。

　CRD（今回の場合はSpannerAutoscaler）のapplyは、`kubectl apply`を実行します。

　コントローラの実行は、ローカルで実行する場合は`make run`(実態は`go run`)、クラスタ上で実行する場合はDockerイメージをビルドし、レジストリにプッシュしたあと、`make deploy`(実態はKustomizeとkubectlでDeployment、CRD、RBACなどのapply)などでクラスタにデプロイします。

3.3.4 まとめ

　Custom Controllerを利用することによりSpannerのようなマネージドサービスでも自動化が可能になります。今回は紙面の都合上、基本的な概念を中心に解説し簡略化した箇所もあるので、GoでのCustom Controller実装についてより詳しく知りたい方はO'Reilly Mediaから出版されている『Programming Kubernetes』[注7]を参照されると良いでしょう。

　本書3.4節の『Envoy Control Plane Kubernetes Controller』もCustom Controller実装の参考になると思われます。

　みなさんもぜひGoでCustom Controllerを開発してみてください。

■ 本節で紹介したパッケージ、ライブラリ、ツール
- Kubebuilder (https://book.kubebuilder.io/introduction.html)
- k8s.io/client-go (https://pkg.go.dev/k8s.io/client-go)
- k8s.io/code-generator (https://pkg.go.dev/k8s.io/code-generator)
- sigs.k8s.io/controller-runtime (https://pkg.go.dev/sigs.k8s.io/controller-runtime)
- sigs.k8s.io/controller-tools (https://pkg.go.dev/sigs.k8s.io/controller-tools)

■ ステップアップのための資料
- Michael Hausenblas, Stefan Schimanski, "Programming Kubernetes", O'Reilly Media, Inc. 2019

[注7] https://www.oreilly.com/library/view/programming-kubernetes/9781492047094

3.4 Envoy Control Plane Kubernetes Controller

Author 　伊藤 雄貴

Repository 　Bootes（https://github.com/110y/bootes/）

Keywords 　Kubernetes、Custom Controller、Custom Resource、Envoy、xDS API、gRPC、デプロイ、デバッグ、kind、Skaffold、Delve

3.4.1 クラスタ上のEnvoyを管理するための xDS APIサーバ

　近年、サービスメッシュを構成するためのプロキシを始めとしたさまざまな用途でEnvoy[注1] が注目されています。EnvoyはC++で実装されたネットワークプロキシであり、Cloud Native Computing Foundation（CNCF）[注2] のプロジェクトの1つです。Envoyの特徴的な機能の1つとして、設定の大部分をAPI経由で動的に変更できる点が挙げられます。このAPIはxDS APIと呼ばれ、サービスメッシュのためのソフトウェアであるIstio[注3] など、さまざまなケースで利用されています。

　筆者は、業務でEnvoyをKubernetesクラスタ上にデプロイしてプロキシサーバとして活用しています。この経験を通じて顕在化した、「Kubernetes[注4] クラスタ上にデプロイされたEnvoyプロキシを管理するためのシンプルなxDS APIサーバがほしい」という動機からBootes[注5] というxDS APIサーバを開発しました。BootesはKubernetesのCustom Controllerとして動作し、任意の設定をKubernetesの拡張機能であるCustom Resource[注6] としてプロキシに配布できるようにするためのxDS APIサーバです。BootesはxDS APIのGo実装であるgithub.com/envoyproxy/go-control-plane（以下、go-control-plane）[注7] というライブラリを用いてGoで実装されています。

　本節ではこのBootesを題材に、Goを用いてxDS APIサーバを実装する方法と、Kubernetes Custom Controllerのための開発環境の構築について解説します。

注1　https://www.envoyproxy.io/
注2　https://www.cncf.io/
注3　https://istio.io/
注4　https://kubernetes.io/
注5　https://github.com/110y/bootes/
注6　https://kubernetes.io/docs/concepts/extend-kubernetes/api-extension/custom-resources/
注7　https://github.com/envoyproxy/go-control-plane/

Goを用いたControl Planeの実装

Envoy

　EnvoyはL7/L4/L3で動作するネットワークプロキシであり、「ネットワークはアプリケーションに対して透過的になるべきである」[注8]という思想のもとに開発されています。これは、ルーティングやフィルタリングなどの複雑なネットワークに関する処理を、Envoyというプロキシに委譲してアプリケーションの実装をシンプルに保つことを目的としています。Envoyはプロキシとしての設定を、次のような細かな単位に分割して保持する実装になっています。

- Listener：Envoy自身がListenするポート番号と、それに対応するルーティング（Route）の設定
- Route：Listenerに対するルーティングであり、どのアップストリーム（Cluster）にトラフィックを流すかの設定
- Cluster：リクエスト先のアップストリームの設定であり、FQDN（完全修飾ドメイン名）あるいは複数のIPアドレス（Endpoint）で構成される
- Endpoint：Clusterに対する実際のエンドポイント（IPアドレス）

　Envoyは、ListenerやClusterといったプロキシの設定をAPI経由で動的に変更できます。

xDS API

　xDS API[注9]はx Discovery Serviceの略であり、ClusterやListenerなどの設定を、プロキシに対して動的に配信するためのAPIです。このAPIを用いることで、設定を更新するためにプロキシのコンテナをビルドしなおしたり、プロキシ自体を再起動したりする必要がなくなります。このxDS APIを用いて設定を配信するサーバは、「Control Plane」と呼ばれます。筆者が開発したBootesもControl Planeの一種です。xDS APIはProtocol Buffersを用いてgRPC[注10]のサービスとして定義されており、たとえばClusterの設定を配布するためのサービスであるCluster Discover Service（CDS）はリスト3.4.1のような定義[注11]になっています。

注8　https://www.envoyproxy.io/docs/envoy/v1.18.3/intro/what_is_envoy
注9　https://www.envoyproxy.io/docs/envoy/v1.18.3/api-docs/xds_protocol
注10　Googleが開発したオープンソースなRPCフレームワーク。https://grpc.io/
注11　https://github.com/envoyproxy/data-plane-api/blob/80bb9f9/envoy/service/cluster/v3/cds.proto

▼リスト 3.4.1　Cluster Discover Service のサービス定義

```
service ClusterDiscoveryService {
  /* （略） */
  rpc StreamClusters(stream discovery.v3.DiscoveryRequest)
      returns (stream discovery.v3.DiscoveryResponse) {
  }
  /* （略） */
}
```

　このCDSと同様に、Listener Discovery Service（LDS）、Route Discovery Service（RDS）と
いったように設定ごとのgRPCのサービスが定義されています。また、ClusterやListenerなどの各
設定を1つのgRPCサービスで配信するためのAggregated Discover Service（ADS）というサー
ビスも存在します。Bootesは、ADSを用いてCDSやLDSを始めとしたすべての種類の設定を1つ
のgRPCサービスで配信するような実装になっています。

go-control-plane

　go-control-planeはxDS APIのGo実装であり、Goを用いてControl Planeを開発するためのライ
ブラリです。さまざまなプラットフォーム上で使われることを想定し、どのプラットフォームでも
必要になるような最低限のAPI実装のみを提供しています。このライブラリはおもに次のようなパッ
ケージを提供しています。

- envoy
- pkg/server
- pkg/cache

　envoyパッケージにはEnvoyの設定やxDS APIのgRPCの定義から生成したGoのコードが置かれ
ています。pkg/serverパッケージには、CDSなどのxDS APIのgRPCサーバ実装が置かれています。
pkg/cacheパッケージには、サーバに接続されているプロキシに対してClusterやListenerなどの設定
をキャッシュするための実装が置かれています。これらを用いてどのようにControl Planeを実装す
るかを見ていきましょう。

Control Plane の実装

　リスト 3.4.2 のコードはgo-control-planeを用いてControl PlaneをgRPCサーバとして起動する
ための最小限の実装です。

▼リスト 3.4.2　go-control-plane を用いた Control Plane の実装例

```
import (
  /* (略) */
  cache "github.com/envoyproxy/go-control-plane/pkg/cache/v2"
  server "github.com/envoyproxy/go-control-plane/pkg/server/v2"
  "google.golang.org/grpc"
)
/* (略) */
snapshotCache := cache.NewSnapshotCache(true, cache.IDHash{}, logger)
server := server.NewServer(context.Background(), snapshotCache, &callbacks{})
grpcServer := grpc.NewServer()
lis, err := net.Listen("tcp", ":8081")
/* (略) */
discovery.RegisterAggregatedDiscoveryServiceServer(grpcServer, server)
err := grpcServer.Serve(lis)
/* (略) */
```

　この例では、まずpkg/cahceパッケージのNewSnapshotCache関数を用いてキャッシュ用の変数を作成しています。1番めの引数はADSを用いるかどうかのフラグであり、ここではADSでEnvoyに対して設定を配布する想定なのでtrueに設定しています。2番めの引数は、Control Planeに接続している個々のプロキシのIDを識別するための変数であり、インタフェースは**リスト 3.4.3** のとおりです。

▼リスト 3.4.3　プロキシ ID を表すインタフェース

```
type NodeHash interface {
  ID(node *core.Node) string
}
```

　このNodeが「Control Planeに接続された個々のプロキシ」を表しており、Control Planeとの接続などのタイミングでプロキシから情報が送信されます。3番めの引数はログ出力に用いる変数で、go-control-planeのpkg/logパッケージからインタフェースが提供されています。
　このようにして作成したキャッシュを、pkg/serverパッケージのNewServer関数に渡してサーバの初期化を行います。NewServer関数の1番めの引数はcontext.Context、2番めの引数は前述したキャッシュです。3番めの引数はgRPCの各処理に挟み込まれるコールバックで、**リスト 3.4.4** のようなインタフェースになっています。

▼リスト 3.4.4　gRPC の各処理に挟み込まれるコールバックのインタフェース

```
type Callbacks interface {
  OnStreamOpen(context.Context, int64, string) error
  OnStreamClosed(int64)
  OnStreamRequest(int64, *discovery.DiscoveryRequest) error
```

```
OnStreamResponse(int64, *discovery.DiscoveryRequest, *discovery.DiscoveryResponse)
OnFetchRequest(context.Context, *discovery.DiscoveryRequest) error
OnFetchResponse(*discovery.DiscoveryRequest, *discovery.DiscoveryResponse)
}
```

　このNewServer関数で返されるサーバは**リスト3.4.5**のようなインタフェースになっており、CDS
やADSのgRPCとしての実装をすべて満たす実装が施された構造体が返却されます。

▼リスト3.4.5　NewServer関数で返されるサーバのインタフェース

```
type Server interface {
  ClusterDiscoveryServiceServer
  /* （略） */
  discoverygrpc.AggregatedDiscoveryServiceServer
  /* （略） */
}
```

　このように、pkg/serverパッケージはControl PlaneのgRPCとしての実装を内包しているので、自
身でgRPCサーバの実装を行うことなくControl Planeを実装することが可能となります。ここで返却
されたサーバは通常のgRPCサーバの実装と同様にRegister関数を用いて登録することができます。
　サーバの起動後は、キャッシュを更新することでgRPCサーバから各プロキシに設定を配布できま
す。**リスト3.4.6**ではgo-control-planeが提供するenvoyパッケージに含まれるClusterの構造体を
用いてClusterの設定を作成しています。

▼リスト3.4.6　設定のキャッシュを更新

```
import(
  "github.com/envoyproxy/go-control-plane/pkg/cache/types"
  api "github.com/envoyproxy/go-control-plane/envoy/api/v2"
  /* （略） */
)
/* （略） */
clusters := []*api.Cluster{
  {
    Name: "cluster-1",
    /* （略） */
  },
}
clusterResources := make([]types.Resource, len(clusters))
for i, cluster := range clusters {
  clusterResources[i] = types.Resource(cluster)
}
/* （略） */
snapshot := cache.NewSnapshot("version", endpointResources, clusterResources,
```

```
routeResources, listenerResources, runtimeResources)
err := snapshotCache.SetSnapshot("node-id", snapshot)
/* （略）*/
```

　SetSnapshotメソッドでキャッシュの更新が行われると、内部的にはgRPCサーバからプロキシへの設定の配布が発火される実装になっており、1番めの引数のIDで特定されるプロキシ（Node）に対して設定を配布します。

　go-control-planeは「xDS APIサーバとしての最小限の実装」に徹しており、「どのようにしてClusterやListenerなどの設定を作成するか」という点については個々のControl Planeの実装者に委ねています。Bootesはsigs.k8s.io/controller-runtime（以下、controller-runtime）[注12] というライブラリを用いてKubernetesのCustom Controllerとして実装されています。BootesではClusterやListenerなどのプロキシの設定に対して、それぞれCustom Resourceを定義しています。たとえばリスト3.4.7のマニフェストはClusterに対するCustom Resourceです。

▼リスト3.4.7　Custom Resource のマニフェスト

```
apiVersion: bootes.io/v1
kind: Cluster
metadata:
  name: cluster-1
  namespace: example
spec:
  config:
    name: cluster-1
    connect_timeout: 1s
    lb_policy: ROUND_ROBIN
    /* （略）*/
```

　BootesはこのCustom Resourceを受け取ると、「example」Namespaceから接続しているプロキシに対してspec.config以下で記述しているClusterの設定を配布します。spec.configにはxDS APIで定義されている任意の設定を記述することができ、任意のプロキシに対してこの設定を配布することが可能となります。

　このように、go-control-planeを用いてControl Planeを実装する際は、プロキシの設定をどのように作成するかが要になります。紙面の都合上、controller-runtimeを用いたKubernetes Custom Controllerの実装方法については割愛しました。詳しく知りたい方は公式ドキュメント[注13]や、本書の3.3節「Kubernetes Custom Controllerで作るCloud Spannerオートスケーラ」をご参照ください。

注12　https://github.com/kubernetes-sigs/controller-runtime
注13　https://book.kubebuilder.io/

3.4.3 Kubernetes Custom Controllerのための開発環境

　Goで書かれたKubernetes Custom ControllerであるBootesを効率良く開発するために、Goと Kubernetesに関連したさまざまな開発支援ツールを導入しました。本項では、それらのツールを用いて、実際にどのような環境でCustom Controllerを開発しているのかについて解説します。

kindを用いたローカル開発用クラスタの構築

　開発中のKubernetes Custom Controllerの動作を確認するためには、実際にコントローラを動作させるためのKubernetesクラスタが必要になります。実運用しているクラスタに開発中のコントローラをデプロイして動作を確認することも考えられますが、開発段階で試行錯誤中のコントローラを実運用中のクラスタに反映するのは望ましくないと考えられます。そこで筆者はkind[注14]を用いてコントローラ開発専用のクラスタを構築しています。

　kindはDockerを用いてローカル環境にKubernetesクラスタを構築するためのツールであり、その名前は「Kubernetes in Docker」に由来しています。kindはDockerコンテナとしてKubernetesのノードを立ち上げ、そのコンテナの中でマスターノードを構成するためのコンポーネントを起動します。また、それらのKubernetesクラスタ自体の動作に必要なコンポーネントと同様に、ユーザーが作成するPodもDockerコンテナで立ち上げられたノード内で起動されます。kindはクラスタの作成や削除の処理をCLIとして提供しており、kindコマンドを用いてそれらの処理を簡単に行えます。

　実際にkindを用いてクラスタをローカル環境に構築する様子を見ていきましょう。kindでは次のコマンドでクラスタを作成できます。

```
$ kind create cluster --name hello --image kindest/node:v1.21.1
```

　上記のコマンドでは、本節の執筆時点でkindが提供しているイメージの最新バージョンである v1.21.1を用いて「hello」という名前でクラスタを作成しています。クラスタの作成後に、図3.4.1 のようなコマンドを発行することで、実際にDockerコンテナが作成されていることが確認できます。

▼図3.4.1 Kubernetesクラスタ用のコンテナが作成されていることを確認

```
$ docker ps --format 'table {{.Image}}\t{{.Names}}' --filter 'name=hello-control-plane'
IMAGE                 NAMES
kindest/node:v1.21.1  hello-control-plane
```

　kindで作成したクラスタに対する操作は、実際のクラスタと同様にkubectlを用いて実行できます。Bootesの開発ではkindでローカル環境に構築したクラスタに対して、Skaffold[注15]というツールを用いて開発中のコントローラをデプロイすることで動作の確認を行っています。

Skaffoldを用いたデプロイ

　SkaffoldはKubernetesをターゲットとして開発された、ビルドやデプロイを支援するためのコマンドラインツールです。Bootesの開発では、Skaffoldの機能の中でもおもにskaffold devというローカル開発のための自動デプロイ機能を用いています。この機能は、ソースコードの変更を検知して後述する設定ファイルに従ってアプリケーションをビルドしKubernetesクラスタにデプロイするものです。Bootesでの利用を例に、Skaffoldの自動デプロイ機能を見ていきましょう。Bootesでは次のコマンドでSkaffoldを起動しています。

```
$ skaffold dev --filename=./dev/skaffold/skaffold.yaml
```

　--filename引数で与えたskaffold.yamlがSkaffoldの設定ファイルです。このファイルは**リスト3.4.8**のような内容になっています。

▼リスト3.4.8　skaffold.yaml

```yaml
apiVersion: skaffold/v2beta11
kind: Config
build:
  artifacts:
    - image: bootes
      docker:
        dockerfile: ./Dockerfile
deploy:
  kubectl:
    manifests:
      - ./dev/skaffold/pod.yaml
```

注15 https://skaffold.dev/

「build」はビルドのターゲットです。skaffold devコマンドはソースコードの変更を検知したあとに「dockerfile」で指定されたDockerfileを用いてコンテナを自動でビルドします。

Skaffoldはkindと連携する機能を内包しており、デプロイ対象のKubernetesクラスタがkindで作成されたものだった場合に、kindのload docker-imageコマンドを用いてクラスタにDockerコンテナのイメージをロードします。この設定ファイルでは「bootes」という名前でコンテナをクラスタにロードします。Dockerコンテナをビルドしたあとは、設定ファイルの「manifests」に指定したKubernetesのマニフェストを用いてクラスタにアプリケーションをデプロイします。ここで指定しているpod.yamlは**リスト3.4.9**のような内容になります。

▼リスト3.4.9　pod.yaml

```
apiVersion: v1
kind: Pod
metadata:
  name: bootes
  namespace: bootes
  /* （略） */
spec:
  containers:
    - name: bootes
      image: bootes
      /* （略） */
```

このファイルはKubernetesのPodのマニフェストになっており、イメージにはskaffold.yamlに記述したものを指定しています。これによりローカル環境に構築したクラスタに、ソースコードをもとにしたPodがデプロイされます。

skaffold devコマンドは、ソースコードの変更を検知してアプリケーションの再ビルド・再デプロイを自動で行います。これにより、開発者はソースコードの編集に集中し「開発→ビルド→デプロイ→動作確認→開発……」というイテレーションを短い間隔で回すことができます。

Bootesの開発では、Skaffoldのdevコマンド以外にdebugというコマンドも用いています。このコマンドは名前のとおりデバッグのための機能であり、Goの場合では後述するDelve[注16]とDuct Tape[注17]を用いて、Kubernetesクラスタにデプロイしたアプリケーションに対してデバッグを行うことができます。

Skaffoldと Delveを用いたデバッグ

Goで書かれたプログラムのデバッグには、Delveを利用すると良いでしょう。DelveはGoのデー

[注16] https://github.com/go-delve/delve
[注17] https://github.com/GoogleContainerTools/container-debug-support

タ構造や式を認識できるような実装になっており、GitHub上でもスターを1万以上獲得している人気の高いデバッガです。

　Delveの起動方法の1つに「Headless」というモードが存在します。これは、Delveのデバッガをサーバとして起動し、そのサーバに外部からリモートでアクセスしデバッグを行うための機能です。DelveのHeadlessモードは次のようなコマンドで起動します。

```
$ dlv exec path/to/executable --headless --listen 127.0.0.1:5000
API server listening at: 127.0.0.1:5000
```

　この例ではpath/to/executableで指定したGoのプログラムに対して、5000番ポートでデバッガのサーバを起動しています。

　このサーバに、**図3.4.2**のようなコマンドを用いてアクセスすることでリモートデバッグを行えます。

▼図3.4.2　リモートデバッグを行っている様子

```
$ dlv connect 127.0.0.1:5000
(dlv) break path/to/main.go:10
(dlv) continue
> main.main() ./path/to/main.go:10
    6:
    7: func main() {
    8:         x, y := 1, 2
    9:         sum := x + y
=>  10:        fmt.Printf("x + y = %d", sum)
    11: }
(dlv) print sum
3
```

　この例では、前述したデバッガのサーバにdlv connectコマンドを用いてアクセスし、プログラムにブレークポイントを設定して特定行での変数の状態を確認しています。

　Skaffoldはdebugサブコマンドとして、KubernetesクラスタにデプロイされたPod上でDelveをHeadlessモードで起動しリモートデバッグを行うための機能を提供しています。Bootesでの利用を例に、Skaffoldのデバッグ機能を見ていきましょう。Skaffoldのデバッグ機能は次のようなコマンドを用いて起動します。

```
$ skaffold debug --filename=./dev/skaffold/skaffold.yaml --port-forward=true
```

　skaffold.yamlはデプロイ機能で用いているものと同じです。Skaffoldのdebugサブコマンドもファ

イルの変更を検知し、Podの自動デプロイを行います。debugサブコマンドではPodのマニフェストを改変しKubernetesのInit Containers機能[注18]を用いてアプリケーションコンテナ内でDelveを起動する、という点がデプロイ機能とは異なります。具体的には、skaffold.yaml内で示されるPodのマニフェストを解釈し、**リスト3.4.10**のような変更を加えてからKubernetesクラスタに反映します。

▼リスト3.4.10　skaffold debug で改変されるマニフェストの例

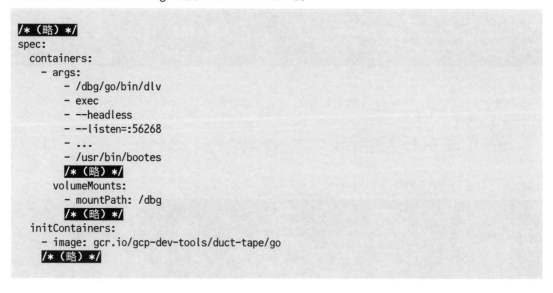

```
/* （略）*/
spec:
  containers:
    - args:
        - /dbg/go/bin/dlv
        - exec
        - --headless
        - --listen=:56268
        - ...
        - /usr/bin/bootes
        /* （略）*/
      volumeMounts:
        - mountPath: /dbg
        /* （略）*/
  initContainers:
    - image: gcr.io/gcp-dev-tools/duct-tape/go
    /* （略）*/
```

　まず注目したいのは「initContainers」の項目です。KubernetesのInit Containersはアプリケーションコンテナの起動の前に、前処理として別のコンテナを実行する機能です。ここでは「duct-tape/go」というコンテナが起動されています。「duct-tape/go」コンテナはアプリケーションコンテナにDelveデバッガをインストールするためのものであり、起動後はアプリケーションコンテナがマウントしている「/dbg」ディレクトリに自身のコンテナ内に存在するDelveの実行ファイル（dlvコマンド）をコピーします。同様に、アプリケーションコンテナの起動コマンドをもともとの実行ファイル（/usr/bin/bootes）から、その実行ファイルをDelveのHeadlessモードで起動するものに変更します。このデバッグサーバにはdlv connectコマンドで接続することができます。

　このように、アプリケーションコンテナに対して面倒な設定を施すことなくデバッグのための環境が整備されます。Bootesの開発では、Skaffoldのデバッグ機能を用いてDelveを起動し、Custom Resourceが反映されたときの挙動をブレークポイントなどの機能を駆使して追跡する、といったようなデバッグを行っています。

注18　https://kubernetes.io/docs/concepts/workloads/pods/init-containers/

3.4.4 まとめ

　本節では、Bootesを題材に、Goを用いたEnvoy Control Planeの実装方法と、Kubernetesの Custom Controllerのための開発環境構築について解説しました。

　昨今のサービスメッシュの需要の高まりに応じて、Control Planeの需要も高くなっていくでしょう。また、Kubernetesの普及に伴い、Custom Controllerを実装する機会も増えていくことでしょう。みなさんもぜひ、本節の内容をふまえてControl PlaneやKubernetes Custom Controllerを開発してみてください。

■ 本節で紹介したパッケージ、ライブラリ、ツール
- github.com/envoyproxy/go-control-plane （https://pkg.go.dev/github.com/envoyproxy/go-control-plane）
- sigs.k8s.io/controller-runtime （https://pkg.go.dev/sigs.k8s.io/controller-runtime）
- kind （https://kind.sigs.k8s.io/）
- Skaffold （https://skaffold.dev/）
- Delve （https://github.com/go-delve/delve）

3.5 Custom Terraform Provider によるプロビジョニングの自動化

Author 山下 慶将

Repository Terraform Provider for Miro
(https://github.com/Miro-Ecosystem/terraform-provider-miro)

Keywords Terraform、Custom Terraform Provider、Infrastructure as Code（IaC）

3.5.1 Terraform で公式対応されていないリソースを管理するには

　Terraform[注1] とは、HashiCorp 社が開発している Infrastructure as Code（IaC）を実現し、プロビジョニング（リソースの割り当て）を自動化するためのツールです。また、構成管理ツールとしての機能も持っており、用途はプロビジョニングだけにとどまりません。Terraform を用いることによって外部リソースをコードベースで管理できるようになります。ここでの外部リソースとは、API 経由で作成・削除といった操作ができるリソースのことを指します。

　筆者の職場では、サービス提供に使う Google Cloud Platform（GCP）のクラウドリソースや GitHub の Team などさまざまな外部リソースを Terraform によって管理しています。しかし現在のところ、Terraform が未対応の外部リソースは数多く存在し、必要に応じて本節で取り上げる Custom Terraform Provider を自分で開発する必要があります。たとえば、筆者は過去に継続的デリバリープラットフォームである Spinnaker[注2] のリソース管理のための terraform-provider-spinnaker[注3] を開発しました。

　本節では、オンラインホワイトボードプラットフォームサービスを提供している Miro[注4] というサービスを対象に、Custom Terraform Provider を開発し、Terraform Registry[注5] に公開するまでの方法を解説します。Miro を対象に選んだ理由は、新型コロナウイルスの影響でチームコラボレーション SaaS である Miro への注目が高まっている一方で、執筆時の段階では API クライアントおよび Terraform Provider が存在していなかったからです。

注1　https://www.terraform.io/
注2　https://spinnaker.io/
注3　https://registry.terraform.io/providers/mercari/spinnaker/latest
注4　https://miro.com/
注5　https://registry.terraform.io/

また、本節では Terraform v1 、Terraform Plugin SDK v2 を使用しています。

3.5.2 Terraform Provider とは

Custom Terraform Provider を開発する前に、Terraform Provider について解説します。まず、Terraform は大きく次の 2 つのコンポーネントによって構成されています。

- Terraform Plugin
- Terraform Core

Terraform Plugin とは、外部リソースのプロビジョニング・構成管理を担う拡張可能なコンポーネントです。Plugin は用途単位で提供されており、Terraform の実行時に必要な Plugin がインストールされ、使用されます。Terraform Core とは、使用する Plugin にかかわらず Terraform を実行するための共通ロジックを担っているコンポーネントです。また、Terraform Plugin はさらに次の 2 つの要素で構成されています。

- Terraform Provisioner
- Terraform Provider

1 つめはリソースの構成管理を担う Terraform Provisioner です。Terraform Provisioner は API リソースの作成・削除時に呼び出され、ローカルまたはリモート環境でスクリプトの実行などを担う General Provisioner と、Chef などのエージェントをインストールする Vendor Provisioner があります。Terraform Provisioner は、次に紹介する Terraform Provider と違い、HashiCorp 社が提供しているもののみ利用可能です。2 つめの Terraform Provider は外部リソースをソースコードで管理するためのスキーマを定義し、API リクエストを行うコンポーネントです。Terraform Provider はサービスごとに提供することがベストプラクティスになっているので、たとえば GCP と GitHub のリソースを管理するには 2 つの Provider を使うことになります。さらに Terraform Provider はディストリビューション方法によって 3 つの種類に分けられます。

① Built-in Provider
② HashiCorp Distributed Provider
③ Custom Terraform Provider

　①はTerraformの実行ファイルの中に含まれているProviderで、インストールなどの必要なく使用できます。②はHashiCorp社によって公式に開発・配布されているProviderのことです。そして、③はOSSとして公開されている非公式のProviderです。サービスを提供している企業や個人が公開していて、①または②がサポートしているもの以外の外部リソースをTerraformで管理したいときに開発・使用します。Providerの開発をサポートするTerraform Plugin SDK[注6]がHashiCorp社から提供されているので、それを使うことによって容易に開発を始められます。Providerを自作できればIaCで管理をできる対象が大幅に広がります。②と③はTerraformの初期化をしたとき[注7]にTerraform Registryからインストールされます。

3.5.3　Custom Terraform Providerの作り方

APIクライアントの開発

　前述のように、Terraform Providerは対象のサービスのAPIへリクエストを行い、外部リソースの操作を行います。そのため、APIクライアントが必要となります。しかし、次の観点からProviderとは別にSDKとして開発することを推奨します。

- ・SDKとしてほかの用途に再利用できる点
- ・APIリクエストの一連の処理をProviderから隠蔽でき、責任分離できる点

　2021年11月11日時点で、Miroの公式なGo SDKが見つからなかったのでパッケージ[注8]を開発しました。本節ではAPIクライアント開発については割愛します。
　すでにSDKがSaaSから提供されていたり、コミュニティに存在していたりすることが多いのでそちらを使用してもかまいません。

Providerスキーマの実装

　SDKの用意ができたという前提で、実際のProviderの開発について説明します。まずは、Providerのスキーマを実装していきます。
　Terraformでは、設定ファイル（.tfファイル）のProviderブロックと呼ばれる箇所に設定されてい

 注6　https://github.com/hashicorp/terraform-plugin-sdk
注7　terraform init コマンド実行時。
注8　https://github.com/Miro-Ecosystem/go-miro

る各種情報をもとに外部サービスへアクセスをします。Providerを開発する際は、まずこのProvider
ブロックのスキーマ（設定すべき項目）を実装する必要があります。今回は、**リスト 3.5.1** のように
miro/provider.goに実装します[注9]。

▼リスト 3.5.1　Provider ブロックのスキーマの実装（miro/provider.go）

```go
package miro

import (
  "context"

  "github.com/Miro-Ecosystem/go-miro/miro"
  "github.com/hashicorp/terraform-plugin-sdk/v2/diag"
  "github.com/hashicorp/terraform-plugin-sdk/v2/helper/schema"
)

func Provider() *schema.Provider {
  return &schema.Provider{
    Schema: map[string]*schema.Schema{
      "access_token": {
        Type:        schema.TypeString,
        Description: "Access key for Miro API",
        Required:    true,
        Sensitive:   true,
      },
    },
    ResourcesMap:   map[string]*schema.Resource{},
    DataSourcesMap: map[string]*schema.Resource{},
  }
}
```

ここでは次の項目を実装しました。

- アクセストークンのAttribute[注10]
- Providerがサポートする Terraform Resource、Data Source[注11]

MiroのAPIクライアントを初期化するために必要なアクセストークンを定義し、Required: trueを
指定して必須のAttributeにしています。アクセストークンが指定されていなければ`terraform plan`
コマンド（.tfファイルをもとに実行計画の作成）または`terraform apply`コマンド（.tfファイルをも
とにリソースを作成）などの実行は失敗します。

`ResourcesMap` と `DataSourcesMap` でこの Terraform Provider がサポートする Resource の種類と

注9　本節で解説するコードは GitHub で公開しています。https://github.com/Miro-Ecosystem/terraform-provider-miro
注10　Attribute とは .tf ファイル内のひとつひとつの設定項目のこと。
　　　詳しくは、「https://www.terraform.io/docs/glossary.html#attribute」をご覧ください。
注11　https://www.terraform.io/docs/configuration/data-sources.html

Data Sourceの種類をそれぞれ指定します。Resourceとは1つの外部リソースの単位（Google
Compute EngineインスタンスやGitHubのTeam）に対応していて、Data Sourceとは外部リソー
スをResourceのようにTerraformで扱う読み取り専用のものです。本節では外部リソースの操作を
実際に行うResourceだけを取り上げます。

　次に、このTerraform Providerで使うMiroのAPIクライアントを初期化します。Providerの
ConfigureContextFuncでProviderの初期化のための関数を指定できます。**リスト3.5.2**のように
Attributeから受け取ったアクセストークンを使ってAPIクライアントを初期化します。

▼リスト3.5.2　APIクライアントの初期化（miro/provider.go）

```go
func Provider() *schema.Provider {
  return &schema.Provider{
    /* （略） */
    ConfigureContextFunc: providerConfigureFunc,
  }
}

func providerConfigureFunc(ctx context.Context, data *schema.ResourceData) (interface{}, ↩
diag.Diagnostics) {
  key := data.Get("access_token").(string)
  var diags diag.Diagnostics
  return miro.NewClient(key), diags
}
```

　data.Get("access_token")でアクセストークンを入力から受け取っています。最後に返したAPIク
ライアントはProviderが行う処理の中で呼び出せます。

　これでProviderスキーマの実装は終わりました。しかし、このままではTerraform Providerとし
て使うことはできません。Terraformによって実行時にインストールされ、Terraformから呼ばれる
必要があるので、main.goにその設定を実装します（**リスト3.5.3**）。

▼リスト3.5.3　TerraformからTerraform Providerが呼ばれるようにする（main.go）

```go
package main

import (
  "github.com/Miro-Ecosystem/terraform-provider-miro/miro"
  "github.com/hashicorp/terraform-plugin-sdk/v2/helper/schema"
  "github.com/hashicorp/terraform-plugin-sdk/v2/plugin"
)

func main() {
  plugin.Serve(&plugin.ServeOpts{
    ProviderFunc: func() *schema.Provider {
      return miro.Provider()
```

```
    },
  })
}
```

ビルドしたあとに、実際にTerraform Providerとして使えるか検証してみます。

Terraformは、デフォルトで読み込むディレクトリ[注12]に使用するProviderのバイナリがなければ、Terraform Registryからインストールをしようとします。しかし、このTerraform Providerをまだ公開していないのでインストールすることができません。そのため、ビルドしたバイナリをTerraformが指定するフォーマットで、指定するディレクトリに移動させる必要があります。**リスト 3.5.4** にてmacOSの場合のGNU makefileを紹介します。このようにタスクを定義すると開発しやすくなります。

▼リスト 3.5.4　Provider をビルドするための GNUmakefile

```
# <Miro-Ecosystem>は各自のGitHubのOrganization nameまたはUsernameに読み替えること
# <miro>は各自のプロバイダ名に読み替えること
provider_macos_path = registry.terraform.io/<Miro-Ecosystem>/<miro>/99.0.0/darwin_amd64/

.PHONY: install_macos
Install_macos:
  # Temp version 99.0.0
  @go build -o terraform-provider-miro_99.0.0
  @mkdir -p ~/Library/Application\ Support/io.terraform/plugins/$(provider_macos_path)
  @mv terraform-provider-<miro>_99.0.0  ~/Library/Application\ Support/io.terraform/↵
plugins/$(provider_macos_path)
```

ビルド後に、MiroのProviderを使うように.tfファイル内に指定します（**リスト 3.5.5**）。

▼リスト 3.5.5　プロバイダの指定（.tf ファイル）

```
terraform {
  required_providers {
    miro = {
      source = "Miro-Ecosystem/miro"
    }
  }
}

provider "miro" {
  access_token = var.access_token
}
```

注12　https://www.terraform.io/docs/plugins/basics.html#installing-plugins

そして、図3.5.1のコマンドを実行して検証します。

▼図3.5.1 Terraform Providerとして使えるかを検証

```
$ terraform init
/* （略） */
* miro-ecosystem/miro: version = "~> 99.0.0"

Terraform has been successfully initialized!
/* （略） */
```

開発したTerraform Providerの名前が表示されたら正しくTerraformに読み込まれています。これでTerraform Providerとしての最低限の実装を終えました。あとは外部リソースの単位であるResourceを実装するだけです。

Resourceの実装

Miroの外部リソースと言ってもたくさん種類があるので、今回はMiro上のオンラインホワイトボードを表すBoardを対象に、このProviderで管理できるようにします。

Resourceスキーマの実装

まず、miro/resource_board.goというファイルを作り、.tfファイルのResourceブロックのスキーマをリスト3.5.6のように定義します。

▼リスト3.5.6 Resourceスキーマの実装（miro/resource_board.go）

```go
func resourceBoard() *schema.Resource {
  return &schema.Resource{
    Schema: map[string]*schema.Schema{
      "name": {
        Description: "Name of the Board",
        Type:        schema.TypeString,
        Required:    true,
      },
      "description": {
        Description: "Description of the Board",
        Type:        schema.TypeString,
        Optional:    true,
      },
    },
  }
}
```

Boardを作成するためには名前を指定する必要があるので、nameという必須Attributeと

descriptionというオプショナルなAttributeを用意しました。このスキーマを使ってMiroのBoard APIのCRUD[注13] を行う次のContext Functionsを実装します。

- Create Context Function
- Read Context Function
- Update Context Function
- Delete Context Function

リソースを作る Create Context Function

CRUDのCreateを担うContext Functionsを実装します。この関数はスキーマで定義した入力からMiro Boardを作成するものです。処理の流れとしては、Resourceブロックの入力から必要な情報を取得してBoardを作成します。**リスト 3.5.7** のように実装します。

▼リスト 3.5.7　Create Context Function の実装（miro/resource_board.go）

```go
func resourceBoard() *schema.Resource {
  return &schema.Resource{
    /* （略）*/
    CreateContext:   resourceBoardCreate,
  }
}

func resourceBoardCreate(ctx context.Context, data *schema.ResourceData, 🡒
meta interface{}) diag.Diagnostics {
  c := meta.(*miro.Client) // （1）
  var diags diag.Diagnostics
  name := data.Get("name").(string)
  desc := data.Get("description").(string)

  req := &miro.CreateBoardRequest{
    Name:        name,
    Description: desc,
  }

  board, err := c.Boards.Create(ctx, req) // （2）
  If err != nil {
    return diag.FromErr(err)
  }

  data.SetId(board.ID) // （3）

  return resourceBoardRead(ctx, data, meta)
}
```

[注13] Create、Read、Update、Delete のこと。

ここでは、第3引数をMiroのAPIクライアントへキャストして取得しています（**リスト 3.5.7**の(1)）。この引数は**リスト 3.5.2**で実装したConfigureContextFuncの戻り値です。この処理はCRUDのほかの操作でも行うので覚えておいてください。そして、APIクライアントからBoardを作成しています（**リスト 3.5.7**の(2)）。最後にdata.SetIdでこのBoardをTerraformで一意に識別するIDを設定しています（**リスト 3.5.7**の(3)）。今回はMiro上でのBoardのIDを使いました。

リソースを読むRead Context Function

次にCRUDのReadを担うContext Functionsを実装します。この関数はMiro APIからBoardを読み取るものです。**リスト 3.5.8**のように実装します。

▼リスト 3.5.8　Read Context Function の実装（miro/resource_board.go）

```go
func resourceBoard() *schema.Resource {
  return &schema.Resource{
    /* （略） */
    ReadContext:   resourceBoardRead,
  }
}

func resourceBoardRead(ctx context.Context, data *schema.ResourceData, meta interface{}) ⏎
diag.Diagnostics {
  c := meta.(*miro.Client)

  var diags diag.Diagnostics
  board, err := c.Boards.Get(ctx, data.Id())   // (1)
  if err != nil {
    return diag.FromErr(err)
  }

  if board == nil {
    data.SetId("")   // (2)
    return diag
  }

  if err := data.Set("boards", board); err != nil {
    return diag.FromErr(err)
  }

  data.SetId(board.ID)
  return diags
}
```

リスト 3.5.7の(3)で指定したResourceのIDをdata.Id()で取得して、APIクライアントにその結果を格納しています（**リスト 3.5.8**の(1)）。また、BoardがMiroのWebコンソールなどから削除されていたりして、見つからないときもあります。そのようなときにdata.SetId("")とすること

でTerraformの管理下から外すことができます（**リスト 3.5.8** の（2））。

Provider へ Resource を登録する

Resourceの必要最低限の機能を実装しました。しかし、このままではこのProviderのリソースとして使えません。Providerスキーマを定義したmiro/provider.goでこのResourceを登録する必要があります。**リスト 3.5.9** のように、Resourceのブロックの種類をキーにして、先ほどのリソースをResourcesMapへ登録します。今回は"miro_board"をキーにしました。

▼リスト 3.5.9　Provider へ Resource を登録（miro/provider.go）

```go
func Provider() *schema.Provider {
  return &schema.Provider{
    /* （略）*/
    ResourcesMap: map[string]*schema.Resource{
      "miro_board": resourceBoard(),
    },
  }
}

func providerConfigureFunc(ctx context.Context, data *schema.ResourceData) (interface{}, 
diag.Diagnostics) {
  key := data.Get("access_key").(string)
  var diags diag.Diagnostics
  return miro.NewClient(key), diags
}
```

これによって、MiroのBoardをTerraformで管理できるようになったので検証します。**リスト 3.5.4** で紹介したGNUmakefileのタスクによってビルドしたProviderを使用し、**リスト 3.5.10** のように.tfファイル内にResourceを定義します。

▼リスト 3.5.10　Resource の指定（.tf ファイル）

```
resource "miro_board" "test" {
  name        = "Test Board"
  description = "My test board for Software Design"
}
```

そして、terraform applyを実行して確認します（**図 3.5.2**）。

▼図 3.5.2　Board を Terraform で管理できるかを検証

```
$ terraform apply -auto-approve
```

```
/* （略） */
miro_board.test: Creating...
miro_board.test: Creation complete after 2s [id=o9J_km-GIDs=]

Apply complete! Resources: 1 added, 0 changed, 0 destroyed.
/* （略） */
```

　ここでIDが出力されていればリソースが作成されています。また、MiroのWebコンソールから
Boardが作成できていることが確認できるはずです。これでMiroのBoardをTerraformで管理でき
るようになりました。

リソースを更新するUpdate Context Function

　Boardの「説明を変更したい」というときも、Terraformで変更を実行できなければなりません。
そのときはリスト3.5.11のようにUpdate Context Functionを実装します。

▼リスト3.5.11　Update Context Functionの実装（miro/resource_board.go）

```go
func resourceBoard() *schema.Resource {
  return &schema.Resource{
    /* （略） */
    UpdateContext:  resourceBoardUpdate,
  }
}


func resourceBoardUpdate(ctx context.Context, data *schema.ResourceData, ⏎
meta interface{}) diag.Diagnostics {
  c := meta.(*miro.Client)
  var diags diag.Diagnostics
  name := data.Get("name").(string)
  description := data.Get("description").(string)

  req := &miro.UpdateBoardRequest{
    Name:        name,
    Description: description,
  }

  _, err := c.Boards.Update(ctx, data.Id(), req)
  if err != nil {
    return diag.FromErr(err)
  }

  return resourceBoardRead(ctx, data, meta)
}
```

　Boardを更新するときに必要になるBoard IDはdata.Id()から取得でき、そのIDを使ってUpdate

を行うAPIリクエストを送ります。ここでc.Boards.Updateの第1戻り値である*Boardは使う必要がないため_で受けています。

■ リソースを削除するDelete Context Function

最後にDelete Context Functionを実装します。こちらはResource定義が削除されたときにBoardを消す関数です（**リスト3.5.12**）。

▼ リスト3.5.12　Delete Context Function の実装（miro/resource_board.go）

```go
func resourceBoard() *schema.Resource {
  return &schema.Resource{
    /* （略） */
    DeleteContext:   resourceBoardDelete,
  }
}

func resourceBoardDelete(ctx context.Context, data *schema.ResourceData, ⏎
meta interface{}) diag.Diagnostics {
  c := meta.(*miro.Client)
  var diags diag.Diagnostics
  if err := c.Boards.Delete(ctx, data.Id()); err != nil {
    return diag.FromErr(err)
  }

  data.SetId("")
  return diags
}
```

最後にdata.SetId("")を呼ぶことを忘れないでください。これによって、このBoardをTerraformの管理外にすることができます。

3.5.4　Terraform Registryに公開

ここまででCRUDのすべての操作を実装できました。世界の開発者に使ってもらえるようにTerraform Registryに公開をしましょう。

Terraform RegistryにGPGの公開鍵を登録し、対応する秘密鍵でTerraform Providerのバイナリを署名してから、アップロードします。詳細は公式ドキュメント[注14]で確認してください。

注14　https://www.terraform.io/docs/registry/providers/publishing.html

3.5.5 まとめ

　本節の内容をふまえて、みなさんも使っているサービスのAPIリソースをTerraformで管理してみてはいかがでしょうか。筆者は最近、Nature Remo[注15]を購入したので、Custom Terraform Providerを開発してデバイスの状態を管理したいともくろんでいます。いろんなProviderがTerraform Registryに公開されることを楽しみにしています。

■ **本節で紹介したパッケージ、ライブラリ、ツール**
- github.com/hashicorp/terraform-plugin-sdk（https://pkg.go.dev/github.com/hashicorp/terraform-plugin-sdk）

■ **ステップアップのための資料**
- Call APIs with Custom Providers （https://learn.hashicorp.com/collections/terraform/providers）
- Yevgeniy Brikman,"Terraform: Up & Running, 2nd Edition", O'Reilly Media, Inc. 2019

注15　https://nature.global/jp/nature-remo-3

第 4 章

Go エキスパートたちの実装例 4
Go の活用の幅を広げる技術

4.1 高度なテキスト変換

Author	上田 拓也
Repository	transform （https://github.com/tenntenn/expertgo4.1）
Keywords	テキスト変換、文字コード変換、半角全角変換、Unicode正規化、任意のバイト列変換、transform.Transformerインタフェース

4.1.1 簡単なテキスト変換

　Goのプログラムはクロスコンパイルが可能でコンパイルすると1つのバイナリになるため、Goはサーバサイドやコマンドラインツールの開発に用いられることが多いでしょう。また、ローカルで動かすようなコマンドのほかに、サーバ上で行うバッチ処理のようなプログラムの開発にも向いています。

　バッチ処理では、テキストを扱うことが多いでしょう。たとえば、CSVファイルなどのテキストファイルの入出力や、文字コードの変換、半角カナから全角カナへの変換などがあります。

　本節では、よくあるテキストやバイト列に対する変換処理について解説します。

strings パッケージ

　Goの標準パッケージの1つであるstringsパッケージは、string型に関する便利な関数や型を提供しています。たとえば、strings.Replace関数を用いると**リスト4.1.1**のように文字列を置換できます。

▼リスト 4.1.1　文字列の置換

```
s := strings.Replace("郷に入っては郷に従え", "郷", "Go", 1)
// Goに入っては郷に従え
fmt.Println(s)
```

　第1引数は置換対象の文字列、第2引数は置換元の文字列、第3引数は置換先の文字列です。第4

引数は置換する回数です。

リスト4.1.2のように第4引数に-1を指定すると、第2引数で指定した文字列をすべて第3引数で指定した文字列で置き換えます。

▼リスト4.1.2 文字列の置換（第2引数で指定した文字列すべてを置換する）

```
s := strings.Replace("郷に入っては郷に従え", "郷", "Go", -1)
// Goに入ってはGoに従え
fmt.Println(s)
```

なお、Go 1.12から-1を指定する代わりにstrings.ReplaceAll関数も使えます。

置き換えたい文字列が複数あるような場合は、strings.Replacer型が便利です。リスト4.1.3のようにstrings.NewReplacer関数の引数に置換元の文字列と置換後の文字列を交互に並べると、それらの文字列を置換する*strings.Replacer型の値を返します。そして、そのReplaceメソッドに文字列を渡すと置換が行われます。

▼リスト4.1.3 複数パターンの置換

```
// 郷 → Go、入れば → 入っては
r := strings.NewReplacer("郷", "Go", "入れば", "入っては")
s := r.Replace("郷に入れば郷に従え")
// Goに入ってはGoに従え
fmt.Println(s)
```

また、WriteStringメソッドを用いることでio.Writerに書き出せます。

stringsパッケージはこのほかにも便利な機能を提供しています。たとえば、strings.Map関数を用いると、Unicodeのコードポイントごと（rune型単位）に変換規則を関数で指定して文字列を変換できます。リスト4.1.4では、'a'から'z'までのアルファベットだった場合、'A'から'Z'への大文字に変換しています。

▼リスト4.1.4 小文字の英字を大文字の英字に変換

```
toUpper := func(r rune) rune {
  if 'a' <= r && r <= 'z' {
    return r - 'a' + 'A'
  }
  return r
}
s := strings.Map(toUpper, "Hello, World")
// HELLO, WORLD
fmt.Println(s)
```

なお、コードポイントごとの小文字・大文字の変換関数は自作するのではなく、**リスト4.1.5**のように unicode パッケージの ToUpper 関数や ToLower 関数を用いると便利です。

▼リスト4.1.5　小文字を大文字に変換（unicode.ToUpper 関数）

```
s := strings.Map(unicode.ToUpper, "Hello, World")
// HELLO, WORLD
fmt.Println(s)
```

また、単に文字列を小文字・大文字に変換したい場合は、strings.ToUpper 関数や strings.ToLower 関数を用いても良いでしょう。

このように、strings パッケージには便利な関数や型が提供されています。一度 strings パッケージのドキュメントに目を通してどんな機能があるか把握しておくことをお勧めします。

bytes パッケージ

strings は文字列を対象としたパッケージでした。同様の機能を []byte 型の値に対して行いたい場合、[]byte 型から strings 型へキャストして strings パッケージを用いるのではなく、bytes パッケージを用いると良いでしょう。

bytes パッケージは、strings パッケージが提供している型や関数によく似たものを提供しています。たとえば、**リスト4.1.6**のように strings.ReplaceAll 関数に対応した bytes.ReplaceAll 関数があります。

▼リスト4.1.6　[]byte 型の値の置換（すべての置換対象を置換する）

```
// 0x0B → 0xFF
b := bytes.ReplaceAll([]byte{0x0A, 0x0B, 0x0C},[]byte{0x0B}, []byte{0xFF})
// 0A FF 0C
fmt.Printf("% X\n", b)
```

regexp パッケージ

regexp.Regexp 型は正規表現を表します。*regexp.Regexp 型の ReplaceAll メソッドや ReplaceAllString メソッドを用いることで正規表現を使った置換を行えます。

リスト4.1.7のように ReplaceAllString メソッドを用いると、regexp.Compile 関数でコンパイルして得た正規表現を用いて置換を行えます。

▼リスト 4.1.7　正規表現を使った置換

```
re, err := regexp.Compile(`(\d+)年(\d+)月(\d+)日`)
if err != nil { /* エラー処理 */ }
s := re.ReplaceAllString("1986年01月12日", "${2}/${3} ${1}")
// 01/12 1986
fmt.Println(s)
```

　置換する際に`${1}`のように記述することで正規表現中でキャプチャした値を使えます。`[]byte`型を用いて置換したい場合は`ReplaceAll`メソッドを用います。

　正規表現でキャプチャした文字列を展開したくない場合は、**リスト 4.1.8**のように`ReplaceAllLiteralString`メソッドを用います。

▼リスト 4.1.8　正規表現を使った置換（キャプチャした文字列を展開しない）

```
re, err := regexp.Compile(`(\d+)年(\d+)月(\d+)日`)
if err != nil { /* エラー処理 */ }
s := re.ReplaceAllLiteralString("1986年01月12日", "${2}/${3} ${1}")
// ${2}/${3} ${1}
fmt.Println(s)
```

　また、`[]byte`型に対しては`ReplaceAllLiteral`メソッドを用います。

　`ReplaceAllStringFunc`メソッドを用いると、**リスト 4.1.9**のように正規表現にマッチした文字列からの変換ルールを関数として指定できます。

▼リスト 4.1.9　正規表現にマッチした文字列を、関数で指定したルールで変換

```
re, err := regexp.Compile(`(^|_)[a-zA-Z]`)
if err != nil { /* エラー処理 */ }
s := re.ReplaceAllStringFunc("hello_world", func(s string) string {
  return strings.ToUpper(strings.TrimLeft(s, "_"))
})
// HelloWorld
fmt.Println(s)
```

　`(^|_)[a-zA-Z]`という正規表現は「先頭または`_`に続くアルファベット」にマッチします。この正規表現を使って、マッチした文字列の先頭から`_`を取り除き、大文字にすることでスネークケースからキャメルケース[注1]に変換しています。

注1　スネークケースは単語と単語をアンダーバー（_）でつなぐ命名規則。キャメルケースは単語の先頭を大文字にする命名規則。

4.1.2　文字コードや半角・全角の変換

transform.Transformerインタフェース

ここまで紹介した方法では、文字列やバイト列を入力として受け取りテキスト変換を行っていました。データ量が少ない場合は問題ありませんが、大きなデータを扱う場合に問題になります。すべてのデータをstring型や[]byte型の値としてメモリに乗せるわけにはいきません。

入力データをio.Reader型で扱うことにより、すべてのデータをメモリに乗せることなくテキスト変換を行えます。入力データをio.Reader型として扱うためには、テキスト変換の処理をgolang.org/x/text/transformパッケージ[注2]で提供されているTransformerインタフェースを満たすように実装する必要があります。

transform.Transformerインタフェースは**リスト4.1.10**のような定義になっています。

▼リスト4.1.10　transform.Transformerインタフェース

```
type Transformer interface {
  Transform(dst, src []byte, atEOF bool) (nDst, nSrc int, err error)
  Reset()
}
```

実装する型のテキスト変換処理はTransformメソッドとして提供する必要があります。Resetメソッドは再利用できるようにリセットするために用いますが、不要であれば実装を空にしても問題ありません。

具体的なTransformメソッドの実装例については4.1.4項で詳しく解説しますが、まずは使い方について解説します。**リスト4.1.11**のように、第1引数にio.Reader型、第2引数にtransform.Transformer型を取るtransform.NewReader関数を用いると、*transform.Reader型の値を生成できます。

▼リスト4.1.11　transform.NewReader関数の使用例

```
// 変数rはio.Readerインタフェースを実装した型
r := strings.NewReader("Hello, World")
// transform.Nop変数は何も変換を行わないtransform.Transformer
tr := transform.NewReader(r, transform.Nop)
// 変数trは*transform.Reader型
_, err := io.Copy(os.Stdout, tr)
if err != nil { /* エラー処理 */ }
```

[注2] https://pkg.go.dev/golang.org/x/text/transform

　*transform.Reader型はio.Readerインタフェースを実装する型で、読み込んだデータに対してテキスト変換を行えます。

　テキスト変換を読み込み時ではなく、書き込み時に行いたい場合はio.Writerインタフェースを実装した*transform.Writer型を用います。*transform.Writer型の値は、**リスト 4.1.12**のようにtransform.NewWriter関数の第1引数にio.Reader型、第2引数にtransform.Transformer型を指定することで生成できます。

▼リスト 4.1.12　transform.NewWriter 関数の使用例

```
// 変数rはio.Readerインタフェースを実装した型
r := strings.NewReader("Hello, World")
// transform.Nop変数は何も変換を行わないtransform.Transformer
tw := transform.NewWriter(os.Stdout, transform.Nop)
// 変数twは*transform.Writer型
_, err := io.Copy(tw, r)
if err != nil { /* エラー処理 */ }
```

　複数のtransform.Transformer型の値を結合するには、**リスト 4.1.13**のようにtransform.Chain関数を用います。

▼リスト 4.1.13　transform.Chain 関数の使用例

```
// transform.Nopとtransform.Discardを結合
t := transform.Chain(transform.Nop, transform.Discard)
```

　transform.Chain関数には任意個のtransform.Transformer型の値を渡せます。

文字コードの変換

　Goの文字列はUTF-8で扱われています。そのため、Shift_JISやEUC-JPからUTF-8、またはその逆を行いたい場合には文字コードを変換する必要があります。文字コードに関する型はgolang.org/x/text/encodingパッケージ（以下、encodingパッケージ）[注3]で提供されています。

　encodingパッケージで提供されている型は、Encoder型、Decoder型、Encoding型の3つです。encoding.Encoder型とencoding.Decoder型は、**リスト 4.1.14**のように匿名フィールドとしてtransform.Transformer型が埋め込まれているため、それぞれtransform.Transformerインタフェースを実装していることになっています。

注3　https://pkg.go.dev/golang.org/x/text/encoding

▼リスト 4.1.14　encoding.Encoder 型と encoding.Decoder 型

```
// encoding.Encoder型の定義
type Encoder struct {
  transform.Transformer
  _ struct{}
}

// encoding.Decoder型の定義
type Decoder struct {
  transform.Transformer
  _ struct{}
}
```

　それぞれの構造体のフィールドが _ struct{}となっているのは、**リスト 4.1.15** のようにフィールド名（匿名フィールドの場合は型名）を指定せずに構造体を初期化できないようにするためです。

▼リスト 4.1.15　構造体の初期化（フィールド名を指定しない場合と、指定する場合）

```
// フィールド名が指定されていないのでコンパイルエラー
e1 := &encoding.Encoder{ transform.Nop }

// OK
e2 := &encoding.Encoder{ Transformer: transform.Nop }
```

　*encoding.Encoder型と *encoding.Decoder型はTransformerフィールドを用いたメソッドを提供しています。それぞれstring型や[]byte型を直接エンコードまたはデコードを行うBytesメソッドとStringメソッドを提供しています。
　また、*encoding.Encoder型はWriterメソッドを提供しており、内部でtransformer.NewWriter関数を呼び出してio.Writerインタフェースを実装する *transform.Writer型の値を生成しています。
　一方、*encoding.Decoder型はReaderメソッドを提供しており、内部でtransformer.NewReader関数を呼び出してio.Readerインタフェースを実装する *transform.Reader型の値を生成しています。
　encodingパッケージは、このほかにも**リスト 4.1.16** のような定義のEncoding型を提供しています。

▼リスト 4.1.16　encoding.Encoding 型

```
type Encoding interface {
  NewDecoder() *Decoder
  NewEncoder() *Encoder
}
```

encoding.Encoding型はインタフェースでNewDecoderメソッドとNewEncoderメソッドを持ちます。

encoding.Encodingインタフェースを実装した型は、encodingパッケージのサブパッケージで提供されています。たとえば日本語の文字コードに関する型は、golang.org/x/text/encoding/japaneseパッケージ注4（以下、japaneseパッケージ）で提供されています。

japaneseパッケージのencoding.Encodingインタフェースを実装した型は、ShiftJIS型、EUCJP型、ISO2022JP型の3つです。たとえば、文字コードがShift_JISのCSVファイルをUTF-8に変換して読み込みたい場合は**リスト4.1.17**のように書きます。

▼リスト4.1.17　Shift_JISのCSVファイルをUTF-8に変換して読み込む

```go
func printCSV(filename string) error {
  f, err := os.Open(filename)
  if err != nil {
    return err
  }
  defer f.Close()

  // Shift_JISとして読み込む
  dec := japanese.ShiftJIS.NewDecoder()
  cr := csv.NewReader(dec.Reader(f))
  for {
    rec, err := cr.Read()
    if err == io.EOF { break }
    if err != nil { return err }
    // UTF-8に変換されているので表示しても
    // 文字化けしない
    fmt.Println(rec)
  }

  return nil
}
```

半角と全角の変換

日本語のカタカナやひらがなをコンピュータ上で扱う場合、全角や半角などの表現方法があります。Unicodeにおける全角や半角の扱いは、"EAST ASIAN WIDTH"（UAX#11）注5 としてUnicode Standard Annexに記載されています。

golang.org/x/text/widthパッケージ注6（以下、widthパッケージ）では、東アジアの文字幅に関する型や関数を提供しています。UAX#11で定義されているEast Asian Width特性には、F、H、W、Na、A、Nの6つがあり、それぞれ**表4.1.1**の意味になります。ここではわかりやすく表現していま

注4　https://pkg.go.dev/golang.org/x/text/encoding/japanese
注5　https://www.unicode.org/reports/tr11/
注6　https://pkg.go.dev/golang.org/x/text/width

すが、厳密な定義についてはUAX#11を参照してください。

▼表4.1.1　Unicodeの正規化

East_Asian_Width特性	意味
F (Fullwidth)	通常は半角で扱うものを全角で表したもの。全角英数など
H (Halfwidth)	通常は全角で扱うものを半角で表したもの。半角カナなど
W (Wide)	通常は全角で扱うもの。全角カナや漢字など
Na (Narrow)	通常は半角で扱うもの。半角英数など
A (Ambiguous)	文脈によって半角や全角で扱われるあいまいなもの。ギリシア文字、キリル文字など
N (Neutral)	上記以外のもので、そもそも東アジア圏では扱わない文字

　widthパッケージでは、East Asian Width特性をwidth.Kind型で表し、6つの特性をそれぞれEastAsianFullwidth、EastAsianHalfwidth、EastAsianWide、EastAsianNarrow、EastAsianAmbiguous、Neutralという定数で定義しています。

　特定のコードポイントのEast Asian Width特性を取得するためには、**リスト4.1.18**のようにwidth.LookupRune関数を用います（**図4.1.1**）。

▼リスト4.1.18　East Asian Width特性を取得

```
// 全角の5、半角のｱ、全角のア、半角のA、ギリシア文字のアルファ
rs := []rune{'５', 'ｱ', 'ア', 'A', 'α'}
fmt.Println("rune\tWide\tNarrow\tFolded\tKind")
fmt.Println("--------------------------------------------------")
for _, r := range rs {
  p := width.LookupRune(r)
  w, n, f, k := p.Wide(), p.Narrow(), p.Folded(), p.Kind()
  fmt.Printf("%2c\t%2c\t%3c\t%3c\t%s\n", r, w, n, f, k)
}
```

▼図4.1.1　リスト4.1.18の実行結果

```
rune   Wide   Narrow  Folded  Kind
----------------------------------------------
5              5       5       EastAsianFullwidth
ｱ      ア             ｱ       EastAsianHalfwidth
ア             ｱ               EastAsianWide
A      A                       EastAsianNarrow
α                              EastAsianAmbiguous
```

　width.LookupRune関数は*width.Properties型の値を返します。そのKindメソッドを用いることで、East Asian Width特性を表すwidth.Kind型の値を取得できます。また、*width.Properties型のWideメソッドは、対象のコードポイントが対応する全角文字のコードポイントを持つ場合はそのコー

ドポイントを、そうでない場合は 0 を返します。Narrow メソッドはその半角バージョンです。Folded メソッドは数字のように通常半角で表す文字であれば半角を、カタカナのように通常全角で表す場合は全角、そうでない場合は 0 を返します。

なお、width.Lookup 関数や width.LookupString 関数を用いることで、バイト列や文字列の先頭のコードポイントの East Asian Width 特性を取得できます。

width パッケージでは、transform.Transformer インタフェースを実装した width.Transformer 型を提供しています。width.Transformer 型の値として、width.Fold、width.Widen、width.Narrow の 3 つの変数が定義されています。

リスト 4.1.19 のように width.Fold 変数を用いると、(*width.Properties).Folded メソッドが 0 以外を返すコードポイントを、そのコードポイントに置き換えます。

▼リスト 4.1.19　通常半角で表す文字は半角に、通常全角で表す文字は全角に変換

```
// 全角の5、半角のｱ、全角のア、半角のA、ギリシア文字のアルファ
for _, r := range width.Fold.String("５ｱアAα") {
  p := width.LookupRune(r)
  fmt.Printf("%c: %s\n", r, p.Kind())
}
```

たとえば、**図 4.1.2** のように全角数字の「５」は半角数字の「5」に、半角カタカナの「ｱ」は全角カタカナの「ア」に、置き換えられます。

▼図 4.1.2　リスト 4.1.19 の実行結果

```
5: EastAsianNarrow
ア: EastAsianWide
ア: EastAsianWide
A: EastAsianNarrow
α: EastAsianAmbiguous
```

リスト 4.1.20 のように width.Narrow 変数を用いると、(*width.Properties).Narrow メソッドが 0 以外を返すコードポイントを、そのコードポイントに置き換えます。

▼リスト 4.1.20　全角文字を半角文字に変換

```
for _, r := range width.Narrow.String("５ｱアAα") {
  p := width.LookupRune(r)
  fmt.Printf("%c: %s\n", r, p.Kind())
}
```

たとえば、**図 4.1.3** のように全角数字の「５」は半角数字の「5」に、全角カタカナの「ア」は半角カタカナの「ｱ」に、置き換えられます。

▼図 4.1.3　リスト 4.1.20 の実行結果

```
5: EastAsianNarrow
ｱ: EastAsianHalfwidth
ｱ: EastAsianHalfwidth
A: EastAsianNarrow
α: EastAsianAmbiguous
```

リスト 4.1.21 のように width.Widen 変数を用いると、(*width.Properties).Wide メソッドが 0 以外を返すコードポイントを、そのコードポイントに置き換えます。

▼リスト 4.1.21　半角文字を全角文字に変換

```
for _, r := range width.Widen.String("5ｱアAα") {
  p := width.LookupRune(r)
  fmt.Printf("%c: %s\n", r, p.Kind())
}
```

たとえば、**図 4.1.4** のように半角数字の「5」は全角数字の「５」に、半角カタカナの「ｱ」は全角カタカナの「ア」に、置き換えられます。

▼図 4.1.4　リスト 4.1.21 の実行結果

```
5: EastAsianFullwidth
ア: EastAsianWide
ア: EastAsianWide
A: EastAsianFullwidth
α: EastAsianAmbiguous
```

なお、width.Fold 変数は width.Transform 型であり、transform.Transformer インタフェースを実装しています。そのため、**リスト 4.1.22** のように transform.Chain 関数によってほかの transform.Transformer インタフェースを実装した値と結合させることが可能です。

▼リスト 4.1.22　文字コード変換と全角半角変換を行う

```
// Shift_JISのファイルの全角英数などは半角に、半角カナなどは全角にする
func foldShiftJISFile(filename string) error {
  f, err := os.Open(filename)
  if err != nil {
```

```
    return err
  }
  defer f.Close()

  // Shift_JISからUTF-8に変換してから
  // 全角英数などは半角に、半角カナなどは全角にする
  dec := japanese.ShiftJIS.NewDecoder()
  t := transform.Chain(dec, width.Fold)
  r := transform.NewReader(f, t)

  s := bufio.NewScanner(r)
  for s.Scan() {
    fmt.Println(s.Text())
  }

  if err := s.Err(); err != nil {
    return err
  }

  return nil
}
```

このように、transform.Transformer インタフェースを用いることで、transform.Chain関数で変換処理を結合させ、複雑なテキスト変換を行うことが可能です。また、すべてのデータをメモリ上に乗せてから処理を行うわけではありません。io.Reader 型や io.Writer 型が読み込む単位、または書き込む単位で変換を行っていくため、無駄にメモリを消費することなくテキスト変換を行えます。

4.1.3 Unicodeとコードポイントごとの変換

Unicode と UTF-8

Unicodeとは世界中の文字を単一に扱うために生まれた符号化文字集合です。16 ビットで文字を表し、文字とひも付いた 16 ビットの値をコードポイント（符号点）と呼びます[注7]。Goの組み込み型であるrune型は、Unicodeのコードポイントを表します。

次のように、for文のrangeに文字列を指定すると、コードポイント単位に分解され繰り返し処理が行えます。

注7 たとえば、「世」という字のUnicodeのコードポイントはU+4e16（U+の後ろに16進数表記）です。Goのコードでは \u4e16 と表現します。

```
// 0: 世 3: 界
for i, r := range "世界" {
  fmt.Printf("%d: %c ", i, r)
}
```

　変数 i はそのコードポイントが何バイト目かを表し、変数 r はコードポイントを表します。変数 i が何文字目かを表す値ではないことに注意してください。

　Goの文字列はUTF-8という文字符号化スキームで符号化されています。Unicodeは16ビットで文字を表すため、8ビットで文字を表すASCIIとは互換性がありません。そこで、ASCIIと互換性を持つ可変長のUTF-8がRob Pike氏とKen Thompson氏によって考案されました。この2人はGoの設計者でもあります。

　Goでは、UnicodeのコードポイントからUTF-8でエンコードされたバイト列を取得するには、**リスト 4.1.23**のようにunicode/utf8パッケージのEncodeRune関数を用います。なお、utf8.EncodeRune関数の戻り値はエンコード後のバイト列の長さです。

▼リスト 4.1.23　Unicode コードポイントを UTF-8 にエンコード

```
buf := make([]byte, 3)
n := utf8.EncodeRune(buf, '世')
// [228 184 150] "世" 3
fmt.Printf("%v %q %d", buf, string(buf), n)
```

　UTF-8でエンコードされたバイト列からUnicodeのコードポイントをデコードするには、utf8.DecodeRune関数を用います（**リスト 4.1.24**）。戻り値はデコードされたrune型の値と対応するバイト列の長さです。

▼リスト 4.1.24　UTF-8 を Unicode コードポイントにデコード

```
b := []byte("世界")
// '世':3 '界':3
for len(b) > 0 {
  r, size := utf8.DecodeRune(b)
  fmt.Printf("%q:%v ", r, size)
  b = b[size:]
}
```

　Unicodeでは、1文字が1つのコードポイントで表される場合が多いですが、必ずしもそうとは限りません。たとえば、éはeの後ろにアクサンテギュを表すコードポイントが続く、2つのコードポイントで表す場合があります。このようなコードポイントの列を書記素クラスタと呼びます。書記素クラ

スタについては"UNICODE TEXT SEGMENTATION"(UAX#29)[注8] として Unicode Standard Annex に記載されています。

Go で書記素クラスタ単位で文字列を分解するためには、サードパーティーライブラリである `github.com/rivo/uniseg` パッケージ[注9] を用いると便利です（**リスト 4.1.25**）。

▼リスト 4.1.25　文字列 "Cafe\u0301"（Café）を書記素クラスタに分解

```
gr := uniseg.NewGraphemes("Cafe\u0301")
// C [43]  a [61]  f [66]  é [65 301]
for gr.Next() {
  fmt.Printf("%s %x  ", gr.Str(), gr.Runes())
}
```

Unicode では我々の身近な絵文字についても表せます。絵文字についてもスキントーンによる肌の色の変更や家族絵文字の組み合わせなど、複数のコードポイントで1つの絵文字を表す場合があります。そのため、コードポイント単位で処理するのではなく、書記素クラスタ単位で扱うことで正しく処理できます。絵文字については Unicode Technical Standard で "UNICODE EMOJI"（UTS#51）[注10] として定義されています。

Unicode の正規化

見た目上同じ文字でも Unicode のコードポイントレベルで見ると別である場合があります。たとえば、é は1つのコードポイントで表す "\u00e9" と e の後ろにアクサンテギュを表すコードポイントが続く "e\u0301" で表せます。

これらの文字列をバイト列レベルで比較してしまうと別ものとなってしまうため、都合が良くありません。そのため、Unicode では正規化[注11] という概念があり、これらの文字列を "正準等価性" において等価としています。

また、このほかに数字の「9」と「⁹」（上付きの数字の9）は見た目上の表現は違いますが、同じ数字の9を表します。そのため、これらを等価として扱う "互換等価性" があります。

Unicode の正規化では正準等価性や互換等価性に基づいて合成や分解を行うことで正規化を行います。合成とは複数のコードポイントに分かれている "e\u0301" のような文字列を "\u00e9" に変換するような処理のことで、分解は逆を表します。たとえば、**表 4.1.2** のように正準等価性に基づいて合成する正規化のことを NFC と呼びます。

注8 https://unicode.org/reports/tr29/
注9 https://github.com/rivo/uniseg
注10 https://www.unicode.org/reports/tr51/
注11 https://unicode.org/reports/tr15/

▼表 4.1.2　Unicode の正規化

	正準等価性	互換等価性
合成	NFC	NFKC
分解	NFD	NFKD

　Go では golang.org/x/text/unicode/norm パッケージ[注12]（以下、norm パッケージ）で Unicode の正規化に関する機能を提供しています。norm パッケージの詳しい解説は Go の公式ブログ[注13] にまとめられていますので、ここでは簡単な使い方を解説します。

　norm パッケージでは transform.Transformer インタフェースを実装している From 型を提供しており、定数として norm.NFC、norm.NFD、norm.NFKC、norm.NFKD の 4 つの値を定義しています。

　たとえば**リスト 4.1.26** では、正準等価性に基づき、"\u00e9" を "e\u0301" に分解し、合成して元に戻しています。

▼リスト 4.1.26　norm.NFC 定数と norm.NFD 定数の使用例

```
s := "é"
// "é" "\u00e9"
fmt.Printf("%[1]q %+[1]q\n", s)

// 正準等価性に基づいて分解
s = norm.NFD.String(s)
// "é" "e\u0301"
fmt.Printf("%[1]q %+[1]q\n", s)

// 正準等価性に基づいて合成
s = norm.NFC.String(s)
// "é" "\u00e9"
fmt.Printf("%[1]q %+[1]q\n", s)
```

　また**リスト 4.1.27** では、互換等価性に基づき "\u30b4" を "\u30b3\u3099" に分解し、合成して元に戻しています。

▼リスト 4.1.27　norm.NFKC 定数と norm.NFKD 定数の使用例

```
s := "ゴ"
// "ゴ" "\u30b4"
fmt.Printf("%[1]q %+[1]q\n", s)

// 互換等価性に基づいて分解
s = norm.NFKD.String(s)
// "ゴ" "\u30b3\u3099"
```

注12　https://pkg.go.dev/golang.org/x/text/unicode/norm
注13　https://blog.golang.org/normalization

```
fmt.Printf("%[1]q %+[1]q\n", s)

// 互換等価性に基づいて合成
s = norm.NFKC.String(s)
// "ゴ" "\u30b4"
fmt.Printf("%[1]q %+[1]q\n", s)
```

コードポイントごとの変換

　golang.org/x/text/runesパッケージ[注14]では、コードポイント（rune型）ごとの変換を提供する transform.Transformerインタフェースを実装したrunes.Transformer型とその値を返す関数を提供しています。

　runes.If関数は、第1引数で指定されたコードポイントの集合に属するようなコードポイントの場合は第2引数で指定されたtransform.Transformer型の値に変換し、属さない場合は第3引数で指定されたtransform.Transformer型の値に変換するようなrunes.Transformer型の値を返します。コードポイントの集合はrunes.Setインタフェースで表され、Containsメソッドがtrueを返す場合は集合に属することを表します。

　runes.Set型を返す関数はIn、NotIn、Predicateの3つが定義されています。runes.In関数は、引数で指定した *unicode.RangeTable型で表された範囲のコードポイントであれば、Containsメソッドがtrueを返すようなrunes.Set型の値を返します。

　文字列中のカタカナをすべて全角にする場合は、**リスト4.1.28**のようにrunes.If関数とrunes.In関数を用います。

▼リスト4.1.28　文字列中のカタカナをすべて全角に変換

```
// カタカナであれば全角にする
t := runes.If(runes.In(unicode.Katakana), width.Widen, nil)
// 5アアAα
fmt.Println(t.String("5ｱｱＡα"))
```

　カタカナ以外の文字は、runes.If関数の第3引数にnilが指定されているため、変換されずそのままになります。

　runes.NotIn関数は、runes.In関数で返される値とは逆で、第1引数で指定した範囲のコードポイントになければ、Containsメソッドがtrueを返すようなrunes.Set型の値を返します。

　また、runes.Predicate関数は、引数で渡した関数がContainsメソッドを呼び出した際に呼ばれるようなrunes.Set型の値を返します。

注14 https://pkg.go.dev/golang.org/x/text/runes

runes.Transform型の値を返す関数はrunes.If関数以外にも、runes.Remove関数とrunes.Map関数などがあります。

runes.Remove関数は指定されたコードポイントの集合を削除するようなrunes.Transformer型の値を返します。**リスト4.1.29**はUnicodeの正規化のNFDで分解し、その後アクサンテギュ（"\u0301"）のようなunicode.Mn変数が表す範囲にあるコードポイント（いわゆる「前進を伴わないような結合文字（Nonspacing mark）」）を削除し、NFCで合成するという変換を行っています。そのため、実行すると"résumé"が"resume"に変換されて表示されます。

▼リスト4.1.29　アクサンテギュなどを削除

```
removeMn := runes.Remove(runes.In(unicode.Mn))
t := transform.Chain(norm.NFD, removeMn, norm.NFC)
s, _, err := transform.String(t, "résumé")
if err != nil { /* エラー処理 */ }
// resume
fmt.Println(s)
```

runes.Map関数は引数で指定したfunc(rune) rune型の関数を用いてコードポイントごとの変換を行うrunes.Transform型の値を返します。runes.Map関数を用いて'a'から'z'のアルファベットを大文字に変換するには**リスト4.1.30**のように記述します。

▼リスト4.1.30　アルファベットを大文字に変換

```
t := runes.Map(func(r rune) rune {
  if 'a' <= r && r <= 'z' {
    return r - 'a' + 'A'
  }
  return r
})
// HELLO, WORLD
fmt.Println(t.String("Hello, World"))
```

4.1.4　transform.Transformerインタフェースの実装

アルファベットの小文字から大文字への変換

ここまでtransform.Transformerインタフェースを実装した型について解説してきました。ここでは

transform.Transformer インタフェースの実装方法と注意点を解説します。例として 'a' から 'z' のアルファベットを大文字に変換するような transform.Transformer インタフェースを実装した型を作成します。

　transform.Transformer インタフェースを実装するには、Transform メソッド以外に、Reset メソッドを実装する必要があります（**リスト 4.1.31** 参照）。

▼リスト 4.1.31　transform.Transformer インタフェース（再掲）

```
type Transformer interface {
  Transform(dst, src []byte, atEOF bool) (nDst, nSrc int, err error)
  Reset()
}
```

　しかし、何もしない Reset メソッドを定義したい場合は、**リスト 4.1.32** のように transform.NopResetter 型を埋め込むと Reset メソッドを定義する手間が省けます。

▼リスト 4.1.32　transform.NopResetter 型を埋め込む

```
type Upper struct{ transform.NopResetter }
```

　transform.Transformer インタフェースを用いたテキスト変換では、一度に文字列やバイト列を変換するわけではなく、細かなバイト列に分割して変換処理を行う作りになっています。細かなバイト列への分割は transform.NewReader 関数や transform.NewWriter 関数が返す値の Read メソッドや Write メソッドで行われます。

　Transform メソッドの引数には、変換した結果を入れる []byte 型の値（dst）と変換元のバイト列である []byte 型の値（src）、およびこれ以上変換するデータがないか（末尾かどうか）を表す bool 型の値（atEOF）が渡されます。

　そのため、引数 dst の長さが不十分だと変換した結果を入れることができないため、**リスト 4.1.33** のようにエラーとして transform.ErrShortDst 変数の値を返しています。

▼リスト 4.1.33　引数 dst の長さが不十分な場合のエラー処理

```
func (Upper) Transform(dst, src []byte, atEOF bool) (
  nDst, nSrc int, err error) {

  // 末尾ではないのにdstが足りない場合はErrShortDstを返す
  if len(dst) == 0 && !atEOF {
    err = transform.ErrShortDst
    return
```

```
    }
    /* （略）リスト4.1.34参照 */
}
```

戻り値のnDstとnSrcは、それぞれ変換して引数dstに入れたバイト数と引数srcから変換に使用したバイト数を表します。そのため、**リスト 4.1.34** のように引数srcのバイト列をすべて処理し終わったり、引数dstが足りなくなった場合はリターンすることによって次のバイト列の変換に移すことができます。

▼リスト 4.1.34　バイト列の変換処理

```
for {
  // srcをすべて処理し終えた、またはdstが足りなくなった場合
  if len(src) <= nSrc || len(dst) <= nDst {
    return
  }

  // 小文字から大文字への変換
  if 'a' <= src[nSrc] && src[nSrc] <= 'z' {
    dst[nDst] = src[nSrc] - 'a' + 'A'
  } else {
    dst[nDst] = src[nSrc]
  }

  // 処理したバイト数分だけ進める
  nSrc++
  nDst++
}
```

for文内では1バイトずつ引数srcのデータを変換し、引数dstに格納していきます。引数srcのnSrc番目が小文字のアルファベットであれば、大文字に変換し引数dstのnDst番目に格納します。また、それ以外であれば変換せずにそのまま変数dstに格納します。戻り値nSrcとnDstは読み進めた（書き込んだ）分だけ加算しておきます。

作成したUpper型を用いて文字列を変換するには**リスト 4.1.35** のように記述します。

▼リスト 4.1.35　Upper型の使用例（アルファベットの大文字変換）

```
var t Upper
w := transform.NewWriter(os.Stdout, t)
// HELLO, WORLD
io.Copy(w, strings.NewReader("Hello, World"))
```

任意のバイト列の変換

次に少し難易度の高い transform.Transformer インタフェースの実装方法を解説します。**リスト 4.1.36** のように任意のバイト列を任意の別のバイト列に変換する Replacer 型を作成します。

▼リスト 4.1.36　Replacer 型の使用例（任意のバイト列変換）

```
// "郷"を"Go"に変換する
var t *Replacer = NewReplacer([]byte("郷"), []byte("Go"))
w := transform.NewWriter(os.Stdout, t)
// Goに入ってはGoに従え
io.Copy(w, strings.NewReader("郷に入っては郷に従え"))s
```

Replacer 型は**リスト 4.1.37** のような構造体として定義します。

▼リスト 4.1.37　Replacer 型の構造体

```
type Replacer struct {
  transform.NopResetter
  old, new []byte
}
```

フィールドには変換に用いる old フィールドと new フィールド、そして Reset メソッドの実装を提供する transform.NopResetter 型の匿名フィールド（埋め込み）があります。

それでは、Transform メソッドを順に実装していく形で解説します。まず、old フィールドの長さが 0 の場合の処理を行います。**リスト 4.1.38** のように、変換せずにそのまま引数 dst にコピーします。

▼リスト 4.1.38　old フィールドの長さが 0 の場合の処理

```
func (r *Replacer) Transform(dst, src []byte, atEOF bool) (nDst, nSrc int, err error) {

  // r.oldが空であれば、そのままコピー
  if len(r.old) == 0 {
    n := copy(dst[nDst:], src)
    nDst += n
    nSrc += n
    return
  }

}
```

次に、引数srcにoldフィールドのバイト列が含まれるかどうか、bytesパッケージのIndex関数を用いて検索します（**リスト 4.1.39**）。ここでは、見つからなかった場合はいったん考えないでおきましょう。

▼リスト 4.1.39　変換対象のバイト列が見つかった場合の処理

```
func (r *Replacer) Transform(dst, src []byte, atEOF bool) (nDst, nSrc int, err error) {
  /* （略）*/

  for {
    // srcのnSrc番目からr.oldを探す
    i := bytes.Index(src[nSrc:], r.old)

    // 見つからなかった場合
    if i == -1 {
      /* （略）*/
      return
    }

    // 見つけたところまでをコピーして書き込む
    n := copy(dst[nDst:], src[nSrc:nSrc+i])
    nDst += n
    nSrc += n
    if n < i {
      err = transform.ErrShortDst
      return
    }

    // 置換する文字をコピーして書き込む
    n = copy(dst[nDst:], r.new)
    nDst += n
    nSrc += len(r.old)
  }
}
```

bytes.Index関数が0以上の値を返す場合、まず引数srcの先頭からi − 1バイト目を単に引数dstにコピーします。次にiバイト目からnewフィールド値を書き込むことで、oldフィールドの値をnewフィールドの値に置き換えます。引数dstのサイズが不十分な場合は、transform.ErrShortDst変数の値を返します。

引数srcにoldフィールドと同じバイト列が複数個含まれている可能性があるため、for文で繰り返し処理を行います。戻り値nSrcやnDstは更新されていく可能性があるため、src[nSrc:]やdst[nDst:]のように記述することでnSrcバイト目やnDstバイト目から読み書きしています。

newフィールドの値を引数dstに書き込む際に、サイズが足りない場合があります。そのため、書き込みを次のTransformメソッド呼び出し時に行う必要があります。そこで、次の呼び出しで書き込みたい値を退避させておくためのpreDstフィールドをReplacer構造体に設けます（**リスト 4.1.40**）。また、preDstフィールドをリセットするためにResetメソッドを実装します。

▼リスト 4.1.40　preDst フィールドの追加、Reset メソッドの実装

```go
type Replacer struct {
  old, new []byte
  // 前回書き込めなかった分
  preDst []byte
}

func (r *Replacer) Reset() {
  r.preDst = nil
}
```

　Transform メソッドでは、**リスト 4.1.41** のように引数 dst にコピーできなかった分を preDst フィールドに退避させておきます。また、退避させておいた値を Transform メソッドの先頭で引数 dst に書き込みます。それでも引数 dst のサイズが足りない場合は transform.ErrShortDst 変数の値を返すことで呼び出し元にサイズを大きくしてもらいます。

▼リスト 4.1.41　前回書き込めなかった分の書き込み処理

```go
func (r *Replacer) Transform(dst, src []byte, atEOF bool) (nDst, nSrc int, err error) {

  // 前回書き込めなかった分を書き込む
  if len(r.preDst) > 0 {
    n := copy(dst, r.preDst)
    nDst += n
    r.preDst = r.preDst[n:]
    // それでもまだ足りない場合
    if len(r.preDst) > 0 {
      err = transform.ErrShortDst
      return
    }
  }
  /* （略） */

  for {
    /* （略） */

    // 置換する文字をコピーして書き込む
    n = copy(dst[nDst:], r.new)
    nDst += n
    nSrc += len(r.old)
    // r.newが長くてdstが足りない場合は次回に持ち越し
    if n < len(r.new) {
      r.preDst = r.new[n:]
      err = transform.ErrShortDst
      return
    }
  }
}
```

次にbytes.Index関数が－1を返す場合（見つからなかった場合）を考えます。単純な実装は、**リスト4.1.42**のように引数srcの値を引数dstにコピーすれば良さそうです。全部書き込めない場合は、transform.ErrShortDst変数の値を返します。

▼リスト4.1.42　変換対象のバイト列が見つからなかった場合の処理

```go
func (r *Replacer) Transform(dst, src []byte, atEOF bool) (nDst, nSrc int, err error) {
  /* （略） */

  for {
    // srcのnSrc番目からr.oldを探す
    i := bytes.Index(src[nSrc:], r.old)

    // 見つからなかった場合
    if i == -1 {
      n := len(src[nSrc:])
      m := copy(dst[nDst:], src[nSrc:nSrc+n])
      nDst += m
      nSrc += m
      // 全部書き込めなかった場合
      if m < n {
        err = transform.ErrShortDst
        return
      }
      return
    }
    /* （略） */
  }
}
```

しかし単純にコピーするだけでは、**図4.1.5**のようにoldフィールドと同じバイト列がTransformメソッドの1度目と2度目の呼び出しに分けて引数srcに設定される場合にうまく変換ができません。

▼図4.1.5　境界に置換したいバイト列がある場合

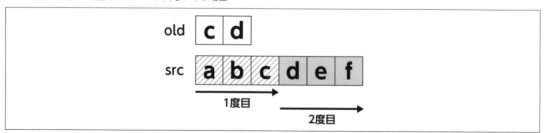

そこで、**リスト4.1.43**のように引数srcの末尾のoldフィールドの一部とマッチする部分を、Replacer構造体のpreSrcフィールドに退避できるようにしておき、次のTransformメソッドの呼び出

し時に処理を行います。また、ResetメソッドにpreSrcフィールドを初期化する処理も忘れずに追加
しておきましょう。

▼リスト4.1.43　境界に置換したいバイト列がある場合の処理

```
type Replacer struct {
  old, new []byte
  // 前回書き込めなかった分
  preDst []byte
  // 前回余ったold分
  preSrc []byte
}

func (r *Replacer) Reset() {
  r.preDst = nil
  r.preSrc = nil
}
```

　リスト4.1.44のように、今までのTransformメソッドの処理をtransformメソッドに移し、Transform
メソッドでは、preSrcフィールドに関する前処理と後処理を行います。

▼リスト4.1.44　preSrcフィールドに関する前処理と後処理

```
func (r *Replacer) Transform(dst, src []byte, atEOF bool) (int, int, error) {

  // srcの前方にpreSrcを付加する
  _src := src
  if len(r.preSrc) > 0 {
    _src = make([]byte, len(r.preSrc)+len(src))
    copy(_src, r.preSrc)
    copy(_src[len(r.preSrc):], src)
  }

  nDst, nSrc, preSrc, err := r.transform(dst, _src, atEOF)

  // 読み込んだ長さより退避していた長さが長い場合
  if nSrc < len(r.preSrc) {
    r.preSrc = r.preSrc[nSrc:]
    nSrc = 0
  } else {
    nSrc -= len(r.preSrc)
    // 新しく退避させる
    r.preSrc = preSrc
  }

  return nDst, nSrc, err
}
```

　前処理では、preSrcフィールドに退避したバイト列を引数srcのバイト列の前方に付加します。後
処理では、transformメソッドが戻り値として返す、引数srcの末尾の退避させたいバイト列をpreSrc
フィールドに設定します。

　transformメソッド（**リスト4.1.45**）では、bytes.Index関数で引数srcからoldフィールドのバイ
ト列が見つからない場合でも単にコピーせず、**図4.1.5**のような境界をまたぐ可能性がないかチェッ
クしています。

▼リスト4.1.45　transform メソッド

```go
func (r *Replacer) transform(dst, src []byte, atEOF bool) (nDst, nSrc int, preSrc []byte,
err error) {
  /* （略） */

  for {
    i := bytes.Index(src[nSrc:], r.old)

    // 見つからなかった場合
    if i == -1 {
      n := len(src[nSrc:])

      // srcの末尾がr.oldの前方部分で終わる場合
      var w int
      if !atEOF { // まだ次で読み込める余地がある
        // srcの末尾とr.oldが同じ分の長さ
        w = overlapWidth(src[nSrc:], r.old)
        if w > 0 {
          // コピーする分から一旦除外しておく
          n -= w
          err = transform.ErrShortSrc
        }
      }

      m := copy(dst[nDst:], src[nSrc:nSrc+n])
      nDst += m
      nSrc += m
      if m < n {
        err = transform.ErrShortDst
        return
      }

      // 次のsrcの先頭に追加しておく
      preSrc = r.old[:w]
      // 読み込んだことにする
      nSrc += w

      return
    }
    /* （略） */
  }
}
```

　境界をまたぐ可能性がある場合、overlapWidth関数が0より大きな値を返します。変数wには引数srcのバイト列の末尾でoldフィールドのバイト列の一部にマッチしている長さが入ります。たとえば、**図4.1.5**の場合では変数wには1が入ります。なお、末尾の長さw分は、preSrcフィールドとして退避するため、コピー予定の長さの変数nからは引いておく必要があります。また、退避したとしても引数srcのサイズが足りないことを知らせる必要があるため、エラーとしてtransform.ErrShortSrc変数の値を返すように戻り値errに設定しておきます。

　そして、末尾のw分を残し、引数srcのバイト列を引数dstに書き込みます。その後、末尾にマッチしたoldフィールドの長さw分のバイト列をpreSrcフィールドに設定するために戻り値として設定しています。

　overlapWidth関数は、**リスト4.1.46**のように2つの引数aの末尾とbの先頭がマッチする長さを返します。

▼**リスト4.1.46　overlapWidth関数**

```
// aの末尾とbの先頭がマッチする長さ
// 例: a:[0, 1, 2], b:[1, 2] -> 2
func overlapWidth(a, b []byte) int {

    // aとbで短いほうの長さ
    w := len(a)
    if w > len(b) {
        w = len(b)
    }

    // wを短くしながらマッチするまで
    for ; w > 0; w-- {
        if bytes.Equal(a[len(a)-w:], b[:w]) {
            return w
        }
    }

    // まったくマッチしなかった
    return 0
}
```

4.1.5　まとめ

　このように、エッジケースを考えながらtransform.Transformerインタフェースを実装するのは大変です。いきなり完璧な実装を目指すのは非常に難しいでしょう。テストを書きながら徐々に実装して

いくと良いかもしれません。本節で解説した Replacer 型は github.com/tenntenn/text/transform パッケージ[注15] にて提供していますので、興味がある読者はテストコードを覗いてみると良いでしょう。

　実は Replacer 型は最初はもっと簡単な実装でしたが、さまざまなエッジケースが漏れていたものを acomagu 氏が修正してくれました。この場を借りて感謝を致します。

　本節では Go におけるテキスト変換について解説しました。Unicode や UTF-8 は奥が深く難しいと感じた読者も多いでしょう。また、テキスト変換の実装は Replacer 型の解説で述べたようにエッジケースとの戦いになります。しかし、Go は標準や準標準のパッケージで、Unicode やテキスト変換を行うための基盤が多くそろっています。そのため、手を動かしながら理解していくには最適ではないかと筆者は考えています。ぜひ、みなさんも Go で Unicode の扱いやテキスト変換に挑戦してみてください。

■ 本節で紹介したパッケージ、ライブラリ、ツール

- bytes （https://pkg.go.dev/bytes）
- github.com/rivo/uniseg （https://pkg.go.dev/github.com/rivo/uniseg）
- golang.org/x/text/encoding （https://pkg.go.dev/golang.org/x/text/encoding）
- golang.org/x/text/encoding/japanese （https://pkg.go.dev/golang.org/x/text/encoding/japanese）
- golang.org/x/text/runes （https://pkg.go.dev/golang.org/x/text/runes）
- golang.org/x/text/transform （https://pkg.go.dev/golang.org/x/text/transform）
- golang.org/x/text/unicode/norm （https://pkg.go.dev/golang.org/x/text/unicode/norm）
- golang.org/x/text/width （https://pkg.go.dev/golang.org/x/text/width）
- regexp （https://pkg.go.dev/regexp）
- strings （https://pkg.go.dev/strings）

■ ステップアップのための資料

- Unicode Standard Annex #11 EAST ASIAN WIDTH （https://unicode.org/reports/tr11/）
- Unicode Standard Annex #29 UNICODE TEXT SEGMENTATION （https://unicode.org/reports/tr29/）

[注15] https://pkg.go.dev/github.com/tenntenn/text/transform

4.2 WebAssembly を使って ブラウザ上で Go を動かす

Author　福岡 秀一郎
Repository　go-wasm-gzipper（https://github.com/syumai/go-wasm-gzipper）
Keywords　WebAssembly、ブラウザ上で実行、JavaScript と連携、syscall/js パッケージ

4.2.1 Go の世界を大きく広げる WebAssembly

　2018 年 8 月 24 日、Go 1.11 が登場し、Go のコードを WebAssembly としてコンパイルできる機能が試験的にリリースされました。WebAssembly にコンパイルされたプログラムは、ブラウザや Node.js などの環境で、JavaScript と一緒に実行することができます。また、ブラウザ上で動作できるようになったことで、DOM 操作や、その他のブラウザ特有の機能も Go から呼び出せるようになりました。Go のコンパイルのターゲットに WebAssembly が加わったことで、Go の世界が大きく広がったと言えます。

　本節では、WebAssembly を使って Go と JavaScript ／ブラウザを連携させることによって、どんなおもしろいことができるようになるかを紹介します。それでは、本題に入る前に、WebAssembly とはいったいどのような技術なのかおさらいしましょう。

4.2.2 WebAssembly とは

　ここ数年、Web アプリケーションがリッチ化していくにつれて、その要件に対して JavaScript の性能が不足するシーンが増えてきました。この問題を解決するために、JavaScript でより高速に処理可能なプログラムを記述できる asm.js が誕生しました。asm.js は JavaScript のコードに対して定められた方法で型付けを行います。型付けされることによりブラウザが実行時にコードをより最適化することができます。そのため、高速に実行可能になるという技術です。これと同時期に、C で書かれ

たプログラムをasm.jsに変換するEmscripten[注1] が登場しました。Cで書かれたプログラムをブラウザ上で動作させる例が数多く公開され、話題となりました。

そして、そのasm.jsのさらに先にあるのがWebAssemblyです。これは、ブラウザが解釈できる、専用のバイナリ形式の低レベルなアセンブリ風言語であり、W3C WebAssembly Community Groupを介して、Web標準として開発されています。2021年6月現在、Chrome、Firefox、Safariなどの代表的なブラウザがサポートしています[注2]。

WebAssemblyの特徴を簡単に抜粋すると、

- コンパイル済みのコードであり、インスタンス化後は逐次解釈を行う必要がなく、高速に動作可能である
- JavaScript以外の言語からコンパイルすることを前提としている

などがあります。

さまざまな言語が、コンパイル後のバイナリの形式としてWebAssemblyを指定できるようになっています。代表的な言語は、C、C++、Rustです。とくに、RustはブラウザベンダーのMozillaが中心となって開発が進められた言語ということもあり、WebAssembly周辺のツールが非常に充実しています。ほかには、TypeScript風の文法で記述したコードをWebAssemblyにコンパイルできるAssemblyScript[注3] なども登場しています。

4.2.3　Goのコードをブラウザ上で動かす

それでは、実際にGoのコードをWebAssemblyにコンパイルして、ブラウザ上で実行してみましょう。必要なものは次のとおりです。

- Go 1.16.4
  本節では、執筆時点で最新となるGo 1.16.4がインストール済みであることを前提に話を進める
- Google Chrome 90.0 以上
- 静的ファイル配信用のローカルのHTTPサーバ
  WebAssemblyのファイルをHTTPで読み込むために必要
  本節では、説明の簡略化のために mattn/serve[注4] を紹介する

注1　https://emscripten.org/
注2　https://caniuse.com/#feat=wasm
注3　https://assemblyscript.org/
注4　https://github.com/mattn/serve

Goのコードを WebAssembly へコンパイルする

WebAssemblyへのコンパイルに必要なものは、Go本体のみです。実際にコンパイルするために、まずはGoのパッケージを作成します。wasmというディレクトリを作成し、その中へ移動してgo mod initを実行してください。その後、**リスト 4.2.1** のようなコードを用意して、main.goというファイル名で保存してください。

▼リスト 4.2.1　main.go

```go
package main

import "fmt"

func main() {
    fmt.Println("Hello, WebAssembly!")
}
```

次に、以下のコマンドでコンパイルします。

```
$ GOOS=js GOARCH=wasm go build -o main.wasm
```

実行すると、main.wasmという 2.1MBほどのファイルが生成されます。GOOS、GOARCHは、マルチプラットフォーム向けの書き出しオプションで、本来はmacOS上でWindowsやLinux向けのバイナリを書き出すシーンなどで使われます。ここでは、JavaScriptの実行環境をOSと見立て、バイナリの形式をWebAssemblyとして書き出ししています。

wasm_exec.js を入手する

GoのWebAssemblyバイナリをブラウザ上で動かすには、Go公式が配布しているwasm_exec.js[注5] を使う必要があります。このスクリプトを通じ、WebAssemblyに含まれる命令をJavaScriptの関数にリンクして実行します。

wasm_exec.jsは、Go本体のmisc/wasmディレクトリ[注6] から取得できます。また、**図 4.2.1** のコマンドを実行してダウンロードすることも可能です。

注5 https://github.com/golang/go/tree/go1.16.4/misc/wasm/wasm_exec.js
注6 https://github.com/golang/go/tree/go1.16.4/misc/wasm

▼図 4.2.1　wasm_exec.js をダウンロードする

```
$ curl https://raw.githubusercontent.com/golang/go/go1.16.4/misc/wasm/wasm_exec.js > ↵
wasm_exec.js
```

HTMLを作成する

次に、HTMLを作成して、WebAssemblyの実行に必要な初期化コード[注7]を記述します。html、head、bodyなどの必要最低限のタグを含むHTMLを作成して、bodyタグ内に**リスト 4.2.2**のscriptタグを配置します。ファイル名はindex.htmlとします。

▼リスト 4.2.2　HTML内に配置する script タグ

```
<script src="./wasm_exec.js"></script>
<script>
  (async () => {
    const go = new Go();
    // WebAssemblyをコンパイルしてインスタンス化する
    const { instance } = await WebAssembly.instantiateStreaming(
      fetch('main.wasm'),
      go.importObject
    );
    // インスタンス化したWebAssemblyを実行する
    await go.run(instance);
  })();
</script>
```

ブラウザで実行する

WebAssemblyを実行するには、main.wasmがHTTPで配信されている必要があります。そのため、静的ファイル配信用のHTTPサーバをローカル環境で動かし、そのサーバ経由でHTMLを開くようにします。mattn/serveを使うと、次の簡単なコマンドだけでHTTPサーバを動かせます。

```
$ go install github.com/mattn/serve@latest
$ serve -a :8000
```

ブラウザで「localhost:8000」を開き、コンソール上に "Hello, WebAssembly!" と表示されて

注7　サンプルで使用している WebAssembly.instantiateStreaming は比較的新しい関数で、ブラウザによっては Polyfill が必要となります。本節は Google Chrome を想定しているため、Polyfill の説明は割愛します。

いれば成功です。Google Chromeでコンソールを開くには、メニューから「その他のツール」に進み、「デベロッパーツール」へとたどります。

4.2.4 syscall/js を使う

ここまでで、ブラウザ上でGoのプログラムを動かす方法はわかりました。しかし、これだけでは、Goのみで完結するプログラムしか作ることができず、せっかくブラウザ上で動作している利点を活かせません。

syscall/js[注8] パッケージを使うと、GoからJavaScriptを呼び出すことができ、工夫するとJavaScriptからGoで実装された機能を呼び出すこともできます。このパッケージはGOOS=js GOARCH=wasmのオプション使用時のみ有効です。syscall/jsには、ブラウザ側のグローバルオブジェクト（window）を取得する機能もあり、これを介してJavaScriptとGoで相互にデータを交換することが可能です。

基本的な使い方

ここでは、GoからJavaScriptを呼び出して、HTML内にボタンを生成する方法を紹介します。

リスト4.2.3のコードをコンパイルし、先ほどのHTMLに読み込んで実行すると、"click me!"と書かれたボタンが表示され、クリックすると"Hello, WebAssembly!"とコンソールに表示されます。

▼リスト4.2.3　GoからJavaScriptを呼び出して、HTML内にボタンを生成するサンプルコード

```
package main

import (
  "fmt"
  "syscall/js"
)

func main() {
  // window Objectを取得する
  window := js.Global()
  // document Objectを取得する
  document := window.Get("document")
  // bodyのDOMを取得する
  body := document.Get("body")
  // buttonのDOMを作成する
```

注8 https://pkg.go.dev/syscall/js

```
    btn := document.Call("createElement", "button")
    // buttonに表示する文字を設定する
    btn.Set("textContent", "click me!")
    // buttonにclickのEventListernerを設定する
    btn.Call("addEventListener", "click", js.FuncOf(func(js.Value, []js.Value) interface{} {
        fmt.Println("Hello, WebAssembly!")
        return nil
    }))
    // buttonをbody内に追加する
    body.Call("appendChild", btn)
    // プログラムが終了しないようにするため待機する
    select {}
}
```

　js.Global は、グローバルオブジェクトを取得する関数です。グローバルオブジェクトとは、JavaScript の実行環境に必ず 1 つ存在する Object で、ブラウザでは window、Node.js では global がこれに該当します。js.Global が取得するのは、js.Value 型の値です。js.Value は、JavaScript の値をラップした構造体で、実際にどのような値が含まれているかはわかりません。実際の値は、Object や Array の場合もあれば、string、number、null、undefined などのプリミティブの場合もあります。

　js.Global に限らず、JavaScript の値を返すメソッドの戻り値は基本的に js.Value です。js.Value の持つ実際の値が Object であれば、プロパティを取得したり、設定したりする js.Value.Get、js.Value. Set メソッドを呼び出せます。

　DOM 操作を行うために必要な document Object は、window のプロパティとして存在しているので、window に対して js.Value.Get メソッドを呼び出すことで取得できます。

　js.Value.Call は、js.Value の持つ関数を実行します。document.Call("createElement",……) は、document の createElement 関数を実行して、ボタンの DOM を作成します。js.FuncOf は、Go の関数を JavaScript 側で扱うための js.Func 型に変換します。js.FuncOf 関数のシグニチャは**リスト 4.2.4** のようになっています。

▼リスト 4.2.4　js.FuncOf 関数のシグニチャ

```
func FuncOf(fn func(this Value, args []Value) interface{}) Func
```

　Go の関数であれば、何でも直接 js.FuncOf に渡せるわけではなく、指定のシグニチャを持つ関数でラップする必要があります。第 1 引数として、JavaScript 側でこの関数が実行されたときに渡される this の参照と、JavaScript から渡された任意の数の引数を受け取ることができ、戻り値は interface{} 型で返せます。

　このように、syscall/js パッケージを使うことで、普段 JavaScript で行っているような DOM 操作を Go 経由で呼び出すことができました。DOM 操作を行うパッケージを作りたければ、これらのよ

く使う機能をexportするパッケージ（**リスト4.2.5**）を作っておくと、コードの可読性を上げられるのでお勧めです。

▼リスト4.2.5　documentパッケージの例[注9]

```
package document

import "syscall/js"

var doc = js.Global().Get("document")

func GetElementByID(id string) js.Value {
  return doc.Call("getElementById", id)
}
```

js.ValueとJavaScriptの値の対応について

先ほど、document.Call("createElement", ……)の第2引数に、"button"という文字列を渡していました。実際には、js.Value.Callの第2引数以降（可変長引数です）は、interface{}型で受け取るようになっており、JavaScriptに渡す際にJavaScriptではどの型にあたるものなのか判定し、変換して渡されています。対応表は、**表4.2.1**のとおりです。

▼表4.2.1　Goの型とJavaScriptの型の変換対応表

Goの型	JavaScriptの型
js.Value	[its value]
js.Func	function
nil	null
bool	boolean
integers and floats	number
string	string
[]interface{}	new array
map[string]interface{}	new object

たとえば、Goでstring型の値になっていれば、JavaScript側でもstringとして解釈されます。Arrayを渡したければ、interface{}型の値を持つスライスを作成して渡せば良いということもわかります。関数（function）をJavaScriptに渡したい場合は、js.Func型の構造体に変換してから送る必要があります。この変換には、先述したjs.FuncOf関数を使えば良いです。

表4.2.1は、js.ValueOf関数のドキュメント[注10]に記載されているものです。この関数は、

注9　https://github.com/syumai/go-wasm-playground/tree/master/dom
注10　https://pkg.go.dev/syscall/js#ValueOf

interface{}型の任意の値を渡すと、js.Value型に変換して返してくれます。先述したjs.Value.Callや、js.Value.Setなどは、内部的にこの関数を呼び出し、JavaScript側で扱える値に変換しています。js.Value型の値は、すでにJavaScript側で扱うことのできる形式となっているので、そのまま返されます。

4.2.5 GoのパッケージをJavaScriptから使えるようにする

それでは、より実践的な内容として、Goのパッケージを簡単にJavaScriptから呼び出せるようにしてみようと思います。今回は、Goのcompress/gzipパッケージを使った圧縮機能をブラウザから実行できるようにします。

Compress関数の実装

まずは、受け取ったデータをgzip圧縮する機能を持つCompress関数を実装します。コアの機能をmainパッケージと切り離すため、compressorパッケージを作成したうえで実装を行います。関数の実装内容は非常にシンプルで、受け取ったio.Readerの内容をgzipとして圧縮し、結果をio.Readerとして返します（**リスト4.2.6**）。

▼リスト4.2.6　Compress関数

```
func Compress(src io.Reader) (io.Reader, error) {
  var buf bytes.Buffer

  zw := gzip.NewWriter(&buf)
  zw.ModTime = time.Now()

  if _, err := io.Copy(zw, src); err != nil {
    return nil, err
  }

  if err := zw.Close(); err != nil {
    return nil, err
  }

  return &buf, nil
}
```

このCompress関数は、syscall/jsへの依存を持っておらず、WebAssembly以外の環境でも動作

可能ですので、簡単にテストを行えます。syscall/js パッケージへの依存を持っていると、go test の実行が困難になります。コアの機能を syscall/js から切り離しておくのは、WebAssembly 用パッケージをメンテナンス可能にするために有効です。

JavaScript から Compress 関数を扱えるようにする

次に、main パッケージで Compress 関数を JavaScript 側から使えるようにします。このときに必要なのは、以下の 2 点です。

- Go と JavaScript の間でデータを相互にやりとりできるようにする
- JavaScript 側から Go の Compress 関数を呼び出せるようにする

1 点目として、Go と JavaScript の間でデータを相互にやりとりできるようにする方法について説明します。

Go と JavaScript の間での基本的な値の変換ルールは、先ほど**表 4.2.1** で示したとおりでした。

今回のような、圧縮したいファイルおよび圧縮結果のバイナリデータをやりとりしたいケースでは、byte 型の値を格納した interface{} 型の値のスライスを使うことで対応できるように思えますが、syscall/js はより効率的な手段を提供しています。CopyBytesToGo 関数と、CopyBytesToJS 関数です。これらの関数を使うことで、Go 側で宣言された byte 型の値のスライスの内容を JavaScript 側の Uint8Array にコピーすることができますし、逆の操作も可能です。

バイナリデータの交換を簡単にするため、main パッケージ内のファイルに**リスト 4.2.7** の関数を追加します。

newUint8Array 関数は、与えられたサイズの Uint8Array を JavaScript 側に作成します。Go 側で行った処理の結果を作成した Uint8Array に書き込むことで、値を JavaScript 側に簡単に返せます。

▼リスト 4.2.7　newUint8Array 関数の宣言

```
func newUint8Array(size int) js.Value {
  ua := js.Global().Get("Uint8Array")
    return ua.New(size)
}
```

続いて、JavaScript 側から値を受け取って圧縮する処理を実装し、compressFunc 変数に格納します（**リスト 4.2.8**）。これは、先ほど実装した Compress 関数を呼び出すためのラッパー関数で、JavaScript 側と Go 側の値を相互変換する役割を持ちます。

まず、JavaScript 側から受け取ったファイルデータを Go 側にコピーします。値を Go 側で扱えるようになったので、続いてこれを Compress 関数に渡して圧縮処理を行います。最後に、圧縮処理の結果

を返すためのUint8Arrayを作成し、結果を書き込んでJavaScript側へ返します。

▼リスト 4.2.8　JavaScriptから受け取ったファイルの圧縮処理の実装

```
var compressFunc = js.FuncOf(func(this js.Value, args []js.Value) interface{} {
  jsSrc := args[0]                          // Uint8Arrayを受け取る
  srcLen := jsSrc.Get("length").Int()
  srcBytes := make([]byte, srcLen)
  js.CopyBytesToGo(srcBytes, jsSrc)         // JavaScript側のファイルデータをGo側にコピーする

  src := bytes.NewReader(srcBytes)

  r, err := compressor.Compress(src)  // 圧縮処理の実行
  if err != nil {
    panic(err)
  }

  var buf bytes.Buffer
  if _, err := io.Copy(&buf, r); err != nil {
    panic(err)
  }
  ua := newUint8Array(buf.Len())
  js.CopyBytesToJS(ua, buf.Bytes())  // Go側で圧縮されたファイルデータをJavaScript側にコピーする
  return ua // 結果のコピーされたUint8Arrayを返す
})
```

　2点目の、JavaScript側からGoのCompress関数を呼び出せるようにする方法について説明します。
　先ほどのcompressFunc変数の処理は、そのままではJavaScript側から呼び出すことができません。
明示的に、JavaScript側のグローバルオブジェクトのプロパティとして設定する必要があります。
　compressFunc変数の値は、js.Func型で作成されているので、JavaScript側に渡す際にfunction型
の値に変換され、通常の関数と同じように呼び出すことができます。これを、compressと言う名前の
プロパティとしてグローバルオブジェクトに登録します（リスト 4.2.9）。

▼リスト 4.2.9　グローバルオブジェクトにcompressプロパティを登録

```
func main() {
  js.Global().Set("compress", compressFunc)
  select {}
}
```

　直後にselect {}することで、プログラムがmain関数から抜けたタイミングで終了してしまうのを
防いでいます。
　JavaScript側の実装の詳細については今回は割愛しますが、リスト 4.2.10 のような形でcompress
関数を扱えるようになっています。

▼リスト 4.2.10　JavaScript から compress 関数を扱う

```
const bytes = ... // 圧縮したいデータの格納されたUint8Array
const result = compress(bytes);
```

JavaScriptとして違和感のない形でcompress関数を扱えていることがわかると思います。サンプルコード全体については、筆者のGitHub[注11]をご参照ください。

4.2.6　まとめ

Goにおいて、WebAssemblyはまだ試験的な機能であり、パフォーマンスや、書き出されるバイナリの大きさ（最低でも1MB以上あります）など、本番で運用していくにはまだ多くの課題が残されています。

しかし、Goのパッケージであれば簡単にコンパイルできますし、ブラウザから誰にでも簡単にパッケージの機能を試してもらうことが可能になります。限定的な場面ではありますが、これにマッチする場面ではかなり有効な選択肢となり得ます。GoのWebAssemblyの魅力はポータビリティにこそあり、DOM操作を含めたWebアプリケーションとしての機能をすべてGoで実装するなどといった用途には現時点では適しているとは言えません[注12]。

先に課題として挙げた点も、より改善されていくと思いますので、引き続き動向に注目していきたいと思います。

■ 本節で紹介したパッケージ、ライブラリ、ツール
- syscall/js（https://pkg.go.dev/syscall/js）

注11　https://github.com/syumai/go-wasm-gzipper
注12　この目的を達成可能なフレームワークとして、Vecty、Vugu、筆者の go-hyperscript などが存在します。

4.3 cgoでGoからC言語のライブラリを使う

Author	五嶋 壮晃
Repository	go-graphviz（https://github.com/goccy/go-graphviz）
	go-jit（https://github.com/goccy/go-jit）
Keywords	cgo、C言語と連携、FFI、バインディング

4.3.1 Goの可能性を広げるcgo

　本節では、Go Mobile[注1] を利用したアプリ開発やGoからSQLite3を利用するためのライブラリ[注2] などで利用されているcgo[注3] というGoからC言語の機能を利用する方法について、筆者がcgoを利用してさまざまなライブラリを開発してきた経験に基づいて解説します。cgoを使いこなせるようになることで、C言語で開発された多くのすばらしいライブラリをGoから利用できるようになり、「Goでできること」の幅が非常に広がります。

　本節では、cgoの基本的な使い方や注意すべき点について解説し、最後に応用例として筆者が開発したライブラリを紹介します。

　以降、解説中で単にCという場合は、C言語のことを指します。

4.3.2 FFIとcgo

　FFI（Foreign Function Interface）とは、あるプログラミング言語から別のプログラミング言語で定義された関数などを利用するためのしくみです。GoではcgoというしくみでGoからC言語で定義された関数や型などを利用できます。FFIという呼び方のほかに、他言語の機能を呼び出すための

注1　https://github.com/golang/go/wiki/Mobile
注2　https://github.com/mattn/go-sqlite3
注3　https://pkg.go.dev/cmd/cgo

実装をバインディングと呼んだり、言語間の架け橋という意味でブリッジと呼んだりすることがあります（以降、本節ではバインディングという呼称で統一します）。

　バインディングを行うためには、プログラミング言語間の差異を吸収するためのコード（グルーコード）を記述する必要があります。たとえばGoのstring型をC言語で利用するためには、何らかの方法でstringをchar*に変換する必要があり、これをグルーコードとして記述します。

4.3.3　cgoの使い方

　まずは簡単なプログラムを例に、cgoを使ってどのようにGoからCの関数を呼び出せるのかを説明します。例として、**リスト 4.3.1** にmath.hで定義されているsqrt関数をGoから呼び出すコードを掲載しました。

▼リスト 4.3.1　C言語の sqrt 関数を Go から呼び出す

```
package main
/*
#include <math.h>
#cgo LDFLAGS: -lm
*/
import "C"
import "fmt"

func main() {
  // 2が出力される
  fmt.Println(C.sqrt(4))
}
```

　このコードを実行すると 2 という出力結果が得られます。
　GoがどのようにCコードを見つけるかですが、これには次の 2 通りの方法があります。

① import "C" 上部のコメント範囲に直接記述する
② ビルド対象のGoコードと同じディレクトリにCコードを配置する

　リスト 4.3.1 では、Goにsqrt関数の定義を認識させるためにmath.hヘッダファイルをコメントで囲って記載しました（上記の①の方法）。このようにCコードを直接Goファイルに記述することができますが、そのまま書くと当然コンパイルエラーになってしまうため、コメントで囲ってGoコンパイラのパース対象から除いています。同時に、import "C"をコメントの直後に記載することで、Cコ

ンパイラに渡すためのソースコードの範囲を知ることができています。

　次に、コメント中のcgoというプリプロセッサディレクティブに注目します。Goはcgoという名前を付けたディレクティブを見つけると、その内容を解釈してCコンパイラやリンカの設定を行ってくれます。ここではLDFLAGS: -lmと指定しているため、リンカのフラグとして-lmが渡されます。これによってlibmという数学ライブラリをビルド時にリンクしてくれるようになり、math.hで定義されたsqrtのシンボルを見つけられるようになります。

　最後にsqrt関数を呼んでいる部分C.sqrt(4)に注目します。接頭辞としてC.を付与することで、Goはどれがc言語で定義されたものかを判別できるようになります。GoはpublicなAPIを呼び出す際に大文字から書き始める仕様ですが、cgoでは例外的にC側で定義された名前をそのまま利用する形になります。

　このようにcgoではCコードを自動的に判定するしくみや、Goファイル上にCコンパイラやリンカに対する設定ができるため、他言語のようにCコードをコンパイルするためのMakefileなどを書く必要がありません。

4.3.4　GoからCの関数を呼び出す方法

　GoからCの関数を呼び出したり、CからGoの関数を呼び出したりするためには、関数に渡す引数や受け取った戻り値をその言語に合った形に変換する必要があります。まずはGoからCの関数を呼び出す場合を考えてみます。このとき、関数の引数をGoで管理していた型からCで利用できる型に変換する作業と、Cの関数の戻り値をGoの型に変換する作業が必要になります。以降では、それぞれの型変換のやり方を説明します。

数値やbyte型の変換

　数値やbyte型については、GoとCの型の対応関係は**表4.3.1**のようになっています。

▼表4.3.1　Goの型とCの型の対応関係（数値、byte型の場合）

Go	C
int、int8、int16、int32、int64	C.int、C.short、C.long、C.longlong
uint、uint8、uint16、uin32、uint64	C.uint、C.ushort、C.ulong、C.ulonglong
byte	C.char、C.uchar
float32、float64	C.float、C.double

それぞれ次のようにキャストすることで相互に変換できます。

```
var v int = 1
C.int(v)
```

スライス型の変換

スライス型の変換では、次のようにスライスの値vの参照を得て、それをunsafe.Pointerでキャストすることによってスライス値の先頭アドレスを取得し、これを*reflect.SliceHeaderにキャストすることでGo内部でスライスを扱う際のレイアウトになります。

```
v := []int{1}
data := (*reflect.SliceHeader)(unsafe.Pointer(&v)).Data
```

ここでreflect.SliceHeaderは**リスト4.3.2**のような構造です。

▼リスト4.3.2　reflect.SliceHeader

```
package reflect
type SliceHeader struct {
  Data uintptr   // データへの先頭アドレス
  Len int   // スライスの長さ
  Cap int   // スライスの容量
}
```

Dataはスライスの要素が連続して配置されているメモリ領域の先頭アドレスを表しています。これはちょうど、C言語でint型の配列を作ったときのメモリレイアウトと同じ構造になっているため、Dataをuintptr型からunsafe.Pointerを経由してCのポインタ型に変換することでそのままCの関数に渡せます。

しかしここで注意しなければいけないのが変数の生存期間です。GoからCへ渡した引数の生存期間がその関数の中に閉じている場合は問題ありませんが、C側で変数をどこかに保持しているような場合は注意が必要です。GoはCに渡したDataがC側でどう参照されているかを知ることができません。そのため、Go側でもとのスライスが必要ないと判断されたタイミングでガベージコレクタ（GC）に回収され、それ以降Dataのアドレスは不正となります。これはスライスに限った話ではなく、C側に渡すポインタすべてに共通して言える問題です。

文字列型の変換

　Goのstring型は内部で**リスト4.3.3**のような構造で管理されています。

▼リスト4.3.3　reflect.StringHeader

```
package reflect
type StringHeader struct {
  Data uintptr  // 文字列データへの先頭アドレス
  Len  int      // 文字列の長さ
}
```

　このため、スライスのときと同様にStringHeader.Dataを*C.charに変換することができます（**リスト4.3.4**）。ただしこのとき、Goの文字列データが終端文字を含まないことに注意しなければなりません。このため、*C.charに変換する場合は明示的に終端文字を追加する必要があります。

▼リスト4.3.4　StringHeader.Data を *C.char に変換する

```
v := "hello"
header := (*reflect.StringHeader)(unsafe.Pointer(&v))
cstrLen := C.ulong(header.Len + 1)  // 終端文字ぶんの1byteを追加した長さを取得
data := C.malloc(cstrLen)  // 新しくC側に渡すための文字列領域を確保
C.memset(data, 0, cstrLen)  // 確保した領域を0で埋めることで初期化する
// Goの文字列データを新しく確保した領域にコピー。指定した長さは終端文字のぶんを
// 含まないので、ちょうど最後の1byteが0で初期化されたデータとなる
C.memcpy(data, unsafe.Pointer(header.Data), C.ulong(header.Len))
// C.malloc で返却される型はunsafe.Pointer型なのでそれを*C.charに変換する
cstr := (*C.char)(data)
```

　しかし、文字列を変換するために都度上記のような実装をするのは大変であるため、Goはstringに関してC.CStringというヘルパー関数を提供しています。C.CStringも内部でC.mallocを利用してGoで管理できないメモリ領域を確保し、そちらにGoの文字列の内容をコピーして返却してくれます。これによって、返却された*C.charがGoのGCによって解放される懸念がなくなります。

　一方で、使い終わったタイミングできちんと解放処理をしなければ、メモリリークしてしまうことに注意しなければなりません（**リスト4.3.5**）。

▼リスト4.3.5　C.CString の利用例

```
v := "hello"
cstr := C.CString(v)
// cstrを使った処理
```

```
C.free(unsafe.Pointer(cstr))
// 使い終わったら解放する必要がある
```

interface{} の変換

　C言語でany（何でも入る可能性のある）型を表現する場合はvoid*を利用しますが、Goでは
interface{}を用います。このため、interface{}からvoid*への変換が必要になる場面があります。
　interface{}はGo内部で**リスト4.3.6**のように型情報への参照と値への参照を持った構造で表現さ
れています。

▼リスト4.3.6　interface{} から unsafe.Pointer への変換

```
type emptyInterface struct {
  typ unsafe.Pointer  // 型情報への参照
  ptr unsafe.Pointer  // 値への参照
}
ptr := (*emptyInterface)(unsafe.Pointer(&v)).ptr
```

　そのため、スライスのときと同様にinterface{}の内部表現への参照を得てから同じレイアウトを持
つ構造体にキャストすることで、値への参照を取得できます。Cのvoid*に対応するGoの型はunsafe.
Pointerですので、取得したptrをそのまま渡せば変換終了です。
　C言語でvoid*を使うケースで多いのはvoid *userDataといった引数を持つ関数にライブラリを利
用する側から好きな値を渡し、コールバックなどの引数でその値をそのまま受け取る使い方です。こ
のような場合では、C側で受け取ったvoid*に対して何も操作をしないので、Goで管理している型の
アドレスをそのまま渡してもかまいません。

```
ptr := unsafe.Pointer(&v)
```

　この場合は、CからGoの関数がコールバックされた際に、再びunsafe.Pointerからinterface{}に
変換すれば良く、interface{}自体のアドレスを渡すか値のアドレスを渡すかは利用するCのAPIに
合わせて変更することになります。

4.3.5 CからGoの関数を呼び出す方法

　GoからCのAPIを呼び出す際に、コールバック関数を渡してしかるべきタイミングでGoに処理を戻してほしい場面などがあります。GoからCの関数を呼び出すには型変換を適切に行えば良かったのですが、CからGoの関数を呼び出すにはどうすれば良いでしょうか。cgoではこれを「_cgo_export.h」というヘッダファイルで解決します。_cgo_export.hはcgoを使ったコードをコンパイルする際にGoコンパイラによって自動生成されるファイルです。内容はGoコンパイラのバージョンによって異なり、C言語でGoの型を扱う際のヘルパーを提供してくれています。

　実際の内容を見たい場合は、go build -x -work main.goのようにgo buildにオプションを追加してビルドすることによって、ビルド時に内部で実行しているコマンドを見られるようになり、ビルド時に生成された中間生成物を保持してくれるようになります。コマンドログを見るとWORK環境変数に設定されているディレクトリ配下にビルドの中間生成物が置かれていることがわかるので、その配下で「_cgo_export.h」を見つけることができます。

　ではここで、具体的な例を挙げて解説します。CからGoの関数を呼び出すサンプルを、**図4.3.1**、**リスト4.3.7～4.3.9**のようなファイル構成で作成しました。

▼図4.3.1　サンプルコードのファイル構成

```
.
├── go.mod
├── hello
│   ├── hello.c
│   └── hello.go
└── main.go
```

▼リスト4.3.7　main.go

```go
package main

import (
  "c2go/hello"
)

func main() {
  // helloパッケージのHello関数を呼び出す
  hello.Hello()
}
```

▼リスト 4.3.8　hello.go

```
package hello

//extern void hello();
import "C"
import "fmt"

//export goHello
func goHello() {
  fmt.Println("hello")
}

// Hello main.goから呼び出される関数
func Hello() {
  // C言語で書かれたhello関数を呼ぶ
  C.hello()
}
```

▼リスト 4.3.9　hello.c

```
#include "_cgo_export.h"

void hello()
{
  // Goで書かれたgoHello関数を呼ぶ
  goHello();
}
```

　_cgo_export.hを利用するにはCコードを別ファイルに切り出さなければならない制約があるため、Goファイル上には記述できません。また、説明のために、図4.3.1、リスト4.3.8のようにhelloサブパッケージを作り、その配下にCからGoを利用するためのコードを記述するようにしています。go.modはgo mod init c2goと実行してc2goというモジュール名で作成しました。

　重要なのはhello.go内のgoHello関数です。関数のすぐ上に//export goHelloというディレクティブが書かれています。このようにCから参照させたいGoの関数に対してexportディレクティブを用いることで、GoがビルドときにCからGoを呼び出すためのグルーコードを自動生成してくれます。この例では_cgo_export.hにextern void goHello()の行が追加されるので、hello.cで_cgo_export.hをインクルードすることで、goHelloの定義を参照できるようになり、hello.cのコンパイルを通せるようになります。しかし、このままではリンク時にgoHelloが未定義シンボルとなってしまいます。これをGoコンパイラがどのように解決するかというと、_cgo_export.hと同時に「_cgo_export.c」というファイルを生成します。その内容を説明に関係のある部分だけにしてリスト4.3.10に掲載しました（コードはgo 1.16.4で生成したものです。ほかのバージョンでは異なる結果になる可能性があります）。

▼リスト 4.3.10 _cgo_export.c（抜粋）

```
/* Code generated by cmd/cgo; DO NOT EDIT. */

#include <stdlib.h>
#include "_cgo_export.h"

extern void crosscall2(void (*fn)(void *), void *, int, __SIZE_TYPE__);
extern __SIZE_TYPE__ _cgo_wait_runtime_init_done(void);
extern void _cgo_release_context(__SIZE_TYPE__);

extern void _cgoexp_6b2637d5ea5f_goHello(void *);
void goHello()
{
  __SIZE_TYPE__ _cgo_ctxt = _cgo_wait_runtime_init_done();
  typedef struct {
    char unused;
  } __attribute__((__packed__)) _cgo_argtype;
  static _cgo_argtype _cgo_zero;
  _cgo_argtype _cgo_a = _cgo_zero;
  crosscall2(_cgoexp_6b2637d5ea5f_goHello, &_cgo_a, 0, _cgo_ctxt);
  _cgo_release_context(_cgo_ctxt);
}
```

　内容を見るとgoHelloの実装があるのがわかります。このgoHelloがCからGoの関数を呼び出すためのグルーコードになっており、内部で利用しているcrosscall2という関数でGoで書かれた関数を実行していることがわかります。ここで引数の「_cgoexp_6b2637d5ea5f_goHello」がどこで定義されているか気になると思います。これは「_cgo_gotypes.go」というファイルに書かれており、関係のある部分だけ抜き出すとリスト 4.3.11 のように書かれています。

▼リスト 4.3.11 _cgo_gotypes.go（抜粋）

```
//go:cgo_export_dynamic goHello
//go:linkname _cgoexp_6b2637d5ea5f_goHello _cgoexp_6b2637d5ea5f_goHello
//go:cgo_export_static _cgoexp_6b2637d5ea5f_goHello
func _cgoexp_6b2637d5ea5f_goHello(a *struct{}) {
  goHello()
}
```

　ここでなぜ「_cgoexp_6b2637d5ea5f_goHello」がCではなくGoで書かれているか疑問を持たれると思います。ポイントは関数の前にいくつか書かれている特別なディレクティブで、これにより「_cgoexp_6b2637d5ea5f_goHello」という名前がCから直接参照できるシンボルになっています（引数の「*struct{}」がcrosscall2の「_cgo_argtype」に対応していることがわかります）。

　「_cgoexp_6b2637d5ea5f_goHello」の中ではGoのgoHello関数を呼び出しており、こうして最終的にhello.goで定義されたgoHelloが呼び出されます。

まとめると、CからGoの関数を呼び出す流れは次のようになります。

- 対象のGo関数にexportディレクティブを記述する
- Goコンパイラがビルド時に、exportディレクティブに書いた名前と同じ名前のCの関数を生成してくれるので、それを_cgo_export.hをインクルードすることで利用する
- 自動生成されたコードの中では、crosscall2を経てGoに処理が返り、引数などの変換のための特別な関数を経て目的のGo関数が呼ばれる

4.3.6　構造体のバインディング

ここでは、Cで定義された型をGoからうまく扱うための方法について説明します。

フィールドの同期

　C言語の構造体と対になるものをGoに用意する場合、構造体中のフィールドの処理に注意する必要があります。**リスト4.3.12**のようにPerson構造体を定義する場合、仮にmainパッケージ以外のパッケージに変更すると、フィールドを他パッケージから直接読み書きできることになります。

▼リスト4.3.12　Goの構造体の値を直接書き換えても、Cの構造体の値は変わらない

```
package main

/*
#include <stdio.h>
#include <stdlib.h>

typedef struct {
  int age;
  const char *name;
} person_t;

person_t *new_person(int age, const char *name) {
  person_t *p = (person_t*)malloc(sizeof(person_t));
  p->age = age;
  p->name = name;
  return p;
}

void person_say(person_t *p) {
```

```
      fprintf(stderr, "Hello, I'm %s\n", p->name);
   }
   */
   import "C"

   type Person struct {
     Age  int
     Name string
     c    *C.person_t
   }

   func NewPerson(age int, name string) *Person {
     c := C.new_person(C.int(age), C.CString(name))
     return &Person{
       Age:  int(c.age),
       Name: C.GoString(c.name),
       c:    c,
     }
   }

   func (p *Person) Say() {
     C.person_say(p.c)
   }

   func main() {
     p := NewPerson(10, "bob")
     // *C.person_tのnameは書き換わらない
     p.Name = "alice"
     p.Say()
   }
```

このとき直接フィールドの値を書き換え、その値の変化を期待してメソッドを呼び出すとどうなるでしょうか。**リスト4.3.12**のコードでは、Person.Nameをbobからaliceに変更しているため、sayが期待する結果は「Hello, I'm alice」となります。しかし実際には「Hello, I'm bob」と表示され、名前が書き換わっていません。Goの構造体の値を書き換えてもCの構造体の値は元のままなので、このようなことが起こってしまいます。

しかし**リスト4.3.13**のように、フィールドを直接作らずにそのフィールドへのアクセサ（Getter/Setter）を用意すれば、直接Cの構造体への読み書きになるため、きちんと値が変更されます。

▼リスト4.3.13　Cの構造体へのアクセサを介して、C構造体の値を書き換える

```
package main
/* Cコードは先ほどと同じなので省略 */
import "C"

type Person struct {
  c *C.person_t
```

```
}
func NewPerson(age int, name string) *Person {
  c := C.new_person(C.int(age), C.CString(name))
  return &Person{c: c}
}
func (p *Person) Name() string {
  return C.GoString(p.c.name)
}
func (p *Person) SetName(name string) {
  p.c.name = C.CString(name)
}
func (p *Person) Say() {
  C.person_say(p.c)
}
func main() {
  p := NewPerson(10, "bob")
  // 直接Cのnameを書き換える
  p.SetName("alice")
  p.Say()
}
```

　バインド対象のCコードの実装に明るくない場合は、アクセサを提供するほうがミスなく実装できます。ただし、Get/Set時に都度型変換を行う必要があるため、そのオーバーヘッドに注意してください。

メモリ管理

　Goで確保されたメモリはGCによって適切なタイミングで回収されます。しかしcgoを使ってC言語側で確保されたメモリはGoからは管理できないため、何もしないとメモリリークしてしまいます。

　たとえば**リスト4.3.12、4.3.13**のコード内でC.new_personでmallocを利用していますが、ここで確保されたメモリは何もしないとメモリリークします。ではどう対策するかというと、C.person_tと対になるGo側のPerson構造体に注目します。この例ではGoのPersonとCのperson_tの生存期間が同じですので、Personが解放されるタイミングでperson_tを解放すれば良いことがわかります。その方法は次の2通りあります。

① 明示的にC.freeを使って解放する
② runtime.SetFinalizerを使う

　①の方法は**リスト4.3.14**のようにそのまま解放用のAPIを呼び出すだけですが、Goを書いているのにメモリ管理の作法がC言語に合わせる形になってしまっているのがよくありません。

▼リスト 4.3.14　明示的に C.free を使って解放する

```
func (p *Person) Release() {
  C.free(unsafe.Pointer(p.c))
}

func main() {
  p := NewPerson(10, "bob")
  defer p.Release()  // 使う側で明示的に呼び出す
}
```

　そこで、②の方法を使います。runtime.SetFinalizerを利用すると、引数に与えた値が解放されるタイミングで、同時に指定した関数をコールバックしてくれます。これを利用して、**リスト 4.3.15**のようにコンストラクタ内でPerson専用のfinalizerを設定することで、Person解放時に同期的にperson_tを解放できます。

▼リスト 4.3.15　runtime.SetFinalizer を使って解放する

```
func personFinalizer(p interface{}) {
  C.free(unsafe.Pointer(p.(*Person).c))
}

func NewPerson(age int, name string) *Person {
  c := C.new_person(C.int(age), C.CString(name))
  p := &Person{c: c}
  // pが解放される際にpersonFinalizerを呼び出す
  runtime.SetFinalizer(p, personFinalizer)
  return p
}
```

4.3.7　cgoを使って開発したライブラリ例

　ここまでの内容を理解していれば、cgoを利用して単純なCライブラリのバインディングを行えるでしょう。最後に、これまでの知識の応用例として筆者が開発したライブラリを紹介します。

goccy/go-graphviz[注4]

　Cで書かれた有向グラフ作成ライブラリのGraphviz[注5]をバインディングしたライブラリです。

注4　https://github.com/goccy/go-graphviz
注5　https://graphviz.org

Graphvizのソースコードをすべてリポジトリに含んでGoコードと一緒にビルドすることで、ほかのライブラリのようにGraphvizを別途インストールする必要がありません。ビルド結果は単一バイナリになるため、ポータビリティを損なわずに利用できるところも特徴です。グラフのレイアウト計算にCの機能を利用し、レンダリング処理だけをGo側にコールバックして行うことで、本来Graphvizが依存するpangoなどの描画ライブラリを使わずに画像などを描画できます。

　このライブラリの実装を通して、GoとCの長所を利用し合うことやCからGoの関数を呼び出す実例について学べます。また、Graphvizは内部で複数のサブパッケージに分かれており、相互に依存し合って構成されています。こういった複雑な構成のCライブラリをバインディングする方法を知る機会にもなるかと思います。

goccy/go-jit[注6]

　GoでJIT（Just In Time）コンパイルを実現するために開発したライブラリです。Goは実行中にコードを変更するような操作はできませんが、このライブラリを利用することで動的に任意の関数を組み立てて実行できるようになります。JIT実現のためにGNU LibJIT[注7]をcgoでバインディングしています。goccy/go-graphviz同様、LibJITのソースコードをすべてリポジトリに含む構成をとっているため、追加でLibJITをインストールすることなくJITの機能を利用できます。

　このライブラリで一番おもしろいところは、JITコンパイルされたネイティブコード上からGoの関数を呼び出せる点です。この機能を実現するために、前述の「crosscall2」を利用しています。こちらはまだ開発初期の段階で実用性はありませんが、本節の内容を振り返るうえで良い題材になるかと思います。

4.3.8　まとめ

　ぜひ本節の内容や上記のライブラリの実装をふまえて、cgoを使った素敵なライブラリを開発してみてください。

■本節で紹介したパッケージ、ライブラリ、ツール
- cgo（https://pkg.go.dev/cmd/cgo）

注6　https://github.com/goccy/go-jit
注7　https://www.gnu.org/software/libjit

第5章

Go エキスパートたちの実装例 5
実験・検証

5.1 Mutual-TLS Certificate-Bound Access Tokens

Author	狩野 達也
Repository	Mutual TLS Certificate-Bound Access Tokens (https://github.com/kokukuma/mtls-token)
Keywords	認証・認可、アクセストークン、JWT、Mutual TLS、OAuth

5.1.1 アクセストークンとは

　誰しも一度は、見たことや使ったことのあるアクセストークン。多くの場合、アクセストークンには、Bearerトークンという種類のトークンが使われています。Bearerトークンとは、映画の半券や電車の乗車券と同じように、「持っている人に対して」その権利が付与されるタイプのトークンです。つまり、このタイプのアクセストークンは、入手さえしてしまえば、ユーザーに認可されたクライアントでなくてもリソースにアクセスできてしまいます。この問題に対応するため、所有証明トークンやトークンバインディングといった、「アクセストークンを発行した人だけが、そのアクセストークンを使えるようにするしくみ」が提案されています。

　本節では、Mutual TLS Certificate-Bound Access Tokensで提案されているTLSトークンバインディングのしくみを使い、再利用できないアクセストークンの作成・検証をやってみます。このアクセストークンを作るには、その名のとおりTLSで取り扱っている証明書にアクセスする必要がありますが、Goでは低レイヤ機能もGoで書かれており、コードを追いやすくアクセスしやすいため、このような機能の作成にはうってつけです。

5.1.2 JWT、Mutual TLS、OAuth

　再利用できないアクセストークンを理解するために必要な知識として、JWT、Mutual TLS、OAuthがあります。これらの技術は、それぞれが単体で本が出るほど掘れば深いものですが、概要と必要な

部分を簡単に解説します。各社で提供されているAPIやID Platformでも、これらの技術をベースにしている部分があるので、これらの知識を押さえておくと、たとえばGoogleのAPIを叩く必要があるときとか、Facebookの認証を自分のサービスに組み込むときなどに、提供されているドキュメントに書いてある以上のことを想像しながらその作業を進めることができると思います。

JWT

JWTは、JSON Web Tokenの略で、HTTP Authorization headerやクエリパラメータなど、限られたリソース環境で利用されることが想定された表現形式です。これはOAuthのアクセストークン、OpenID ConnectのID Token、また、Client Secretとして使われることもあります。

JWTの基本的な構成は、JSONをBase64URLエンコードしたものを、ピリオドで連結した形をとっています。たとえば**リスト 5.1.1**のような形です。

▼リスト 5.1.1　JWT の一例

```
eyJhbGci0iJFUzI1NiIsImtpZCI6InNhbGXBsZV9rZXlfaWQiLCJ0eXAi0iJKV1QifQ.eyJhdWQi0iJrb2t1a3Vt⏎
YSIsImRhdGEi0iJkYXRhIiwiZXhwIjoxNTc1NDM2MTAxLCJpYXQi0jE1NzU0MzYwNDEsImlzcyI6Imtva3VrdW1⏎
hIiwic3ViIjoia29rdWt1bWEifQ.ACBV5i8dJErNxSfmxoQ-XiLnUcUN03D91hr_Xum_yHH-oTp6UwcFOK6DPni⏎
Zkhyd9DxWECdvIXWSyn9PsY3vYA
```

この文字列をよく見てみると、ピリオドで連結されています。Header、Payload、Signatureの3つで構成されています。HeaderとPayloadをBase64URLデコードすると**リスト 5.1.2**のようになります。

▼リスト 5.1.2　リスト 5.1.1 をデコードしたもの

```
// Token Header
{
  "typ": "JWT",
  "alg": "ES256",
  "kid": "sample_key_id"
}

// Token Payload
{
  "aud": "kokukuma",
  "data": "data",
  "exp": 1575436101,
  "iat": 1575436041,
  "iss": "kokukuma",
  "sub": "kokukuma"
}
```

Headerには、Signatureで利用するアルゴリズム、また、Signatureに利用した鍵の名前などが含まれています。Payloadには、JWTで定義された各種クレーム[注1]を含めます。最後のSignatureは、HeaderとPayloadの署名もしくはメッセージ認証コードを作って設定します。

これらの構成については、JWTに関連するRFCに書かれているので、もっとよく知りたい場合は参照してみると良いと思います。複数のRFCにまたがって書かれているので、わかりにくいですが、Header、Payload、Signatureという構成は、署名付きのデータをどのようにJSON形式で表すかが定義されている「RFC 7515 JSON Web Signature (JWS)」[注2]で示されています。また、Payload内に含まれるクレームの内容は「RFC 7519 JSON Web Token (JWT)」[注3]に、JWS Signature作成に利用できるアルゴリズムは「RFC 7518 JSON Web Algorithms (JWA)」[注4]に、定義されています。

Mutual TLS

Mutual TLS（以下、mTLS）は、相互に証明書を検証する通信プロトコルです。通常のTLSでは、コネクションを張るときに、クライアントがサーバ証明書を検証して、正規のサーバであることを確認しますが、サーバ側はクライアントが誰かを判別することはありません。mTLSでは、コネクションを張るときに、クライアント証明書をサーバに送り、サーバ側でもクライアントが正規のものかを検証することになります。そのため、mTLSコネクションを張ると、サーバ・クライアントそれぞれでお互いの証明書を持つことになります。

OAuth

OAuthは、サードパーティーのアプリケーションに対して、リソースにアクセスする権利を付与するためのしくみです。OAuthのフローは、「リソース所有者」「認可サーバ」「クライアント」「リソースサーバ」の4つで構成されます。簡単な流れは**図 5.1.1**のようになります[注5]。

注1 JWTに含まれる各項目をクレームと呼びます。RFCやJSON Web Token Claims Registryで予約されている予約クレームやパブリッククレーム、独自に定義するプライベートクレームがあります。
注2 https://tools.ietf.org/html/rfc7515
注3 https://tools.ietf.org/html/rfc7519
注4 https://tools.ietf.org/html/rfc7518
注5 https://openid-foundation-japan.github.io/rfc6749.ja.html

▼図5.1.1　OAuthにおけるアクセス権付与のフロー

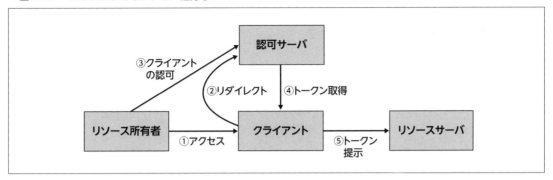

① リソース所有者がクライアントにアクセスする
② クライアントが認可サーバに、リソース所有者の認証・認可を依頼する
③ リソース所有者が認証・クライアントの認可を行う
④ クライアントが、認可サーバからトークンを受け取る
⑤ クライアントが、リソースサーバにトークンを提示する

　④のクライアントがアクセストークンを取得するとき、認可サーバはクライアントに対して、ClientID/ClientSecretなどを使った認証を要求します。そのため、アクセストークンが払い出される先は、認可サーバが認知しているクライアントになります。しかし、アクセストークン自体がBearerトークンであれば、トークンが漏洩した場合、誰でもそのリソースにアクセスできるようになってしまいます。このリスクに対する時間的な影響範囲を小さくするため、アクセストークンの有効期限は比較的短く設定されますが、あくまでも緩和策です。

　この問題を根本的に解決しようというのが、所有証明トークンやトークンバインディングといった、「アクセストークンを発行した人だけが、そのアクセストークンを使えるようにするしくみ」です。そのようなしくみの1つである、mTLSを使った証明書にひも付けられたアクセストークンについて次に説明していきます。

5.1.3 Mutual TLS Certificate-Bound Access Tokens

　次に、OAuth 2.0 Mutual TLS Client Authentication and Certificate-Bound Access Tokens[注6]で示されている証明書とひも付いたアクセストークンについて説明します。このRFCで定義されてい

注6　https://datatracker.ietf.org/doc/html/rfc8705

ることは、「mTLSで取得したクライアント証明書を利用して、クライアント認証や証明書とひも付いたアクセストークンを作ろう」ということです。ここでは、証明書とひも付いたアクセストークンについての基本的な流れを説明します（図5.1.2）。

▼図5.1.2　証明書とひも付いたアクセストークンによるアクセス権付与のフロー

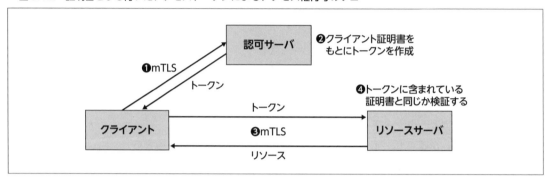

① **クライアント−認可サーバ間のコネクション確立**

　　クライアントと認可サーバ間で、mTLSコネクションを張る。このとき認可サーバは、クライアントの証明書を取得する

② **アクセストークンの作成**

　　認可サーバがアクセストークンを作成する。このとき、クライアント証明書のフィンガープリントをアクセストークンに含める

③ **クライアント−リソースサーバ間のコネクション確立**

　　認可サーバに対して行ったのと同様に、mTLSコネクションを張る。このときに使うクライアント証明書は、認可サーバにアクセスしたときに使ったものと同じである必要がある

④ **アクセストークンの検証**

　　クライアントが、リソースサーバに対してアクセストークンを提示してリソースへのアクセスを要求する。このとき、リソースサーバは提示されたアクセストークンを検証する。この内容は、通常のクレームの検証や署名の検証のほかに、アクセストークンに含まれているフィンガープリントと、mTLSコネクションを張るときに取得したクライアント証明書のフィンガープリントを比較する。これによって、「アクセストークンを使おうとしているクライアント」と「認可サーバがアクセストークンを発行した先のクライアント」が同じであることを検証できる

　仮にトークンが漏洩して、ある攻撃者がそのトークンを利用してリソースサーバにアクセスしようとしても、その攻撃者が使うクライアント証明書は、トークンを発行した人の証明書（トークンに含まれている証明書）とは異なるので、利用を制限できます。このように、どこにもデータを永続化する必要もなく、「トークンを発行した人だけがそのトークンを使える」状況を作ることができます。このアクセストークンの作成・検証に必要なのは、次の3つです。

- mTLSコネクションから証明書を取得、フィンガープリントを作成する
- JWTの作成では、フィンガープリントをクレームに含める
- JWTの検証では、フィンガープリントの比較を行う

5.1.4 Goにおける実装

ここでは、証明書とひも付いたアクセストークンをより深く理解するために、フィンガープリントの作成、JWTの作成、JWTの検証をそれぞれ実装していきます。

フィンガープリントの作成

フィンガープリントの作成方法は、「3.1. JWT Certificate Thumbprint Confirmation Method」[注7]に定義されています。具体的には、クライアント証明書をASN.1 DERエンコーディングで取得して、それのSHA256ハッシュを取って、さらにそれをBase64URLエンコーディングします（**リスト5.1.3**）。

▼リスト5.1.3　フィンガープリントを作成する

```go
func getThumbprintFromTLSState(state *tls.ConnectionState)(string, error) {
  if state == nil {
    return "", ErrMutualTLSConnection
  }
  PeerCertificates := state.PeerCertificates
  if PeerCertificates == nil {
    return "", ErrMutualTLSConnection
  }

  if len(PeerCertificates) <= 0 {
    return "", ErrMutualTLSConnection
  }

  // The first one is the client certificate.
  cert := PeerCertificates[0]
  sum := sha256.Sum256(cert.Raw)
  return base64.RawURLEncoding.EncodeToString(sum[:]), nil
}
```

クライアント証明書は、http.Response構造体の*tls.ConnectionState型であるTLSフィールドか

注7　https://datatracker.ietf.org/doc/html/rfc8705#section-3.1

ら取得できます。tls.ConnectionState構造体のフィールドのうち、クライアントから渡された証明書（*x509.Certificate型である値）を保持するのは、PeerCertificatesフィールドです。もし中間証明書が一緒に渡されたら、それもここに含まれます。この証明書のASN.1 DERエンコーディングはx509.Certificate構造体のRawフィールドから取得できるので、それをそのままBase64URLエンコードすればフィンガープリントのできあがりです。Base64URLエンコードは、通常のBase64エンコードした結果を、URL safeな文字列に変換したものです。Goでは、標準パッケージのencoding/base64パッケージからRawURLEncodingが提供されています。

　また、gRPCの場合は、*tls.ConnectionState型の値は、contextから取得できます（**リスト5.1.4**）。

▼リスト5.1.4　フィンガープリントを作成する（gRPCの場合）

```go
func getCSFromContext(ctx context.Context)(*tls.ConnectionState, error) {
  peer, ok := peer.FromContext(ctx)
  if !ok {
    return nil, errors.New("failed to get peer")
  }

  if peer.AuthInfo == nil {
    return nil, errors.New("connection should be used TLS")
  }

  if peer.AuthInfo.AuthType() != "tls" {
    return nil, errors.New("connection should be used TLS")
  }

  tlsInfo, ok := peer.AuthInfo.(credentials.TLSInfo)
  if !ok {
    return nil, errors.New("connection should be used TLS")
  }

  return &tlsInfo.State, nil
}
```

　contextの中に含まれるpeer構造体に、接続元の情報としてAddrフィールドとAuthInfoフィールドが含まれており、AuthInfoフィールドに*tls.ConnectionState型の値が含まれています。これを取得したあとの流れは**リスト5.1.3**と同じです。

JWTの作成

　JWTは、Header、Payload、Signatureによって構成されています。PayloadにはJWTで定義されているクレームのほかに、プライベートなクレームを追加することが許容されています。そのため、RawClaimsはただのマップにしておき、必須のパラメータだけ追加しておく形にしました（**リスト5.1.5**）。

▼リスト 5.1.5　JWT の Payload を作成する

```go
func addX5tS256(claims RawClaims, thumbprint string)(RawClaims, error) {
  if _, ok := claims["cnf"]; !ok {
    claims["cnf"] = RawClaims{
      "x5t#S256": thumbprint,
    }
    return claims, nil
  }

  if cnf, ok := claims["cnf"].(RawClaims); ok {
    if _, s256 := cnf["x5t#S256"]; !s256 {
      cnf["x5t#S256"] = thumbprint
      return claims, nil
    }
    return claims, nil
  }
  return nil, errors.New("cnf must be RawClaims")
}
```

　フィンガープリントは、「cnf」というクレームに、「x5t#S256」という値をキーとして渡すように定義されています。

　次に、Signature の作成です。Header、Payload（Base64URL エンコードされたもの）をピリオドで連結し、ハッシュ関数に通して、それに対して署名・メッセージ認証コードを作成します。また、利用したアルゴリズムの名前は、Header の alg クレームに記載します。これは JWT の検証のときに利用します。利用できるアルゴリズムは、RFC 7518 JWA に定義されています。ここでは特徴的な HS256、RS256、ES256 だけを準備しました。

　HS256 は、HMAC によって得られたメッセージ認証コードを JWS Signature として利用します（**リスト 5.1.6**）。

▼リスト 5.1.6　JWT の Signature（HS256、RS256）を作成する

```go
// HS256 Sign
func (r HS256) Sign(key interface{}, ss string) ([]byte, error) {
  k, ok := key.([]byte)
  if !ok {
    return nil, errors.New("Unexpected key type")
  }
  hasher := hmac.New(sha256.New, k)
  hasher.Write([]byte(ss))
  return hasher.Sum(nil), nil
}

// RS256 Sign
func (r RS256) Sign(key interface{}, ss string) ([]byte, error) {
```

```
  k, ok := key.(*rsa.PrivateKey)
  if !ok {
    return nil, errors.New("Unexpected key type")
  }
  return rsa.SignPKCS1v15(rand.Reader, k, alg, execSha256(ss))
}
```

RS256 の場合は、ハッシュ関数に SHA256 を使い、署名には RSA による署名を利用します。RSA による署名には、RSASSA-PKCS1-v1_5 と RSASSA-PSS の 2 種類ありますが、RS256 で利用されるのは前者です。それぞれ、crypto/hmac パッケージ、crypto/rsa パッケージを使えば作成できます。

署名・メッセージ認証コードができたら、あとはそれを Base64URL エンコードして Signature を作成し、Header、Payload と連結すれば、JWT の完成です（**リスト 5.1.7**）。

▼リスト 5.1.7　JWT の Signature を作成する（エンコードと各部の連結）

```
func (j *JWT) signJWT(privateKey interface{})(string, error) {
  // header
  ss, err := j.Encoding()
  if err != nil {
    return "", err
  }

  // create signature
  sig, err := j.method.Sign(privateKey, ss)
  if err != nil {
    return "", err
  }

  // Add signature to jwt
  return fmt.Sprintf("%s.%s", ss, base64.RawURLEncoding.EncodeToString(sig)), nil
}
```

一方、ES256 の場合は、もう一癖あります。ES256 ではハッシュ関数に SHA256 を使い、署名には ECDSA による署名を利用します。ここまでは RS256 と同様ですが、ES256 では署名として作成される R と S の値の持ち方が、JWA で定義される形になっています。

JWA では、ES256 における Signature 作成の流れは、RFC 7518 の「3.4. Digital Signature with ECDSA」[注8] に定義されています。それによると、ES256 における Signature は、32 オクテットの R と S の値を連結して、それを Base64URL エンコードしたものです。

しかし、ライブラリでは、ASN.1 DER のフォーマットで ECDSA を使った署名を出力している場合があります。たとえば、OpenSSL で ECDSA 署名を作った場合、その R と S のフォーマットは ASN.1

DERフォーマットで出力されるので、JWTを作る際は、それをJWAで定義される形に変換する必要があります。

Goの場合、RとSの値を直接取り扱えるので、JWAで定義されるフォーマットでSignatureを作成していきます（**リスト5.1.8**）。

▼リスト5.1.8　JWTのSignature（ES256）を作成する

```go
// Sign creates signature
func (e ES256) Sign(key interface{}, ss string) ([]byte, error) {
  k, ok := key.(*ecdsa.PrivateKey)
  if !ok {
    return nil, errors.New("Unexpected key type")
  }

  // Check the length of ecdsa key
  if k.Curve.Params().BitSize != 256 {
    return nil, errors.New("key length must be 256 as ES256")
  }

  // 1. Generate a digital signature
  r, s, err := ecdsa.Sign(rand.Reader, k, execSha256(ss))
  if err != nil {
    return nil, errors.New("Failed to sign")
  }

  // 2. octet sequences in big-endian order
  rByte := padding(r.Bytes(), 32)
  sByte := padding(s.Bytes(), 32)

  // 3. Concatenate the two octet sequences in the order R and then S.
  return append(rByte, sByte...), nil
}

func padding(b []byte, l int) []byte {
  if l <= len(b) {
    l = len(b)
  }
  pad := make([]byte, l-len(b))
  return append(pad, b...)
}
```

JWTの検証

JWTの検証はおもに、Signatureの検証、クレームの検証、フィンガープリントの検証を行います。Signatureの検証は、Signatureの作成のときと逆の手順を踏むだけです。クレームの検証では、exp、iat、aud、iss、scopeなどが想定どおりのものかを確認します。

フィンガープリントの検証が、この証明書にひも付くアクセストークンの一番の特徴になります。

とはいえ、やっていることは非常に単純で、フィンガープリントの作成時と同様に、クライアントとリソースサーバ間で張られているTLSコネクションから、クライアント証明書を取得してフィンガープリントを作成し、それがアクセストークン内に含まれるフィンガープリントと一致するかを確認します（**リスト5.1.9**）。

▼リスト5.1.9　JWTを検証する

```
tp, err := getThumbprintFromTLSState(state)
if err != nil {
  return nil, err
}
if tp != jwt.claims.GetX5tS256() {
  return nil, ErrVerifyPoP
}
```

　これによってリソースサーバでは、アクセストークンを送ってきた相手が、認可サーバでアクセストークンを発行したクライアントと同一であることが確認できます。つまり、クライアントが持つ秘密鍵が漏洩しない限り、アクセストークンが漏洩してもその利用を防ぐことができます。

5.1.5 まとめ

　Mutual TLS Certificate-Bound Access Tokensで定義されているTLSトークンバインディングのしくみを使い、再利用できないアクセストークン作成・検証を追ってきました。

　Goではコードを簡単に追っていけるので、TLSのハンドシェイクの流れや署名検証の流れについても、RFCとGoのコードとを見比べたり、実際に動かして確認したりすることができてとても便利です。

　今回のコードの全体像はGitHub[注9]にて公開しているので、参考にしてみてください。

注9 https://github.com/kokukuma/mtls-token

■ 本節で紹介したパッケージ、ライブラリ、ツール
- crypto/hmac （https://pkg.go.dev/crypto/hmac）
- crypto/rsa （https://pkg.go.dev/crypto/rsa）
- encoding/base64 （https://pkg.go.dev/encoding/base64）

■ ステップアップのための資料
- RFC 7515 JSON Web Signature （https://tools.ietf.org/html/rfc7515）
- RFC 7519 JSON Web Token （https://tools.ietf.org/html/rfc7519）
- RFC 7518 JSON Web Algorithms （https://tools.ietf.org/html/rfc7518）
- RFC 8705 （https://datatracker.ietf.org/doc/html/rfc8705）
- draft-ietf-oauth-dpop-04 （https://datatracker.ietf.org/doc/html/draft-ietf-oauth-dpop-04）

5.2　簡易な空間検索

Author	渡辺 雄也
Repository	go-quadtree （https://github.com/Johniel/go-quadtree）
Keywords	空間検索、木構造、4 分木

5.2.1　はじめに

　我々が日常的に使用するスマートフォンの多くはGPS機能が利用できます。利用者の位置情報を利用してブームとなったゲームアプリも記憶に新しいことでしょう。緯度経度を用いた検索はApache Solr[注1]やElasticsearch[注2]といった全文検索エンジンを利用することが多いかと思います。MySQL[注3]のように空間インデックスをサポートするデータベースも存在しますが、本節では、ある空間の中からの簡単な検索をGoとSQLite[注4]を利用して自作します。

5.2.2　ナイーブなアプローチ

　まず、リスト 5.2.1 のようなXY平面上の点を表すテーブルを考えます。

▼リスト 5.2.1　XY 平面上の点を表現するテーブル定義

```
CREATE TABLE Points (
  id INTEGER NOT NULL PRIMARY KEY AUTOINCREMENT,
  x REAL NOT NULL,
```

注1　https://lucene.apache.org/solr/
注2　https://www.elastic.co/jp/
注3　https://www.mysql.com/
注4　https://www.sqlite.org/

```
  y REAL NOT NULL
);
```

このテーブルには十分な数のレコードが存在するものとします。

このテーブルを用いて最も容易な方法から考えます。たとえば、点（1.0, 2.0）から距離 10.0 以内の点を列挙したい場合、三平方の定理を用いたクエリがまず思い浮かびます（**リスト 5.2.2**）。

▼リスト 5.2.2　三平方の定理を用いた愚直な抽出クエリ（円形）

```
SELECT * FROM Points WHERE ((x-1.0)*(x-1.0)) + ((y-2.0)*(y-2.0)) <= 10.0*10.0;
```

対象のデータ量が十分に小さいうちは、パフォーマンス上の問題は発生しないでしょう。しかし、**リスト 5.2.2** のようなクエリはすべての行を走査するため、データ量に対して線形にパフォーマンスが劣化します。

5.2.3　4分木

ある程度のデータ量を扱いたい場合にはどういった工夫が必要でしょうか。そのためにまず、XY 平面上のある領域を 4 分割する木構造を考えます。木構造とは木（グラフ理論）に基づいたデータ構造で、階層構造の表現や、データを格納・検索するためのしくみなどで広く利用されています。2 分探索木や B 木、B+ 木などの名前を見たことのある方も多いと思います。木構造では頂点と辺で物事の関係を表現し、直接関係のある上位と下位の頂点をそれぞれ親、子と呼び、親を持たない頂点を根、子を持たない頂点を葉と呼びます。

また、1 つの頂点が最大で 4 つの子頂点を持つ木構造のことを 4 分木と呼びます。ここでは 1 つの頂点が XY 平面の 1 つの領域を指すものとし、4 分割の方法は X 軸で半分、Y 軸で半分とします（**図 5.2.1**）。

▼図5.2.1　XY平面上のある領域を4分割する木構造

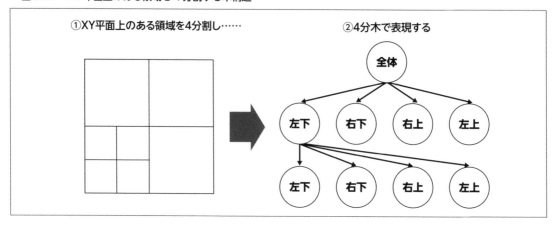

　根が扱いたい領域全体を指し、子は親の領域の4分の1を指します。本節ではこの木構造で領域を管理し、検索を実現していきます。

Goでの実装

　この構造をGoで表現してみましょう。現在は、平面を考えているので左下と右上の2点がわかれば領域を示せます。その2点と根からの距離（深さ）をフィールドに持つ構造体を定義します（**リスト5.2.3**）。

▼リスト5.2.3　ある領域を示す木の頂点を表現する構造体

```go
// XY平面上の点
type Point struct {
    X float64
    Y float64
}
// 木の頂点。1つの領域を示す
type Node struct {
    Min   *Point
    Max   *Point
    Depth int32
}
```

　次にある頂点から子を作る方法を考えます。これは、領域を4等分する新たな頂点を作ることになるのですが、0〜3番目の子頂点の領域はそのインデックスによって決定すると実装が容易となります。インデックスの0ビット目と1ビット目それぞれが、半分に分割したX軸Y軸のどちら側にあるかという意味に解釈（**図5.2.2**）し、親の縦と横の幅の半分を加算します（**リスト5.2.4**）。

▼図5.2.2　子頂点の領域をそのインデックスによって表現

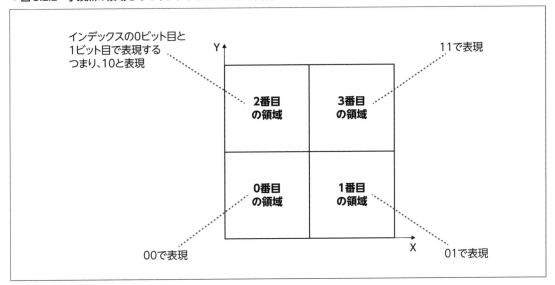

▼リスト5.2.4　その頂点の子を返す

```go
func (node *Node) Children() []*Node {
  dx := (node.Max.X - node.Min.X) / 2.0
  dy := (node.Max.Y - node.Min.Y) / 2.0
  children := make([]*Node, 1<<2)
  for idx := range children {
    ch := &Node{
      Min: &Point{
        X: node.Min.X,
        Y: node.Min.Y,
      },
      Max: &Point{
        X: node.Min.X + dx,
        Y: node.Min.Y + dy,
      },
      Depth: node.Depth + 1,
    }
    if (idx & (1 << 0)) != 0 {
      ch.Min.X += dx
      ch.Max.X += dx
    }
    if (idx & (1 << 1)) != 0 {
      ch.Min.Y += dy
      ch.Max.Y += dy
    }
    children[idx] = ch
  }
  return children
}
```

5.2.4 木の特徴

　木には、任意の2頂点間の経路が一意に定まるという特徴があります。当然ながら根からある頂点までの経路も、その頂点からその子孫への経路も一意に定まります。つまり、頂点Aとその子孫である頂点Bを考えるとき（**図5.2.3**）、根から頂点Bまでの経路上に必ず頂点Aが存在し、根から頂点Bまでの経路の前半部分は、根から頂点Aの経路ということになります。

▼図5.2.3　頂点Bが頂点Aの子孫であるとき、根から頂点Bの経路には必ず頂点Aがある

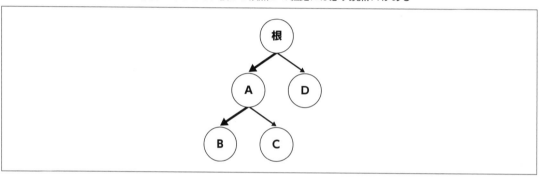

　すべての頂点から延びる辺に何かしらの文字を割り当てて経路を文字列として表現することを考えてみましょう。2分木であれば右左右右左といった具合に根からの経路で頂点を特定でき、この文字列として表現された経路の前半部分は、先述のとおり自身の祖先の経路となります。

　たとえば、**図5.2.3**において根から頂点Aまでの経路は左です。根から頂点Bまでの経路は左左、根から頂点Cまでの経路は左右となります。各頂点の経路を事前に列挙し、頂点Aの子孫を列挙したい場合には接頭辞が頂点Aの経路と一致するものを検索すれば良いのです。

　これは4分木でも同じことが言えます。子が4つあるため、右左ではなく0123の4文字を使うとすれば、002301といった文字列で頂点の経路を表現することが可能で、その子孫も接頭辞から検索できます。

5.2.5 点に経路を割り当てる

　頂点は1つの領域を持っていました。そして頂点が経路を使って一意に定められるということは、

領域も経路を使って示すことが可能です。つまり、XY平面上の点の位置を葉の持つ領域に割り当てさえすれば、同様に点の位置を経路で示せます(**図5.2.4**、**リスト5.2.5**)。

▼図5.2.4 点の位置を経路で示す

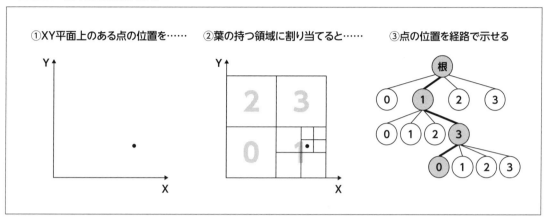

①XY平面上のある点の位置を……　②葉の持つ領域に割り当てると……　③点の位置を経路で示せる

▼リスト5.2.5 点の経路を割り出す

```go
func (n *Node) IsInside(p *Point) bool {
  return node.Min.X <= p.X && node.Min.Y <= p.Y && p.X < node.Max.X && p.Y < node.Max.Y
}

func (t *Tree) Path(p *Point, depth int32) (*Node, string) {
  node := &Node{
    Min:    t.min,
    Max:    t.max,
  }
  builder := &strings.Builder{}
  label := "0123"
  for node.Depth < depth {
    for idx, ch := range node.Children() {
      if ch.IsInside(p) {
        node = ch
        builder.WriteByte(label[idx])
        break
      }
    }
  }
  return node, builder.String()
}
```

　より高い精度で割り当てたい場合は、葉の深さをより深くして考えます。深さが1増すごとに頂点の管理する領域のXとYの範囲が半分になるため、大きさN×Nの平面を考えているのならば深さがDの頂点では$\frac{N}{2^D}$の精度が得られます。もちろん葉が深くなれば頂点の総数は膨大になりますが、経路

を割り出すための計算回数は頂点の深さに比例するため致命的になることはまれでしょう。

5.2.6 検索に用いる

　頂点までの経路の文字列表現を用いれば、領域内の点を列挙することができます。点のある葉の経路の接頭辞がその頂点の経路に一致するため、文字列の検索として表現することが可能です。事前に関心のある点を内包する葉の経路を文字列としてデータベースにINSERTすることで、インデックスを用いた検索も可能となります（**リスト5.2.6**、**5.2.7**）。

▼リスト5.2.6　点を表すテーブルには経路の情報（path）を保有する

```sql
CREATE TABLE Points (
  id INTEGER NOT NULL PRIMARY KEY,
  x REAL NOT NULL,
  y REAL NOT NULL,
  path TEXT NOT NULL
);
CREATE INDEX indexPath ON Points(path);
```

▼リスト5.2.7　経路の情報をINSERTする

```go
type repository struct {
  db    *sql.DB        // 値を管理するDB
  tree  *qtree.Tree    // 計算用の木
  depth int32          // 木の深さの上限
}

func (d *repository) insert(p *qtree.Point) error {
  _, h := d.tree.Path(p, 10)
  // 点の座標と共に経路もINSERTする
  _, err := d.db.Exec("INSERT INTO Points (x, y, path)VALUES(?,?,?)", p.X, p.Y, h)
  return err
}
```

　接頭辞かどうかの判定を行うSTARTS_WITHといった関数が利用できない場合、利用されるすべての文字よりも大きい文字が1つあると代替機能が容易に実現できます。**リスト5.2.8**ではASCIIコード順で数字やアルファベットより後ろにある「˜（チルダ）」を用いています。文字列0123で始まる文字列をSELECTしたい場合には、"0123"以上かつ"0123˜"未満という条件を用いることとなります。

▼リスト5.2.8　ある頂点の示す領域内にある点を検索する

```go
func (d *repository) search(p *qtree.Point, depth int32) ([]*qtree.Point, error) {
  _, path := d.tree.Path(p, depth)
  // 内包する深さdepthの領域の子孫に位置する点をSELECTする
  rows, err := d.db.Query("SELECT x, y FROM Points WHERE ? <= path AND path <= ?", path, ⏎
path+"~")
  if err != nil {
    return nil, err
  }
  defer rows.Close()

  ps := []*qtree.Point{}
  for rows.Next() {
    var x, y float64
    err := rows.Scan(&x, &y)
    if err != nil {
      return nil, err
    }
    q := &qtree.Point{
      X: x,
      Y: y,
    }
    ps = append(ps, q)
  }
  err = rows.Err()
  if err != nil {
    return nil, err
  }
  return ps, nil
}
```

　もちろんEXPLAINで実行計画を確認してもインデックスを用いた効率的な検索になっていること
がわかります（**図5.2.5**）。

▼図5.2.5　インデックスを用いた検索がなされている

```
sqlite> EXPLAIN QUERY PLAN SELECT x, y FROM Points WHERE "0123" <= path AND path <= "0123~";
0|0|0|SEARCH TABLE Points USING INDEX indexPath (path>? AND path<?)
```

近傍を探す

　ある点Aの近くの点を検索したい場合、点Aが領域の端に寄った位置にあると、近くの点は隣接す
る領域にも存在する可能性があります。そのため、前項で述べているような1つの領域を対象とした
検索方法は使えません。

　そこで、1 つの領域だけではなく、近傍の領域に含まれる点を求めることを考えます。X 軸 Y 軸それ
ぞれで深さが 1 増えるごとに等分しているため、頂点 A と頂点 B の深さが同じである場合、その 2 頂
点の持つ領域のサイズは同じになるはずです。つまり、仮に木構造上で頂点間に辺がないとしても、
自身の持つ領域の各辺の長さを適切に加算・減算することで隣接する領域を持つ頂点を求められます
（リスト 5.2.9）。

▼リスト 5.2.9　その頂点と同じ深さの 8 近傍を返す

```go
func (n *Node) Adjacent() []*Node {
  dx := n.Max.X - n.Min.X
  dy := n.Max.Y - n.Min.Y

  dirX := []float64{-1, -1, -1, 0, 0, +1, +1, +1}
  dirY := []float64{-1, 0, +1, -1, +1, -1, 0, +1}

  adjacent := make([]*Node, len(dirX))
  for d := 0; d < len(dirX); d++ {
    m := &Node{
      Min:   &Point{
        X: n.Min.X,
        Y: n.Min.Y,
      },
      Max:   &Point{
        X: n.Max.X,
        Y: n.Max.Y,
      },
      Depth: n.Depth,
    }
    m.Min.X += dirX[d] * dx
    m.Min.Y += dirY[d] * dx
    m.Max.X += dirX[d] * dy
    m.Max.Y += dirY[d] * dy
    adjacent[d] = m
  }

  return adjacent
}
```

　これにより、隣接する領域も含めてある点の近くの点を検索するコードがリスト 5.2.10 です。

▼リスト 5.2.10　(2.4, 9.0) を内包する深さ 5 の領域の 8 近傍の子孫に含まれる点を SELECT する

```go
q := &qtree.Point{
  X: 2.4,
  Y: 9.0,
}
node, path := tree.Path(q, 5)
for _, a := range node.Adjacent() {
```

```
ps, err := demo.search(a.Mid(), node.Depth)
/* （略） */
}
```

再び距離での検索を考える

　冒頭で挙げた距離での検索を実現してみましょう。これまで1つの領域に対する効率的な検索を考えてきました。しかし、円形（中心点と距離）で検索したい場合は1つの領域に収まるとは限りません。

　そこで、周辺の領域ごと対象に検索したあとにフィルタリングすることで円形の検索を実現してみましょう。領域の隅に中心が存在する場合を考え、領域の幅が距離を下回らない最小の深さを決定し、その近傍を検索します（**リスト5.2.11**）。

▼リスト5.2.11　円形（中心点と距離）で検索する

```
func (r *repository) circleSearch(center *qtree.Point, radius float64) ([]*qtree.Point,
error) {
  root, _ := r.tree.Path(center, 0)

  depth := int32(0)
  // 求めたい距離を超えない最小の幅になるように深さを決める
  for ; radius < (root.Max.X-root.Min.X)/math.Pow(2.0, float64(depth)); depth++ {
  }
  depth--
  // 中心点はこの頂点の持つ領域にある
  centerNode, _ := r.tree.Path(center, depth)
  candidates, err := r.search(center, depth)
  if err != nil {
    return nil, err
  }
  // はみ出る場合があるので周辺も調べる
  for _, adj := range centerNode.Adjacent() {
    matched, err := r.search(adj.Mid(), depth)
    if err != nil {
      return nil, err
    }
    candidates = append(candidates, matched...)
  }
  matched := []*qtree.Point{}
  for _, c := range candidates {
    // 三平方の定理から本当に円の中にあるか調べる
    if (c.X-center.X)*(c.X-center.X)+(c.Y-center.Y)*(c.Y-center.Y) <= radius*radius {
      matched = append(matched, c)
    }
  }
  return matched, nil
}
```

5.2.7 より多次元への拡張

　お気づきかもしれませんが、このような領域の分割方法は、必ずしも XY 平面である必要はありません。3 次元空間であれば X 軸、Y 軸、Z 軸をそれぞれ 2 分割とし、つまり 1 つの立方体を 8 個の立方体に分割するような 8 分木を考えれば良いのです。その場合は、0 〜 3 の 4 つの数字では表現できませんが、使用する文字さえ増やしていけば次元を増やせます。

　軸ごとに領域を半分にするということは、1 次元増やすごとに子頂点の数が 2 倍になることを意味しています。つまり、D 次元空間を扱うために必要な文字数は 2^D 個です。たとえば、5 次元空間を扱うために必要な文字数は 32（2^5）個となるため、大文字アルファベットとアラビア数字を用いれば表現することが可能です。

　具体的な例として、256 × 256 × 256 × 256 × 256 の 5 次元空間中の点（80, 82, 83, 100, 80）は 0V86HHTR と表現できます。

5.2.8 まとめ

　本節では、Go を利用して XY 平面の検索を作成しました。有名な OSS に性能面で及ばないものの、データ構造への理解という面では興味深い試みだったかと思います。本節では 2 次元を対象としましたが 3 次元・4 次元といった拡張、あるいは地図情報への適用などぜひ挑戦してみてください。

　なお、今回使用したソースコードは GitHub[注5] で公開しています。今後の参考にしていただければ幸いです。

注5　https://github.com/Johniel/go-quadtree

索 引

著者紹介

上田 拓也（うえだ たくや）

株式会社メルカリ／メルペイ所属。バックエンドエンジニアとして日々Goを書いている。Google
Developer Expert(Go)。Go Conference主催者。golang.tokyo、Goビギナーズ、GCPUG Tokyo
運営。大学時代にGoに出会い、それ以来のめり込む。社内外で自ら勉強会を開催し、Goの普及に取
り組んでいる。マスコットのGopherの絵を描くのも好き。人類をGopherにしたいと考えている。

Twitter @tenntenn **GitHub** @tenntenn

青木 太郎（あおき たろう）

学生時代の2016年ごろからGoを使いはじめ、このころから自作のツールやライブラリをOSSとし
て公開していったことでGoとOSSの楽しさに気づく。2019年に株式会社メルペイへ新卒入社して
からはコード決済システムのバックエンド開発業務をGoで行っている。

Twitter @ktr_0731 **GitHub** @ktr0731

石山 将来（いしやま　まさき）

学生時代、2015年ごろからGoに触れる。2016年に株式会社メルカリに入社、SRE／インフラチー
ムを経て2017年にMicroservices Platform Groupに異動してからは、趣味だけではなく業務でも
本格的にGoを使用するようになり今に至る。

伊藤 雄貴（いとう ゆうき）

事業立ち上げ時期の2018年に株式会社メルペイに参画し、テックリードとしてマイクロサービスの
開発に携わる。その後、2019年にArchitectチームにジョインし、組織横断的な課題を解決するため
にKubernetesやIstio、Envoy、gRPC、Goなどの技術動向を追っている。また、Microservices
Platformチームの一員としてCI/CD環境の整備にも携わっている。

Twitter @mrno110 **GitHub** @110y

生沼 一公（おいぬま かずひろ）

2016年に株式会社メルカリに入社後、株式会社メルペイに異動して後払いのマイクロサービスをGo
で実装し、モノリスからマイクロサービス化を推進した。現在は株式会社ドクターズプライムに所属
し、医師・病院向けのサービスをGoで開発している。

Twitter @oinume **GitHub** @oinume

鎌田 健史（かまた けんし）

新卒入社時の同期から勧められGoを始める。
2018年に株式会社メルペイに入社し、決済の基盤を支えるマイクロサービスを開発している。

Twitter @knsh14　　**GitHub** @knsh14

上川 慶（かみかわ けい）

学生時代に高速でダウンロードできるツールをGoで開発したことを機にGopherになった。新卒で
株式会社メルカリに入社し、いくつかのマイクロサービスを開発した。現在は株式会社ベースマキナ
に所属し、プライベートでもさまざまなOSSに貢献しながらGoに携わっている。

Twitter @codehex　　**GitHub** @code-hex

狩野 達也（かりの たつや）

2018年に株式会社メルカリに入社してから本格的にGoを使い始める。2019年から認証・認可の楽
しさに目覚める。現在は株式会社メルペイに所属し、日々RFCを漁りつつ、メルカリのID関連の話
題に首を突っ込んでいる。今後もしばらくこの方向でやっていく予定。

Twitter @kokukuma　　**GitHub** @kokukuma

五嶋 壮晃（ごしま まさあき）

Goは2015年ごろから使いはじめ、2017年にゲーム系のベンチャー企業に転職した際に、おもにバッ
クエンドで本格的に使い始める。仕事でバックエンド開発のためのフレームワークやデータベースの
負荷分散ライブラリを開発しOSSとして公開する傍ら、個人でもJSONやYAML、Graphvizを扱う
ライブラリを開発し公開している。現在は株式会社メルペイ所属。

Twitter @goccy54　　**GitHub** @goccy

杉田 寿憲（すぎた としのり）

バックエンドのマイクロサービス開発でGoに出会い、プラットフォームエンジニアリングに携わり
はじめてからもCLIツール開発やKubernetesエコシステムでGoに関わり続けている。何をするに
つけても、Goなしでは生きられなくなってしまった。

Twitter @toshi0607　　**GitHub** @toshi0607

田村 弘（たむら ひろし）

株式会社メルカリのインターンで初めてGoに触れ、以降Goを使った決済基盤を支えるマイクロサー
ビスを開発していた。現在は株式会社メルペイでテックリードとして精算基盤の開発と運用に取り込
んでいる。

Twitter @rossy_0213　　**GitHub** @rossy0213

十枝内 直樹（としない なおき）

現在は株式会社メルコインに所属してバックエンドシステムを開発している。その前は株式会社メルペイで信用情報機関連携のマイクロサービスを担当していた。マイナーなプロトコルを扱うことが多いためかプロトコルに興味があり、最近はIBCプロトコルやP2Pプロトコルを個人的に調べている。

Twitter @toshinao_　　**GitHub** @t10471

主森 理（とのもり おさむ）

2014年秋に当時所属していた会社でGoが採用され、そこからGopherとしての道を歩む。2018年秋よりマネジメント職になるが趣味としてのプログラミングを取り戻し、知人の会社の手伝いや、OSS作成や貢献をしている。神奈川県出身、株式会社メルペイ所属。

Twitter @osamingo　　**GitHub** @osamingo

福岡 秀一郎（ふくおか しゅういちろう）

2018年に株式会社メルペイに入社し、加盟店チームのバックエンドの開発を担当した。Goの言語仕様に興味があり、言語仕様の輪読会の主催などを行っている。現在は、株式会社ベースマキナにてフロントエンド・バックエンドの両方を開発しており、APIの実装にGoを使用している。

Twitter @__syumai　　**GitHub** @syumai

三木 英斗（みき ひでと）

2020年に株式会社メルカリに入社。インフラ・サーバサイド・ライブラリ・bot・CLIなどの開発でGoを利用し、Goで実装されたさまざまなOSSにcontribute経験がある。直近のGoでの開発としてはKubernetesエコシステムやフレームワークに関連するものがメイン。

Twitter @micnncim　　**GitHub** @micnncim

森 健太（もり けんた）

2013年ごろからGoを触りはじめ、2016年にはサーバサイドでGoを使っている会社に転職、業務でもGoをおもに利用するようになる。現在は株式会社メルペイのArchitectチームに所属している。

Twitter @zoncoen　　**GitHub** @zoncoen

森國 泰平（もりくに たいへい）

2015年からGoを使い始める。2017年に株式会社メルカリに入社し、テックリードとしてGoを使った出品機能のマイクロサービス化を担当した。現在は株式会社Chompyに所属し、フードデリバリーサービスをGoで開発している。

Twitter @inukirom　　**GitHub** @morikuni

森本 望（もりもと のぞみ）

学生時代にGoを使い始め2020年に株式会社メルカリに新卒で入社。マイクロサービスの開発をGoで行っている。

GitHub @nozo-moto

山下 慶将（やました けいすけ）

株式会社メルペイのSREとして新卒入社し、Microservices Platform GroupのInfraチームやCI/CDチームを兼務したのち、現在はおもにメルコイン事業にSREとして携わっている。サーバレス、カオスエンジニアリング、セキュリティやネットワークなど多岐にわたり興味がある。業務でも個人的な開発でもGoを使う。

Twitter @_k_e_k_e   **GitHub** @KeisukeYamashita

渡辺 雄也（わたなべ　ゆうや）

ISUCON7に合わせて同僚からA Tour of Goを学ぶよう言われたことでGoを使い始める。2018年に株式会社メルペイに入社し、Goを用いたマイクロサービス開発に携わる。現在は株式会社LegalForceにおいて構文解析器や画像処理、プログラムの高速化などの業務に従事している。

Twitter @___Johniel   **GitHub** @Johniel

カバーデザイン●トップスタジオデザイン室　徳田 久美

本文設計・組版●近藤 しのぶ

編集担当●吉岡 高弘

Software Design plusシリーズ

エキスパートたちのGo言語
一流のコードから応用力を学ぶ

2022 年 1 月 12 日　初　版　第 1 刷発行
2022 年 2 月 11 日　初　版　第 2 刷発行

著　者　上田 拓也、青木 太郎、石山 将来、伊藤 雄貴、生沼 一公、
　　　　鎌田 健史、上川 慶、狩野 達也、五嶋 壮晃、杉田 寿憲、
　　　　田村 弘、十枝内 直樹、主森 理、福岡 秀一郎、三木 英斗、
　　　　森 健太、森國 泰平、森本 望、山下 慶将、渡辺 雄也

発行者　片岡 巌

発行所　株式会社技術評論社
　　　　東京都新宿区市谷左内町 21-13
　　　　電話　03-3513-6150　販売促進部
　　　　　　　03-3513-6170　雑誌編集部

印刷／製本　昭和情報プロセス株式会社

定価はカバーに表示してあります。

本の一部または全部を著作権法の定める範囲を越え、無断で複写、複製、転載、
あるいはファイルに落とすことを禁じます。

©2022　上田 拓也、青木 太郎、石山 将来、伊藤 雄貴、生沼 一公、
鎌田 健史、上川 慶、狩野 達也、五嶋 壮晃、杉田 寿憲、田村 弘、
十枝内 直樹、主森 理、福岡 秀一郎、三木 英斗、森 健太、森國 泰
平、森本 望、山下 慶将、渡辺 雄也

造本には細心の注意を払っておりますが、万一、乱丁（ページの乱れ）や落丁（ページ
の抜け）がございましたら、小社販売促進部までお送りください。送料小社負担にてお
取り替えいたします。

ISBN978-4-297-12519-6
Printed in Japan

■お問い合わせについて

　本書の内容に関するご質問につきましては、下記の宛先までFAXまたは書面にてお送りいただくか、弊社ホームページの該当書籍コーナーからお願いいたします。お電話によるご質問、および本書に記載されている内容以外のご質問には、一切お答えできません。あらかじめご了承ください。

　また、ご質問の際には「書籍名」と「該当ページ番号」、「お客様のパソコンなどの動作環境」、「お名前とご連絡先」を明記してください。

【宛先】
〒 162-0846
東京都新宿区市谷左内町 21-13
株式会社技術評論社　雑誌編集部
「エキスパートたちのGo言語」質問係
FAX：03-3513-6179

■技術評論社Webサイト
https://gihyo.jp/book/2022/978-4-297-12519-6

　お送りいただきましたご質問は、できる限り迅速にお答えするよう努力しておりますが、ご質問の内容によってはお答えするまでに、お時間をいただくこともございます。回答の期日をご指定いただいても、ご希望にお応えできかねる場合もありますので、あらかじめご了承ください。

　なお、ご質問の際に記載いただいた個人情報は質問の返答以外の目的には使用いたしません。また、質問の返答後は速やかに破棄させていただきます。